小流域坝系规划及数字仿真模拟技术研究

主编 高健翎　胡建军
　　　史明昌　王英顺

黄河水利出版社
·郑州·

图书在版编目(CIP)数据

小流域坝系规划及数字仿真模拟技术研究/高健翎
等主编. —郑州:黄河水利出版社,2013.9
ISBN 978 - 7 - 5509 - 0523 - 8

Ⅰ.①小… Ⅱ.①高… Ⅲ.①黄土高原 - 小流域 -
坝地 - 数字仿真 - 研究 Ⅳ.①S157.3 - 39

中国版本图书馆 CIP 数据核字(2013)第 190053 号

出 版 社:黄河水利出版社　　　　　　　　　网址:www. yrcp. com
　　　地址:河南省郑州市顺河路黄委会综合楼 14 层　　　邮政编码:450003
发行单位:黄河水利出版社
　　　发行部电话:0371 - 66026940、66020550、66028024、66022620(传真)
　　　E-mail:hhslcbs@ 126. com
承印单位:河南省瑞光印务股份有限公司
开本:787 mm × 1 092 mm　1/16
印张:22.5
字数:520 千字　　　　　　　　　　　　　　印数:1—1 500
版次:2013 年 9 月第 1 版　　　　　　　　　印次:2013 年 9 月第 1 次印刷

定价:70.00 元

前　言

　　黄土高原地区是我国乃至世界上水土流失最严重、生态环境最脆弱的地区之一,是黄河泥沙危害的根源所在。中共"十六大"提出了全面建设小康社会的宏伟战略目标,并强调在西部大开发中,要重点抓好基础设施和生态环境建设,争取十年内取得突破性进展。2002年国务院批复的《黄河近期重点治理开发规划》(国函〔2002〕61号),把黄土高原地区水土保持作为重点,同时把淤地坝作为关键措施。淤地坝建设力度进一步加大。

　　为了使黄土高原地区淤地坝建设更加科学、合理,为大规模的淤地坝建设提供技术支持,2002年黄河水利委员会下达了《关于"十五"治黄科研专项(水土保持)经费的批复》(黄规计〔2002〕181号),2003年下达了《关于开展黄河流域黄土高原地区小流域坝系总体布局研究及黄土高原模型厅建设前期工作的通知》(黄规计规便〔2003〕199号),正式设立"小流域坝系规划及数字仿真模拟技术研究"课题。课题要求研究开发"小流域坝系规划及数字仿真模拟系统(以下简称"坝系规划系统")",下设"小流域坝系规划系统研究"和"小流域坝系数字仿真模拟技术研究"两个专题。

　　"坝系规划系统"研究,是在"九五""坝系相对稳定优化规划布局研究"的基础上,针对目前坝系规划中存在的主要技术难点,本着为生产实践服务的宗旨,遵循小流域坝系水沙运行规律与基本原理,采用现代科学技术和手段进行的。研究开发的"坝系规划系统",利用遥感技术对流域基础数据进行采集,利用地理信息系统、计算机图形技术、数据库技术、虚拟现实技术等,对数据进行处理,实现了优化坝址的系统自动搜索。系统在坝址的自动搜索中设置了"步长"人机对话窗口,满足了不同工作精度优化坝址搜索的需求;在坝址的自动搜索中设置了"库容规模"的人机对话窗口,满足了不同类型淤地坝最优坝址搜索的需求;同时该系统基于Windows平台,采用面向对象的方法、三维可视化技术、虚拟现实技术等,将常规的二维数据模型推广到三维空间,以数字正射影像、数字高程模型、数字线图和数字栅格图作为综合处理对象的GIS系统模型,实现了坝系布局的三维实体模型演示、各类淤地坝的实体的查询和坝系洪水泥沙的动态演示等。

　　本"坝系规划系统"主要特点为:一是使用全中文用户界面直观、简洁,操作一目了然,具有易用性;二是对三维场景的全方位要素进行实时的交互式控制,水土保持工作人员可以真实地重现或创建各种复杂的三维形体,并直接从三维模型上选择目标进行分析和查询,还可以直接在透视图空间进行各种空间查询与决策分析,具有交互性;三是本系统可应用于黄土高原地区所有不同类型的小流域坝系规划,具有广泛的适用性。因此,该系统必将随着黄土高原地区淤地坝建设的大规模开展得到广泛应用。

　　本研究课题由黄河水利委员会黄河上中游管理局西安规划设计研究院主持,主要完成人:高健翎、胡建军、王英顺、王庆阳、王逸冰、柏跃勤、段菊卿、王海鹏、王白春、曹炜、黎如雁、蒋钢、程鲲、杨亚娟、朱莉莉、刘烜娥、刘海燕、赵国栋、张伟、田小雄。协作单位及主要完成人：北京林业大学，史明昌；北京地拓科技发展有限公司，黄兆伟、李团宏、许永利、夏照华、曹刚；清华紫光股份有限责任公司，孙志国、王宁昕、吴为禄。

本书包括上、下两篇。上篇，小流域坝系规划系统研究，共分绪论、黄土高原地区概况、小流域坝系规划方法解析、坝系规划系统研究与开发、坝系仿真模拟系统研究与开发、应用前景展望等6章；下篇，小流域坝系规划及数字仿真模拟系统用户手册，共分使用指南、坝系规划系统简介、操作术语与约定、等高线、数字高程模型、沟谷线、水文泥沙资料、现状坝系、坝系规划、坝体工程量估算及单坝设计、投资概（估）算、效益分析、经济评价、方案比选、成果输出、汇报评审等16章。

本书由高健翎、胡建军、史明昌、王英顺主持编写。上篇编写人员分工如下：第一章由胡建军、高健翎、王英顺、史明昌编写；第二章由胡建军、高健翎、王英顺、王庆阳、刘烜娥编写；第三章由胡建军、王英顺、史明昌、王庆阳编写；第四章由胡建军、史明昌、王英顺、王庆阳编写；第五章由史明昌、黄兆伟、胡建军、王英顺、王庆阳、杨亚娟编写；第六章由胡建军、王庆阳、刘烜娥、杨亚娟编写。下篇由夏照华、李团宏、高健翎、胡建军、杨亚娟、程鲲编写。全书由胡建军和史明昌统稿。

由于作者水平有限，成书时间仓促，疏漏之处在所难免，敬请各位读者批评指正。

编　者

2013年3月

目　录

上篇　小流域坝系规划系统研究

下篇　小流域坝系规划及数字仿真模拟系统用户手册

上　篇

小流域坝系规划系统研究

第一章 绪 论

第一节 研究的目的和意义

黄河流域黄土高原地区(以下简称黄土高原地区)总面积64.2万 km^2,其中水土流失面积45.4万 km^2。全区年均输入黄河的泥沙约16亿t,是我国乃至世界上水土流失面积最大、流失程度最严重、生态环境最为脆弱的地区。造成黄河下游河床淤积的泥沙主要来源于黄土高原地区的千沟万壑。因此,加强该地区生态环境建设,对减少水土流失、改善生态环境、提高当地群众的生产与生活条件等,具有十分重要的意义。实践证明,黄河上中游地区水土流失治理,必须坚持以支流为骨架、以县域为单位、以小流域为单元、以骨干坝和中小型淤地坝为主要治理措施,开展沟道坝系建设为主的综合治理模式。

根据《黄河近期重点治理开发规划》(国函〔2002〕61号)要求,黄土高原地区的淤地坝建设大规模展开。按基本建设程序前期工作管理规定,传统的规划设计手段和方法已经不能满足目前工作强度和深度的要求,主要体现在:一是缺少一种比较实用的坝系优化布局方法;二是缺乏一套完整实用的使用现代科技手段进行规划的系统软件;三是对坝系形成发展过程的认识还只是停留在数值计算阶段,缺乏形象直观的数字仿真模拟等。

本项研究针对上述问题,以解决生产中存在的关键技术及为生产实践服务为宗旨,根据当前黄土高原治理开发的基本思路,遵循小流域坝系水沙运行规律与基本原理,以研究实用的规划方法、开发研制坝系规划系统软件、研究坝系数字仿真模拟技术为目的,设立"小流域坝系规划系统研究"和"小流域坝系数字仿真模拟技术研究"两个专题开展研究工作。以期通过研究,为坝系规划和建设提供理论依据和边界条件;完成坝系规划系统的软件设计,为生产实践服务;初步完成小流域坝系数字仿真模拟系统研究和软件开发设计工作,能对次暴雨洪水条件下坝系的洪水演进过程和坝系运行状况进行直观形象的数字仿真模拟,达到事前控制,为领导层的宏观决策提供理论依据,为"数字黄土高原"建设,改善黄土高原生态环境,实现黄河下游河床不抬高的目标做出贡献。

第二节 专题设置和研究内容

本项研究设两个专题,分别为"小流域坝系规划系统研究"和"小流域坝系数字仿真模拟技术研究"。

一、小流域坝系规划系统研究

坝系规划系统的研究与软件开发经过"八五"和"九五"两个阶段的研究,对数学模型和计算方法都有了较为深入的认识,并已开发了一些软件程序模块,进行了几条流域的实际运用,取得了一些成果。从目前应用情况来看,仍存在着许多问题,突出体现在三个方面:一是以往的研究多注重理论,而忽视了实用性,软件开发成果一般是程序模块,没有形成统一完整的软件系统,无法在大范围推广使用;二是模块的调试工作没有最终完成,对软件模块的内核技术缺乏了解,对程序不十分熟悉的人员难以操作;三是不能适应现代软件模块化、结构化程序设计的要求,软件缺少十分重要的输入、输出接口和友好的操作界面。本次系统的研究与软件开发,充分吸收前人研究成果,以实用性为基本要求,注重系统的运行界面设计与软件的功能设计,完成了以下几方面内容的研究与软件开发。

(一)坝系规划数学模型研究

在"九五"基金课题中,对非线性规划法已进行了比较深入的研究,建立了非线性规划模型和 SD 动态仿真模型,能够对坝系的规模、枢纽结构("两大件"和"三大件")和建坝时序等进行优化规划,动态优化仿真模型还可以对坝系进行宏观规划,确定坝系中骨干坝与生产坝的合理配置,方法比较全面。但由于该模型过于复杂,而且两个模型所开发的软件模块处于两个不同的操作环境,对系统集成平台选择与建立带来了一些不利因素,甚至可能需要重新进行程序设计。因此,本次研究重点完成了以下工作:一是对模型的功能结构进行必要的调整,对原规划模块的结构进行功能切块,便于系统的集成;二是对烦琐多余的边界条件进行必要的简化,尽可能减少大量的人工基础数据采集与录入;三是按照专家系统的设计构思,增加必要的人工智能干预接口和专家知识库,能在设计人员指导下完成坝系的规划。

(二)"3S"技术应用研究

坝系规划涉及地形图的处理技术,因此如何通过在地形图上进行工程布设或断面切割,获取坝系规划所必须的坝高～库容、坝高～淤地面积、坝高～坝体工程量和各坝之间的空间关系识别等,是十分复杂而艰巨的工作。本次研究力争在此方面有所突破,开展了以下两方面内容的研究:

(1)采用遥感(RS)技术和全球定位系统(GPS)技术,获取小流域地形图像数据,考虑到未来科学技术的发展动态,对三维地形图的快速成图技术、数据格式和接口技术进行研究。

(2)三维地形图上坝址布设与各坝之间相互关系的识别技术,任意剖面的切割,控制流域面积的自动量算,坝高～库容、坝高～淤地面积、坝高～坝体工程量关系曲线计算等技术的研究。此部分内容是研究的难点。

(三)坝系规划系统设计

一个优秀的软件系统,其输入输出与操作界面设计占有相当大的比重,往往是一个软件成功与否的关键。本次研究与软件设计将此作为一个重点进行设计,选择合适的系统工作平台,构建一个集地形资料和其他数据资料采集、图像图形处理、专家知识库和数据库、优化规划技术为一体的软件系统。

二、小流域坝系数字仿真模拟技术研究

坝系的形成、发展和运行是一个复杂的动态系统过程,它与流域的植被盖度、土地利用方式、暴雨洪水、水土流失和人为生产活动密切相关,坝系的建设速度也受到政策和投

资的控制,影响因素多,关系复杂且相互制约,使坝系在复杂的环境下产生多维动态变化。坝系建设应能综合考虑到以上诸多因素,系统内部均衡发展,最大限度地发挥投资效益,达到系统的整体最优。现阶段对这一过程的认识一般只能了解到两个侧面,即坝系工程建设与基本形成相对稳定的坝系,而对系统内部形成、发展的运行过程是如何演变的不得而知,这就使我们对系统的发展过程产生了一些疑虑:最终结果是否合理? 哪些坝是影响系统的关键? 改变系统内的某个因子对整个系统的运行将产生怎样的结果? ……解决这些问题的最佳途径就是对坝系形成发展过程进行仿真模拟。

现有的采用计算机进行仿真模拟的技术,多是一种简单的模仿。本研究则是以小流域坝系中的骨干坝为主要对象,将"3S"技术应用作为系统的一部分。分别建立以下坝系仿真模型。

(一)坝系长期运行模拟

考虑到坝系建设的速度等因素,建立各单坝淤积库容、淤地面积逐年增加过程模拟。

(二)坝系次暴雨洪水运行模拟

能进行某一预测年流域发生次暴雨洪水(设计频率可人为指定)时,进行坝系中各单坝洪水计算和坝系调洪演算。

(三)开发研制坝系仿真模拟软件系统

能在次暴雨洪水条件下,采用计算机技术,对坝系洪水演进过程进行仿真模拟。

第三节　研究的思路与技术路线

一、研究思路

在传统作业模式中,淤地坝规划数据采集主要是采用手工纸上记录,工作量大,效率低,且容易因手工处理产生数据的错误。这与水利现代化和信息化建设要求极不相适应。此次设计的小流域坝系规划系统,采用沿沟道方向计算库容/工程量比值曲线极大值、寻找优化的坝址位置的方法,利用遥感技术对流域基础数据进行采集,利用地理信息系统、计算机图形技术、数据库技术、虚拟现实技术等对数据进行处理。同时基于 Windows 平台,采用面向对象的方法、三维可视化技术、虚拟现实技术等,将常规的二维数据模型推广到三维空间,以数字正射影像、数字高程模型(DEM)、数字线图和数字栅格图作为综合处理对象的 GIS 系统模型,研究如何通过在地形图上进行工程布设或断面切割,获取坝系规划所必需的坝高~库容、坝高~淤地面积、坝高~坝体工程量和各坝之间的空间关系识别等。

二、研究的技术路线

(一)坝系规划系统研究的技术路线

(1)充分了解和掌握小流域基本情况,包括社会经济情况、沟道特征、土壤侵蚀、土地利用现状与水土保持、现状沟道工程运行及管护的经验与存在的问题。

(2)利用遥感影像、1/10 000 或 1/5 000 数字地形图,自动绘出沟底线,采用现有的

DEM,按Strahler方法给沟道编号。录入不同洪水重现期洪量模数、侵蚀模数、淤积年限、社会经济、农业经济、水土流失治理措施等数据。

（3）在小流域三维地形图上对沟道编号，从 I₁ 沟道起自上游到下游每隔一定距离（如 20 m，30 m，40 m……按流域情况选择），自动绘出各沟道断面的坝高～库容，坝高～工程量，坝高～淤地面积曲线。

（4）设定最小坝高，以人机对话的方式设定坝高步长，在 0.5 m，1 m，2 m 等范围内选择，算出库容/工程量比值。绘出各沟道的沿沟道方向～库容/工程量比值曲线，曲线波峰处为较优断面。按给定步长增加坝高，重复该步骤。分别绘出不同坝高的沿沟道方向～库容/工程量比值曲线（见图1-1）。

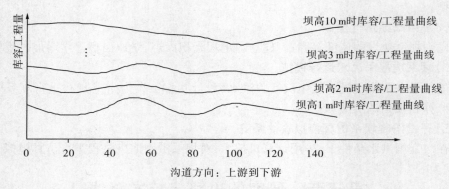

图 1-1　沿沟道方向～库容/工程量比值曲线

（5）系统按规范条件（控制面积：3～8 km²，库容：50 万～500 万 m³，淤积年限 10～30 年，校核洪水 200～500 年一遇）自动初选骨干坝坝址。进行实地勘测，看当地地形地质条件是否适宜建坝，有无村庄、重要建筑物在其回水面积内，以人机对话的方式决定几种布局方案。

（6）系统按规范条件（控制面积：<3 km²，库容：10 万～50 万 m³，淤积年限 5～10 年，校核洪水 50 年一遇）初选中型淤地坝坝址；按规范条件（库容：1 万～10 万 m³，淤积年限 5 年，校核洪水 30 年一遇）初选小型淤地坝坝址。按骨干坝回水面积，自动去掉被淹没的初选坝址。再根据侵蚀是否严重、附近人口是否稠密等条件，以人机对话的方式决定几种布局方案。

（7）综合考虑投资能力、淤地坝作用效益大小、坝系发展需要以人机对话的方式确定各布局方案建坝顺序。

（8）自动计算出各方案的水沙控制能力、拦泥能力、淤地能力、保收能力、投资效益、水资源利用能力等数据，确定最优坝系规划方案。

（9）输出各种文档、表格、图形，动态演示。

（二）数字仿真系统研究的技术路线

（1）输入遥感影像和输入在数字地形图上已确定的坝系规划方案。自动绘制坝的集水区域，计算坝控面积。

（2）输入坝高～库容、坝高～工程量、坝高～淤地面积关系曲线。输入多年平均输沙模数,并计算各坝在运行第1,2,3,…,20年后的淤积量。

（3）坝系运行到不同年时,进行俯视立体动态演示。坝系运行到不同年时,进行飞行观察。对单坝进行俯视飞行观察。

（4）输入流域不同频率洪水的洪量模数和含沙量。

（5）计算出流域不同频率洪水下各坝来洪量和来沙量,动态演示。

第四节　研究成果的特色与创新

一、构建了基于数字地图的小流域坝系规划系统

小流域坝系规划系统,是由计算机将1:10 000电子地图上的可建坝资源逐一进行比较,以能满足防洪拦泥和安全生产的要求,又能实现效益大、投入小者为待建坝址。比较是从流域水文网的末梢开始,逐步向流域出口搜索。以人机对话的方式设定坝高步长或设置调整坝址断面,算出库容/工程量比值。绘出各沟道的沿沟道方向~库容/工程量比值曲线,曲线波峰处为较优断面(见图1-1)。按给定步长增加坝高,重复该步骤。分别绘出不同坝高的沿沟道方向~库容/工程量比值曲线。待到所有建坝资源被搜索一遍后,便可以得到一个沿沟道方向不同类型淤地坝优化坝址分布图。从而使坝系的布局问题转化为优化坝址的利用问题。在坝系规划系统的研究中,主要创新点如下。

（一）实现了优化坝址的自动搜索

传统的坝址需要设计者沿沟道徒步勘查而获得。一是坝址勘查的工作量大;二是由于人工目测的误差,往往会遗漏最优坝址;三是对坝址条件相当的工程往往需要进一步的勘测才能确定优化坝址的位置。而本规划系统,以电子地图为基础,从流域水文网的末梢开始,逐步向流域出口搜索。以人机对话的方式设定步长和淤地坝规模,计算沿沟长每一坝址的库容/工程量比值,并将计算结果用"沟道桩号~库容/工程量比值"曲线来表示,曲线波峰处为较优断面,从而实现了各级沟道各类淤地坝优化断面的自动搜索。

（二）在坝址的自动搜索中设置了"步长"人机对话窗口,满足了不同工作精度优化坝址搜索的需求

为了寻找优化坝址,避免计算机自动搜索中造成优化坝址的遗漏,在系统开发中采用如下措施:一是设置了计算机自动搜索的"步长"确定人机对话窗口,可以根据工作精度的要求,按照不同"步长",确定计算机搜索断面的数量;二是对规定的"步长"可以实施人工干预,排除不可能的坝址,避免不必要的计算;三是对必要的区域可以通过人工干预的方法增设计算断面,防止造成优化断面的遗漏。

（三）在坝址的自动搜索中设置了"库容规模"的人机对话窗口,满足了不同类型淤地坝优化坝址搜索的需求

由于坝系中包含了骨干坝、中型坝和小型坝等三种类型的淤地坝,各类淤地坝的规模差距达数十倍,有的甚至达百倍以上。各类淤地坝的库容规模见表1-1。对某一坝址来说,由于受库区地形条件的影响,适宜修建骨干坝的坝址不一定适宜修建中型坝或小型坝。因此,在系统研究中对沿沟长的库容/工程量比值曲线采取了分别绘制的方法,使不

同类型淤地坝的布局问题,转化为在不同曲线上最优断面的选择与利用问题。

表 1-1　各类淤地坝的库容规模

淤地坝类型	小型坝	中型坝	骨干坝	
总库容(万 m^3)	1～10	10～50	50～100	100～500

这一成果也使坝系的布局问题的研究层次更加分明。应首先根据骨干坝的沟长～库容/工程量比值曲线,进行骨干坝的布局。骨干坝的布局确定之后,再依次根据中型坝和小型坝的沟长～库容/工程量比值曲线,分别进行中型坝和小型坝的布局。

(四)汇水面积的自动计算

汇水面积是计算水文泥沙的关键要素,而且水文泥沙的计算直接影响到坝系布局的合理性。以往人们是用手工勾绘汇水边界,然后用求积仪或数方格的方法量算汇水面积。由于汇水面积量算的工作量的限制,人们在坝系布局的时候不可能通过频繁的调整坝址位置来使坝系的布局更合理。如果汇水面积的计算问题不能解决,要使坝系布局趋向于最合理是不可能的。基于以上分析,在坝系规划系统中解决了基于 DEM 的坝系汇水面积的自动计算问题。

(五)坝系的时空拓扑

坝系规划系统考虑了整个坝系的时间、空间演变。坝系建设、运行是一个动态过程,而且建设和运行是相互作用的两个方面。因此,坝系的时间、空间演变是复杂、耦合的过程。以前后两年相比较,就整个坝系而言,其布局和淤积情况会动态改变;就单座坝而言,其上游坝会发生改变(如有新建成的上游坝、有新改造的现状坝等),由于上游坝的改变会导致控制范围(汇水范围)发生改变,上游来洪、区间来洪、区间泥沙随之发生改变,淤积情况会发生改变,下泄洪水情况会发生改变……因此,手工计算时很难全面、准确地进行分析和处理。本系统开发的设计、分析工具在计算过程中建立坝系的时空拓扑,自动将布局和所有相关参数进行逐年分析,保证运算结果能完全跟随时间、空间的变化而变化。

二、实现了小流域坝系洪水泥沙的动态演示

本系统通过输入遥感影像和在数字地形图上已确定的坝系规划方案,自动绘制坝的集水区域,计算坝控面积。输入坝高～库容、坝高～工程量、坝高～淤地面积关系曲线和多年平均输沙模数等,实现坝系的三维实体模型演示。

(一)实现对坝系规划布局的三维实体模型演示

本系统可以实现对坝系规划布局的三维实体模型演示。

(二)实现各类淤地坝的实体的查询

实现各类淤地坝的工程信息(坝高、库容、淤地面积等)实时浏览显示、制表输出。

(三)坝系洪水泥沙的动态演示

本系统可以实现对坝系运行不同时期及不同暴雨洪水条件下,坝系的俯视立体动态演示和飞行观察。

第五节 研究成果在实际应用中的特点

一、实现 GIS 地图、CAD 图纸、文档、规划设计数据等资料的集中管理

数据分为"地图"、"文档"、"规划资料"三大类,每大类中各自进行分项、分层次的管理。可容纳多种类型的资料,层次清晰,易于用户自己整理和组织。"地图"是小流域坝系规划项目涉及的各类地理相关要素的图层集合,其可包含的图层有等高线、DEM、遥感影像、行政区划、道路、地块、居民点等。"文档"是操作系统中文件夹和文件的映射,用户可自由操作、管理文件夹和文件。"规划资料"是以 DEM、沟道、泥沙资料、水文资料、现状坝系、规划方案等作为主纲而组织管理的数据资料,每一项数据资料称为一个"对象";"对象"及其"子对象"是按照规划设计的逻辑层次组织的,例如在添加一个"布坝地点"对象时,系统将自动生成"特征曲线"、"沟道断面"等子对象。坝系规划系统资料管理界面如图 1-2 所示。

地图　　　　文档　　　　规划资料　　　选定对象

图 1-2　坝系规划系统资料管理界面

二、自动提取沟谷线、沟道分级和流域划分

本系统可以在 DEM 的基础上依据特定的算法,自动提取出流域的沟谷线(见图 1-3),并对所提取的沟谷线进行自动分级,还可以进行流域的划分(见图 1-4)。其中沟道分级是依据国际上通用的"从小到大"惯例,确定一级至更高级沟道。沟道特征分析表依据《黄河水利委员会坝系可行性研究编制暂行规定(正式版)》格式自动生成,"集水面积"、"沟长"、"平均比降"数值从 DEM 上自动提取。

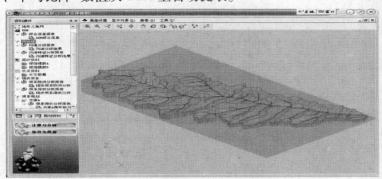

图 1-3　自动提取沟谷线、划分流域的界面

图1-4   自动进行沟道分级的界面

三、自动绘制图纸

当确认淤地坝的坝址、坝高时,本系统可以根据 DEM 特征自动绘制淤地坝的坝高～库容和坝高～面积曲线(见图1-5),自动绘制沟道断面图(见图1-6),且其成果可以直接导成 AutoCAD 的 DXF 通用格式,方便用户在特定情况下输出成品图。

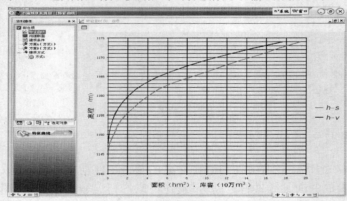

图1-5   自动绘制特征曲线的界面

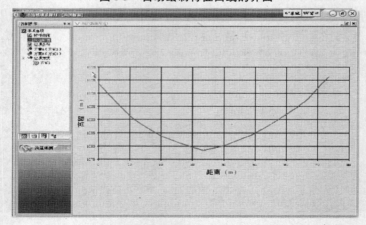

图1-6   自动绘制沟道断面图的界面

四、计算洪水、泥沙的过程中应用时空拓扑技术,计算结果更科学

坝系建设、运行是一个动态过程,而且建设和运行是相互作用的两个方面,因此坝系的时间、空间演变是复杂、耦合的过程。以前后两年作比较,就整个坝系而言,其布局和淤积情况会动态改变;就单座坝而言,其上游坝会发生改变(如有新建成的上游坝、有新改造的现状坝等),由于上游坝的改变会导致控制范围(汇水范围)发生改变,上游来洪、区间来洪、区间泥沙随之发生改变,淤积情况会发生改变,下泄洪水情况会发生改变……因此手工计算时很难全面、准确地进行分析和处理。本系统开发的设计、分析工具在计算过程中,自动将布局和所有相关参数进行逐年分析,保证运算结果能完全跟随时间、空间的变化而变化。

五、计算过程产生详细的计算报告,极大地提高设计人员的工作效率

各种计算、分析工具可以将产生的结果生成"报告"对象。"报告"对象一般作为被操作对象的子对象而管理,一份"报告"可包含图、表、公式、文字结果和若干分项报告(见图1-7～图1-10)。这些详尽的、关联的信息便于用户对计算过程和结果进行检验、分析,对不同条件下得到的结果进行比较。报告中含图、表、公式、结果、计算说明,从一个报告附带的"枝叶"报告,可追溯到每个数据的来源。通常表现为:下游的输入数据来自对上游运算的结果,当年的输入数据来自对上一年运算的结果,综合的数量来自分项运算的结果。报告可保留以供比较、分析,或供专家审查。

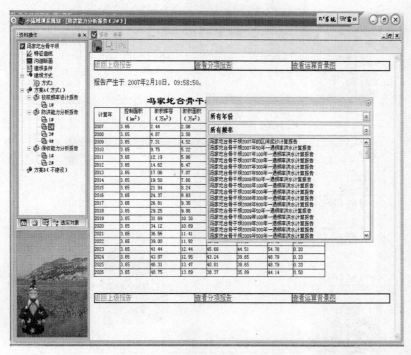

图 1-7　单坝防洪能力分析报告界面

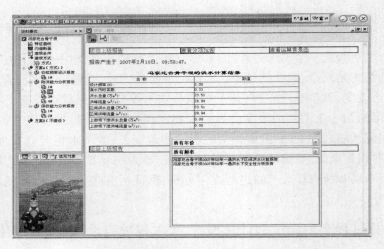

图1-8　单坝洪水分析报告界面

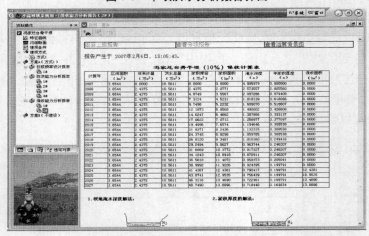

图1-9　单坝保收能力分析报告界面

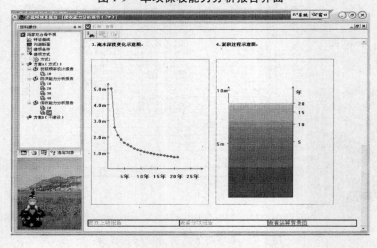

图1-10　单坝保收能力逐年动态分析界面

六、业务流程一体化,简单高效

进行单坝设计后,系统自动计算出坝的各组成部件的工程量(见图1-11)。在进行投资概(估)算的时候,投资概(估)算模块自动调用单坝设计工程量表里面的工程量数据(见图1-12)。进行效益分析的时候,效益分析模块自动调用投资概(估)算模块以及坝系规划主模块里面的相关数据(见图1-13)。经济评价的时候自动调用效益分析模块里面的数据(见图1-14)。整个业务流程一体化,简单高效。

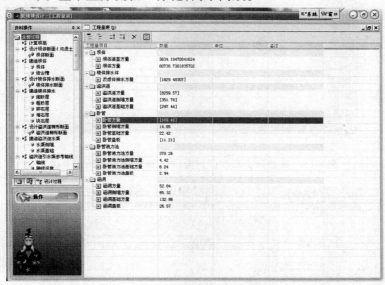

图1-11 单坝设计自动计算工程量界面

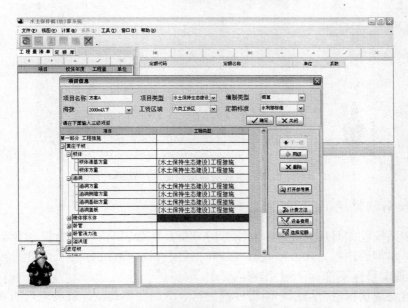

图1-12 概(估)算自动调用单坝设计工程量界面

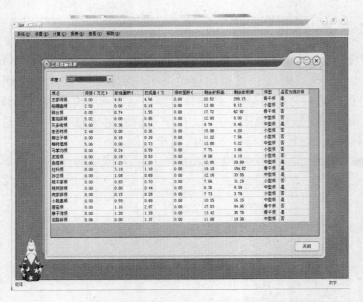

图 1-13　效益分析自动调用概(估)算和坝系数据的界面

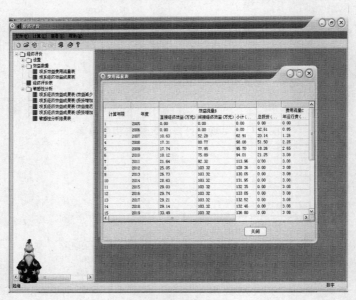

图 1-14　经济评价自动调用效益分析数据的界面

七、数据调整灵活自如

本规划系统能即时规划、即时设计、即时分析。例如,当任何一个规划方案的布局或其中任何一座坝的建坝方式被修改后,可即时利用查询、设计、分析工具得到新的结果报告,如果与预定目标不符,可马上作相应修改、调整。

随时可对现状坝进行增删和编辑现状信息。例如在方案设计阶段遇到因突发洪水而冲垮了坝的情况时,可当即修改现状坝系,并不需要"重头再来"设定所有数据。

允许设定多个坝系规划方案;每个方案可预设为"保持现状"后再修改,或从已有的方案复制生成新的方案后再修改。

在每个可能的布坝地点(新建坝或现状坝改造),允许设定多种建坝方式以供在每个坝系规划方案中选用、比较(坝系规划方案在此处还可设定为"不建坝"或"不改造")。任意两个坝系规划方案在同一个地点的设定可以相同,也可以不同。这使得规划方案中的调整十分灵活,有利于快速趋近规划目标。

泥沙资料、水文资料是坝系规划重要的基础数据。在实际工作中,各种来源得到的资料不尽相同,需要考察、比较、调整。本系统允许用户添加多套资料,允许用户对计算方法和计算所用的数据进行选配,为用户确定最恰当的资料提供方便。

方案比选所需的投资概算、效益分析、经济评价数据,可由系统调用相应的模块数据得到,当一个模块的数据变化后,其他模块只需要简单操作就可以完成相应的变化。

八、自如与高效兼得

采用多种计算机优化算法,可以自动缓存水流方向分析结果,自动缓存汇水区多边形计算的结果,自动缓存全部坝的拓扑结果,自动判断坝系拓扑是否发生变化。当拓扑未改变时,洪水、泥沙数据不需重算;若发现前驱条件改变时,自动更新缓存的数据,大大减少了用户的等待时间。

九、完整的矢量信息

借助 GIS 技术格式存储的优势,采用完整的矢量格式,使数据存储量小,应用更方便。以下操作均产生矢量格式的数据:

淹没区分析→复杂多边形→简单多边形

汇水范围分析→多边形

沟道提取→线

流域划分→多边形

坝系布局→点

坝系单元划分→多边形

淹没范围分析后提取的多边形与地块、居民点、道路等图层叠加,可用于分析淹没损失;汇水范围分析后提取的多边形与侵蚀模数分区图层叠加,可用于处理同一小流域内侵蚀程度有差别的情况。

十、三维仿真模拟坝系布局和运行动态变化

系统提供的"评审汇报模式"能像设计模式一样显示三维地形及坝系(见图1-15),而且还能只展示现状坝系以及某一方案里面的坝、方案到某一年建成的坝等。该系统能真实地展示整个坝系的淹没情况(见图1-16),其淹没数据全部来自于设计模式,而不是简单的示意图。对于整个坝系而言,能够展示某一年的淤积状况(见图1-17),对于坝系中的单个坝而言,能够动态显示在整个坝系的运行期间该坝的泥沙淤积动态(见图1-18)。这些科学直观的展示能让评审专家很容易把握小流域的情况和坝系规划方案。

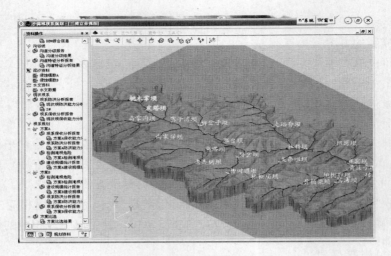

图 1-15　坝系布局显示

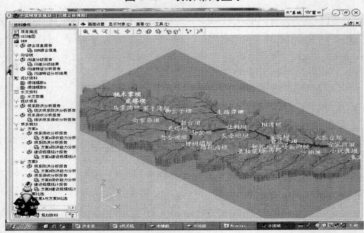

图 1-16　坝系淹没状况显示

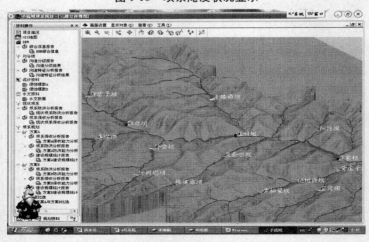

图 1-17　坝系布局和淤积发展情况显示

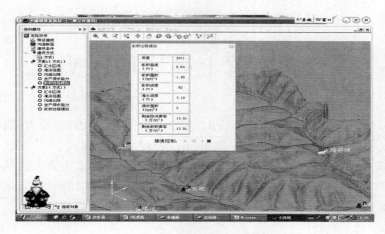

图 1-18　单个坝淤积过程动态模拟显示

第六节　坝系规划系统的应用与发展前景

地理信息是水利工作的重要基础信息之一,85% 以上的信息都跟地理信息相关。传统的对地理信息的手工处理方式已经被科学技术的进步所淘汰,水土保持行业需要运用先进的信息管理手段来提高工作效率,推进信息化建设进程。地理信息系统(GIS)技术为水土保持行业信息管理的标准化、网络化、空间化提供了有效的工具。

20 世纪 80 年代以来,日趋严重的水土流失问题引起中共中央和国家政府及全社会的高度重视,先后在主要江河流域实施了多个水土流失综合治理工程,并在重点防治区建成了水土保持监测站网,同时利用遥感技术(RS)的周期性和视域广的特点、地理信息系统(GIS)强大的信息管理和分析功能以及全球卫星定位系统(GPS)的高精度定位的特点,使流域内的有关水土流失的大量信息得到统一管理,并应用 GIS 技术来管理动态监测数据、进行水土流失预测、生态环境效益分析,从而提供及时可靠的决策依据。

淤地坝建设是贯彻落实中共中央十六大和十六届三中全会精神,全面建设小康社会,积极推进西部大开发战略的重大措施。代表了黄土高原地区广大人民群众的迫切愿望和要求。淤地坝工程的建设,对加快黄河上中游地区水土保持生态建设步伐、促进区域经济社会可持续发展具有重大意义。

根据分析,黄土高原地区具有丰富的淤地坝建设资源和建设潜力,共可建设淤地坝33.4 万座(骨干坝6.2 万座)。同时按照《黄河流域黄土高原地区水土保持淤地坝规划》确定的目标,到 2020 年,黄土高原地区将建设淤地坝 16.3 万座(骨干坝 3 万座),主要入黄支流将基本建成较为完善的沟道坝系。在淤地坝建设中,必须改变过去工程布局分散、规模效益低的状况,以小流域为单元,按坝系进行建设。根据目前的经验,一条坝系一般布设 5～15 座骨干坝,按此推算,黄土高原地区将有 0.41 万～1.2 万条小流域坝系需要建设(到 2020 年将有 2 000～6 000 条小流域坝系需要建设),而每条坝系的建设都需要进行科学的坝系规划,坝系规划系统的开发,为多快好省地开展坝系规划等前期工作提供了有力的工具。坝系规划系统的应用前景十分广阔。

第二章 黄土高原地区概况

黄土高原地区西起日月山,东至太行山,南靠秦岭,北抵阴山,涉及青海、甘肃、宁夏、内蒙古、陕西、山西、河南 7 省(区)50 个地(市)、317 个县(旗),2000 年区内总人口 8 742.2 万,农业人口 6 907.7 万。全区总面积64.2 万 km²,其中水土流失面积45.4 万 km²(水蚀面积33.7 万 km²、风蚀面积11.7 万 km²),黄河多年平均输沙量达 16 亿 t,是我国乃至世界上水土流失最严重、生态环境最脆弱的地区。

第一节 自然环境

黄土高原地区自然环境差异明显,从东南到西北,降雨、土壤、植被等呈现规律性的变化。

一、地形地貌

黄土高原地区总的地势是西北高、东南低。六盘山以西地区海拔 2 000 ~ 3 000 m;六盘山以东、吕梁山以西的陇东、陕北、晋西地区为典型的黄土高原,海拔 1 000 ~ 2 000 m;吕梁山以东、太行山以西的晋中地区由一系列的山岭和盆地构成,海拔 500 ~ 1 000 m,个别山岭超过 1 000 m。

依据水土流失特点,该区分为黄土丘陵沟壑区、黄土高塬沟壑区、土石山区等 9 个类型区、13 个亚区。主要水土流失类型区的基本情况见表 2-1、地形地貌特征见表 2-2。

表 2-1 黄土高原地区主要水土流失类型区基本情况

类型区	沟壑密度(km/km²)	切割深度(m)	地面组成物质	植被覆盖率(%)	人口密度(人/km²)	耕垦指数(%)	侵蚀模数(t/(km²·a))
黄土丘陵沟壑区	2.0 ~ 7.0	50 ~ 200	黄土	10 ~ 35	77	10 ~ 30	3 000 ~ 30 000
黄土高塬沟壑区	1.0 ~ 3.0	100 ~ 200	黄土	20 ~ 30	180	14 ~ 50	2 000 ~ 5 000
土石山区	2.0 ~ 4.0	100	土石	20 ~ 40	29 ~ 80	1 ~ 20	1 000 ~ 5 000

(一)黄土丘陵沟壑区

黄土丘陵沟壑区分布广,涉及黄土高原地区 7 个省(区),面积 21.18 万 km²,主要特点是地形破碎,千沟万壑。坡度在 15°以上的土地面积占 50% ~ 70%。依据地形地貌差

表 2-2　黄土高原地区主要水土流失类型区地形地貌特征

类型区		地形、地貌						水土流失特点
		地貌特征	沟壑密度（km/km²）	地面坡度组成（%）				
				<5°	5°~15°	15°~25°	>25°	
黄土丘陵沟壑区	1~2副区	梁峁状丘陵和残塬为主	3~7	7	16	19	58	沟蚀、面蚀均很严重
	3~5副区	梁状丘陵为主	2~4	9	25	41	25	面蚀为主,沟蚀次之
黄土高塬沟壑区		塬面宽平,沟壑深切	1~3	39	17	21	23	沟蚀为主,面蚀次之
土石山区		山高坡陡谷深,植被良好	2~4	1	1	3	95	面蚀为主,沟蚀次之
其他类型区		沟道发育条件差	小					侵蚀较弱

注:其他类型区包括风沙区、干旱草原区、高地草原区、冲积平原区、黄土阶地区和林区。

异分为 5 个副区。1~2 副区主要分布于陕西、山西、内蒙古 3 省(区)。该区以梁峁状丘陵和残塬为主,沟壑密度 3~7 km/km²,沟道深度 100~300 m,多呈"U"形或"V"形,沟壑面积大。3~5 副区主要分布于青海、宁夏、甘肃、河南 4 省(区)。该区以梁状丘陵为主,沟壑密度 2~4 km/km²。第 5 副区的小流域上游一般为"涧地"和"掌地",地形较为平坦,沟道较少;中下游有冲沟。

(二)黄土高塬沟壑区

黄土高塬沟壑区主要分布于甘肃东部、陕西延安南部和渭河以北、山西西南部。其中甘肃董志塬和陕西洛川塬面积最大,塬面较为完整。该区地形由塬、坡、沟组成。塬面宽平,坡度 1°~3°;坡陡沟深,沟壑密度 1~3 km/km²;沟道多呈"V"字形。沟壑面积较小。

(三)土石山区

土石山区主要分布在秦岭、吕梁、阴山、六盘山等地,涉及 7 省(区)。该区山高坡陡谷深,沟道比降大,沟道多呈"V"形,沟壑密度 2~4 km/km²。

(四)其他类型区

其他类型区包括风沙区、干旱草原区、高地草原区、冲积平原区、黄土阶地区和林区。由于地形、地表组成物质、植被等诸多因素,这些类型区沟壑密度小,土壤侵蚀相对较弱。

二、土壤与植被

黄土高原地区大部分为黄土覆盖,是世界上黄土分布最集中、覆盖厚度最深的区域,平均厚度 50~100 m。洛川塬最大厚度超过 150 m,董志塬最大厚度超过 250 m。粉粒占黄土总重量的 50%,结构疏松、孔隙度大、透水性强、遇水易崩解、抗冲抗蚀性弱。

该区主要的土壤类型有褐土、黑垆土、栗钙土、棕钙土、灰钙土、灰漠土、黄绵土、风沙土等。

该区从东南到西北依次为落叶阔叶林、森林草原、典型草原、荒漠草原等 4 个植被带

（见表2-3）。由于种种原因,现存植被稀少,覆盖率低。天然次生林和天然草地仅占总土地面积的16.6%。

表 2-3　黄土高原地区植被分布情况

植被带	主要土壤	主要分布地区
落叶阔叶林带	褐色土、棕色森林土	降水量 500 mm 以上地区
森林草原带	黑垆土、灰褐土	降水量 400 ~ 500 mm 地区
典型草原带	黑垆土、黄绵土	降水量 300 ~ 400 mm 地区
荒漠草原带	灰钙土	降水量 300 mm 以下地区

三、气候特征

黄土高原地区属大陆性季风气候,冬春季受极地干冷气团影响,寒冷干燥多风沙;夏秋季受西太平洋副热带高压和印度洋低压影响,炎热多暴雨。多年平均降水量为466 mm,总的趋势是从东南向西北递减,东南部600 ~ 700 mm,中部300 ~ 400 mm,西北部100 ~ 200 mm。以400 mm降雨量等值线为界,东南部为半湿润区,中部为半干旱区,西北部为干旱区(见表2-4 ~ 表2-6)。

（一）东南部半湿润区

东南部半湿润区主要为河南西部、陕西关中、山西南部,年均气温8 ~ 14 ℃,年降水量500 ~ 800 mm,干燥指数1.0 ~ 1.5,盛行东南风,雨热同季。该区的范围与落叶阔叶林带大体一致。

（二）中部半干旱区

中部半干旱区包括黄土高原的大部分地区,主要位于晋中、陕北、陇东和陇西南部等地区,年均气温4 ~ 12 ℃,年降水量300 ~ 500 mm,干燥指数1.5 ~ 2.0,夏季风渐弱,蒸发量远大于降水量。该区的范围与森林草原带和典型草原带大体一致。

（三）西北部干旱区

西北部干旱区主要位于长城沿线以北,陕西定边—宁夏同心、海原以西。年均气温2 ~ 8 ℃,年降水量100 ~ 300 mm,干燥指数2.0 ~ 6.0。气温年较差、月较差、日较差均增大,大陆性气候特征显著。风沙活动频繁,风蚀沙化作用剧烈。该区的范围与荒漠草原带大体一致。

黄土高原地区降水年际变化大,丰水年的降水量为枯水年的3 ~ 4倍;年内分布不均,汛期(6 ~ 9月)降水量占年降水量的70%左右,且以暴雨形式为主。每年夏秋季节易发生大面积暴雨,24小时暴雨笼罩面积可达5万 ~ 7万 km²。黄河河口镇至龙门、泾洛渭汾河、伊洛沁河为三大暴雨中心。形成的暴雨有两大类,一类是在西风带内,受局部地形条件影响,形成强对流而导致的暴雨,范围小、历时短、强度大;另一类是受西太平洋副高压的扰动而形成的暴雨,面积大、历时较长、强度更大。

表 2-4 黄土高原地区主要水土流失类型区气候特征

类型区		年均日照时数 （h）	年均气温（℃）	年均最高气温 （℃）	年均最低气温 （℃）	年均降水量 （mm）	年均汛期 降水量（mm）
黄土丘陵沟壑区	1 副区	2 858.2	8.5	38.9	−31.4	448.6	315.3
	2 副区	2 414.4	8.5	39.7	−28.6	534.3	415.1
	3 副区	2 163.6	10.2	40.5	−19.9	565.7	332.7
	4 副区	2 500.0	3.3	29.0	−24.5	450.0	275.0
	5 副区	2 444.3	5.6	39.0	−28.1	383	247.8
黄土高塬沟壑区		2 484.0	9.8	40.1	−25.4	572.5	359.7
土石山区		2 295.8	11.6	38.0	−22.0	583.0	375.9

表 2-5 黄土高原地区 7 省（区）气候特征

省（区）	气温（℃）			≥10℃ 积温（℃）	年日照 时数（h）	无霜期 （d）	总辐射量 （kJ）	大风日数 （d）	平均风速 （m/s）
	年最高	年最低	年平均						
青海	24.7	−24.8	0.5	1 563	2 500	100	628	85	11.6
甘肃	23.1	−17.4	8.3	1 928	2 289	108	528	37	3.2
宁夏	23.5	−10	8.9	2 645	2 828	135	569	17	2.8
内蒙古	25.7	−18.2	5.5	2 716	3 075	149	578	30	3.7
山西	27.1	−13.1	8.7	3 574	2 544	158	649	1～39	2.6
陕西	27	−9.9	10.9	3 678	2 354	188	523	35	12.6
河南	28	−2	13.5	4 436	2 336	225	502	4.3～29	2.5

表 2-6 黄土高原地区降水特征

省（区）	面积（km²）	最大年		最小年		多年平均 降水量 （mm）	汛期	
		降水量 （mm）	年份	降水量 （mm）	年份		降水量（mm）	比例（%）
青海	46 536.5	534.1	1953	196.4	1999	384	319.5	83.2
甘肃	135 350.2					422.5	274.5	65.0
宁夏	51 330.1	283.6	1978	77.9	1980	387.4	232.4	60.0
内蒙古	151 140.0	929.2	1959	53.3	1965	293.8	197.7	67.3
山西	97 215.0	1 078.5	1959	149.5	1965	520.0	388.5	74.7
陕西	133 157.0	840.0	1958	346.0	1977	574.9	359.0	62.4
河南	27 200.0	1 207.0	1964	184.0	1942	676.1	356.2	52.7

四、河流水系

黄土高原地区面积大于 1 000 km² 的直接入黄支流有 48 条,其中龙羊峡至河口镇 18 条,河口镇至龙门 21 条,龙门至桃花峪 9 条。水土流失较严重的支流主要有洮河、湟水、祖厉河、清水河、浑河、杨家川、偏关河、皇甫川、县川河、孤山川、朱家川、岚漪河、蔚汾河、窟野河、秃尾河、佳芦河、湫水河、三川河、屈产河、无定河、清涧河、昕水河、延河、汾河、北洛河、渭河、伊洛河等。

五、水文泥沙

黄河兰州以上地区多湖泊、沼泽,降雨强度小、历时长、范围广,形成的洪水洪峰小,涨落平缓,含沙量小;兰州至河口镇区间两岸多为沙漠地带,无大的支流汇入,气候干旱,降雨量小,洪水过程更趋平缓;河口镇至花园口区间暴雨洪水频繁,洪峰高、含沙量大、历时短、陡涨陡落。该区间有三大暴雨中心,相应形成河口镇至龙门、龙门至三门峡、三门峡至花园口三大洪水来源区,常常形成大洪水和特大洪水,危害极大,如 1958 年 7 月 17 日由三门峡至花园口区间干支流洪水遭遇形成的特大洪水,花园口站实测洪峰流量为 22 300 m³/s。

黄河泥沙的主要特点如下:

(1)含沙量高、输沙量大。黄河三门峡水文站多年平均输沙量约 16 亿 t,多年平均含沙量 35 kg/m³。河口镇至龙门区间的皇甫川、孤山川和窟野河,洪水期含沙量常常超过 1 000 kg/m³。

(2)地区分布不均,水沙异源。泥沙主要来自中游的河口镇至三门峡地区,来沙量占全河的 91%,来水量仅占全河的 32%;河口镇以上来水量占全河的 54%,来沙量仅占 9%。

(3)年内分配集中,年际变化大。黄河泥沙年内分配极不均匀,汛期 6～9 月沙量占全年的 90%,尤其是 7、8 两个月来沙更为集中,占全年的 71%。黄河沙量的年际变化不均,泥沙往往集中在几个大沙年份,三门峡水文站最大年输沙量 39.1 亿 t(1933 年),是最小年输沙量 3.75 亿 t(2000 年)的 10.4 倍。

第二节　自然资源

一、水资源

黄河花园口站多年平均实测径流量 470 亿 m³,经还原后天然径流量为 559.2 亿 m³(见表 2-7)。黄河水资源主要有以下特点。

(一)水资源贫乏

该区面积占全国国土面积的 6.7%,而区域内年径流量占全国的不足 2%。区域内人均水量 548 m³,相当于全国人均河川径流量 2 670 m³ 的 1/5;耕地公顷均水量 2 625 m³,仅为全国公顷均水量的 1/10。

（二）地区分布不均

兰州以上地区的面积仅占全区的34%,径流量占55.6%,年径流深100～200 mm;兰州至河口镇,年径流深10～50 mm;河口镇至三门峡,年径流深20～50 mm;龙门至三门峡区间面积占25.4%,径流量只占全河的19.5%。

表2-7 黄河干流主要区间径流量(1919～1975年系列)

区间	控制面积		平均年径流量		径流深
	（km²）	占全河（%）	（亿 m³）	占全河（%）	（mm）
兰州以上	222 551	29.6	322.6	55.6	145.0
兰州至河口镇	163 415	21.7	-10.0	-1.7	—
河口镇至龙门	111 586	14.8	72.5	12.5	65.0
龙门至三门峡	190 869	25.4	113.3	19.5	59.4
三门峡至花园口	41 616	5.5	60.8	10.5	146.1
花园口以上	730 037	97.0	559.2	96.4	76.7

注:黄河兰州至河口镇段,出境径流量小于入境径流量。

（三）年内、年际变化大

该区河川径流主要集中在汛期6～9月,占60%～70%。最大年径流量是最小年径流量的3～4倍,花园口最大年径流量为940亿 m³,最小年径流量为274亿 m³。

（四）含沙量高,利用难度大

黄土高原地区径流多以洪水形式出现,含沙量高,加上复杂的地形,水资源难以利用。据观测,黄河三门峡水文站多年平均含沙量35 kg/m³,有的支流洪水含沙量300～500 kg/m³,甚至达1 000 kg/m³以上。

二、土地资源

黄土高原地区总面积64.2万 km²,其中山地面积大,难利用土地多。

该区土地资源分布不平衡,人均土地存在较大差异。土石山区、风沙区、干旱草原区、高地草原区和林区人口稀少,土地面积31.7万 km²,人均1.6～10 hm²;黄土丘陵沟壑区人口相对较多,人均0.5～1.7 hm²;黄土高塬沟壑区人口较密,人均0.6 hm²;平原和阶地区人口稠密,土地面积7.3万 km²,人均0.1～0.3 hm²。

黄土高原地区现有耕地1 200万 hm²,以坡耕地为主,坡耕地占62%,基本农田占38%。坡耕地保水保肥能力差,一般每公顷产量仅为375～750 kg,遇到干旱年份就会严重减产,甚至颗粒无收。

三、矿产资源

黄土高原地区矿产资源丰富。稀土、石膏、玻璃用石英岩、铌、煤、铝土、钼、耐火黏土等储量占全国总储量的1/3以上;石油和芒硝储量占全国总储量的20%～30%;天然碱、硫铁矿、水泥用灰岩、钨、铜、岩金等的储量占全国总储量的10%～20%。

位于晋陕蒙接壤地区的神府、东胜、准格尔、河东四大煤田,储量占全国煤炭总储量的50%以上;陕甘宁蒙接壤地区的石油、天然气储量也相当丰富,是我国重要的能源重化工基地（见表 2-8）。

表 2-8　黄土高原地区主要优势矿产资源

资源种类	储量	单位	占全国（%）
煤	4 492.4	亿 t	46.5
石油	41.0	亿 t	26.6
铜	724.2	万 t	11.8
铝土	9.2	亿 t	44.4
钨	64.2	万 t	12.5
钼	370.5	万 t	43.2
岩金	185.0	t	11.4
铌	136.3	万 t	50.0
稀土	9 024.0	万 t	97.9
硫铁矿	6.4	亿 t	14.3
芒硝	55.4	亿 t	20.0
天然碱	885.1	万 t	15.5
耐火黏土	7.8	亿 t	37.1
石膏	433.3	亿 t	75.5
水泥用灰岩	53.2	亿 t	13.4
玻璃用石英岩	17.3	亿 t	74.9

第三节　经济社会

黄土高原地区是我国西部大开发的重点地区。由于水土流失严重,生态环境恶劣,绝大多数地区经济落后、群众生活贫困。

一、行政区及人口

黄土高原地区涉及 7 省（区）的 50 个地（市）、317 个县（旗）。2000 年区内的总人口8 742.2 万,其中农业人口 6 907.7 万,农业劳力 3 190.72 万个（见表 2-9）。受自然条件和社会经济因素影响,黄土高原地区人口分布不均,东部稠密、西部稀少;平原和阶地区密度最大,塬区和丘陵区次之,山区、风沙区密度最小。

表 2-9　黄土高原地区人口、劳力情况

省（区）	总土地面积（km²）	水土流失面积（km²）	总人口（万人）	农业人口（万人）	农业劳力（万个）	人口密度（人／km²）
青海	46 536.5	26 973.4	359.5	258.6	133.11	77
甘肃	135 350.2	111 178.7	1 723.8	1 401.8	611.89	127
宁夏	51 330.1	38 872.9	543.4	387.9	186.53	106
内蒙古	151 140.0	92 430.0	474.8	319.6	157.41	31
山西	97 215.0	67 363.0	2 050.4	1 754.6	669.48	211
陕西	133 157.0	105 606.8	2 624.5	1 983.9	1 009.14	197
河南	27 200.0	16 362.0	965.8	801.3	423.16	355
合计	641 928.8	458 786.8	8 742.2	6 907.7	3 190.72	136

二、土地利用

黄土高原地区耕地总面积 1 200 万 hm^2，占总土地面积的 18.9%；林地 933 万 hm^2，占总土地面积的 14.5%；草地 1 727 万 hm^2，占总土地面积的 26.9%。不同类型区的土地利用差异明显（见表 2-10 和表 2-11）。

表 2-10　黄土高原地区土地利用现状（按类型区统计）

类型区	特点	土地比例（%）				
		农耕地	林地	草地	荒地	其他
土石山区、林区、风沙区、干旱草原区、高地草原区	人均土地多	8.6	21.35	17.3	39	13.8
黄土丘陵沟壑区	人均土地较多	30.7	13.4	6.4	33.2	16.3
黄土高塬沟壑区	人均土地较少	40.2	12.9	9.5	21.3	16.1
平原、阶地区	人均土地少	56.2	4.9	3.1	14.6	21.1

表 2-11　黄土高原地区土地利用现状（按流域区间统计）

河段	土地面积	耕地		林地		草地	
		面积（亿亩）	比例（%）	面积（亿亩）	比例（%）	面积（亿亩）	比例（%）
全区	9.63	1.82	18.9	1.40	14.5	2.59	26.9
龙羊峡—兰州	1.37	0.14	10.2	0.20	14.8	0.77	56.6
兰州—河口镇	2.45	0.47	19	0.04	1.7	0.67	27.4
河口镇—龙门	1.67	0.27	16	0.32	19.3	0.35	21
龙门—三门峡	2.86	0.79	27.5	0.62	21.6	0.54	18.7
三门峡—花园口	0.62	0.14	22.8	0.20	31.3	0.06	10.3
内流区	0.65	0.02	2.8	0.02	3.7	0.20	30.1

注：表中面积单位换算：1 亩 = 1/15 hm^2。

三、经济社会

黄土高原地区主要工业企业集中于西安、太原、兰州等大中型城市，其他多数地区工业基础薄弱。该区石油产量约占全国的 1/4，原煤产量占全国的一半以上。近年来，随着煤炭、石油、天然气的大规模开采，带动了相关产业和地方经济的发展。例如，晋陕蒙接壤地区形成了神府、东胜、准格尔、河东四大经济增长中心。但黄土高原地区大多属于资源型工业，高新技术产业还相当落后，工业产值、经济效益均低于全国平均水平。

该区绝大多数地区以农业经济为主，农业产值中种植业占 58.7%，林牧副业及其他仅占 41.3%（见表 2-12）。宁蒙河套平原引黄灌溉历史悠久，汾渭平原是我国小麦、棉花、油料作物的主要产区，农业相对发达。广大丘陵山区水土流失严重，生态环境脆弱，80%以上的耕地经常遭受不同程度的干旱威胁，农业产量低而不稳。该区农业人均耕地0.187 hm^2，为全国人均耕地的 2.3 倍，耕地资源相对丰富。但土地生产力低下，人均占有粮食 320 kg，粮食平均每公顷产量 3 000 kg 左右。

表 2-12　黄土高原地区农业产值结构现状

省(区)	农业产值(万元)						各业产值占农业总产值(%)				
	合计	种植业	林业	牧业	副业	其他	种植业	林业	牧业	副业	其他
总计	11 427 727	6 710 444	486 647	2 464 859	1 194 435	560 858	58.7	4.3	21.6	10.5	4.9
青海	353 906	184 665	16 729	152 141	372	0	52.2	4.7	43	0.1	0.0
甘肃	1 357 078	645 513	35 636	329 086	44 529	2 315	69.7	2.6	24.2	3.3	0.2
宁夏	780 567	539 850	10 021	215 204	15 492	0	69.2	1.3	27.6	2.0	0.0
内蒙古	1 409 436	725 991	40 832	356 263	276 435	9 914	51.5	2.9	25.3	19.6	0.7
山西	2 371 702	1 748 532	82 284	528 382	11 154	1 350	73.7	3.5	22.3	0.5	0.1
陕西	3 715 944	1 717 956	146 578	540 498	845 560	454 870	46.2	3.9	14.5	22.8	12.2
河南	1 439 094	847 939	154 568	343 286	893	92 408	58.9	10.7	23.9	0.1	6.4

　　自然灾害频繁,生产力水平低下,加之人口增长过快,黄土高原地区的群众生活仍然贫困,是我国贫困人口的主要集中地区,也是国家重点扶贫地区之一。局部地区虽然已脱贫,但温饱问题尚未得到稳定解决。部分地区还缺少燃料,人畜饮水困难问题比较突出。

第四节　水土流失特点及危害

一、水土流失状况

　　水土流失是黄土高原地区最大的环境问题。据 1990 年公布的全国土壤侵蚀遥感普查资料,全区水土流失面积为 45.4 万 km²,占总土地面积的 71%。其中,水蚀面积为 33.7 万 km²,占水土流失面积的 74.2%;风蚀面积为 11.7 万 km²,占水土流失面积的 25.8%。按照侵蚀强度,该区的水力侵蚀可以划分为剧烈、极强度、强度、中度、轻度 5 个强度等级(见表 2-13)。

表 2-13　黄土高原地区水力侵蚀强度分级

合计		中、轻度侵蚀 1 000~5 000 (t/(km²·a))		强度侵蚀 5 000~8 000 (t/(km²·a))		极强度侵蚀 8 000~15 000 (t/(km²·a))		剧烈侵蚀 >15 000 (t/(km²·a))	
面积 (万 km²)	比例 (%)	面积 (万 km²)	比例 (%)	面积 (万 km²)	比例 (%)	面积 (万 km²)	比例 (%)	面积 (万 km²)	比例 (%)
33.7	100	19.10	56.68	6.09	18.07	4.84	14.36	3.67	10.89

　　根据黄河泥沙的主要来源及其对黄河下游的危害,按照侵蚀模数和粗沙(粒径大于 0.05 mm)模数,划定了多沙区和多沙粗沙区。多沙区为侵蚀模数大于 5 000 t/(km²·a) 的地区;多沙粗沙区为侵蚀模数大于 5 000 t/(km²·a) 且粗沙模数大于 1 300 t/(km²·a) 的区域。

(一)多沙区

　　多沙区总面积 21.2 万 km²,水土流失面积 19.1 万 km²,其中水蚀面积 14.6 万 km²,涉及黄土丘陵沟壑区、黄土高源沟壑区、土石山区和黄土阶地区的部分地区。集中分布在河口镇至龙门区间,泾、洛、渭河中上游,以及青海、内蒙古、河南沿黄部分地区。多年平均输入黄河的泥沙量为 14 亿 t,占黄河总输沙量的 87.5%(见表 2-14)。

表 2-14 黄土高原地区多沙区水土流失情况

侵蚀模数 (t/(km²·a))	水蚀面积 (km²)	年输沙量 (亿t)	主要涉及支流
5 000~8 000	6.09	3.8	湟水、祖厉河、渭河、泾河、北洛河(中上游)、浑河、汾河(上游)
8 000~15 000	4.84	4.6	窟野河(中游)、秃尾河(下游)、清涧河、延河(上游)、北洛河(上游)、屈产河、昕水河、清水河、泾河上游
>15 000	3.67	5.6	皇甫川、秃尾河(中游)、无定河(中下游)、蔚汾河、湫水河、三川河、皇甫川(上游)、孤山川、窟野河(下游)、佳芦河、偏关河(下游)、县川河、朱家川

(二)多沙粗沙区

多沙粗沙区总面积 7.86 万 km²,分布于河口镇至龙门区间的 23 条支流和泾河上游(马莲河、蒲河)部分地区、北洛河上游(刘家河以上)部分地区,主要涉及黄土丘陵沟壑区、黄土高塬沟壑区。该区多年平均输沙量(1954~1969 年系列)11.82 亿 t,占黄河同期总输沙量的 62.8%;粗泥沙输沙量为 3.19 亿 t,占黄河粗泥沙总量的 72.5%。多沙粗沙区主要支流水土流失基本情况见表 2-15。

多沙粗沙区支毛沟发育,沟壑面积占总面积的 50%~60%。该区大于 3 km² 的沟道有 6 785 条,其中流域面积为 100~300 km² 的沟道有 265 条,流域面积为 50~100 km² 的沟道有 435 条,流域面积为 10~50 km² 的沟道有 1 792 条、流域面积为 5~10 km² 的沟道有 1 771 条,流域面积为 3~5 km² 的沟道有 2 495 条。

表 2-15 多沙粗沙区主要支流水土流失基本情况

支流		输沙量(万 t)		输沙模数(t/(km²·a))	
		全沙量	粗沙量	全沙	粗沙
河口镇至龙门区间	皇甫川	6 081	1 976	18 734	6 087
	清水川	471		13 260	
	孤山川	2 659	787	20 904	6 187
	窟野河	12 481	5 991	14 336	6 881
	秃尾河	1 212	758	3 679	2 301
	佳芦河	2 841	1 651	25 053	14 559
	浑河	2 408		4 352	
	杨家川	197		1 966	
	偏关河	2 063		9 876	
	县川河	792.7		5 074.9	
	朱家川	2 781	651	9 517	2 228
	岚漪河	1 665	390	7 683	1 800
	蔚汾河	1 490	349	10 081	2 361
	湫水河	2 873	770	14 444	3 871
	无定河	24 053	7 986	7 949	2 639
	清涧河	4 657	1 271	11 414	3 115
	延河	6 185	1 868	8 046	2 430
	三川河	3 464	672	8 325	1 615
	屈产河	1 702	330	13 951	2 705
	昕水河	2 830	354	6 542	818
北洛河上游		10 080	1 737	3 747	646
泾河上游		12 329	2 373	5 453	1 050

（三）重点支流（片）

1. 龙羊峡至河口镇区间

该区间包括洮河、湟水、庄浪河、祖厉河、清水河等 5 条支流和十大孔兑片、青海沿黄片、甘肃沿黄片和内蒙古沿黄片的部分地区。局部水土流失严重，土壤侵蚀模数大于 5 000 t/(km² · a)。

2. 河口镇至龙门区间

该区间包括浑河、杨家川、偏关河、皇甫川、清水川、县川河、孤山川、朱家川、岚漪河、蔚汾河、窟野河、秃尾河、佳芦河、湫水河、三川河、屈产河、无定河、清涧河、昕水河、延河、汾川河、仕望川等 22 条支流以及内蒙古、陕西和山西沿黄片的部分地区，水土流失严重。大多数地区土壤侵蚀模数大于 5 000 t/(km² · a)，其中窟野河、秃尾河、孤山川、皇甫川等支流局部地区侵蚀模数在 3 万 t/(km² · a)以上，是黄河泥沙，特别是粗泥沙的主要来源地。

3. 龙门至桃花峪区间

该区间包括汾河、泾河、北洛河、渭河、伊洛河等 5 条支流和陕西、山西、河南沿黄片的部分地区。区域内水土流失较为严重，其中，泾、洛、渭河上游侵蚀模数大于 5 000 t/(km² · a)。

渭河（含泾河和北洛河）是黄河最大的支流，流域面积 13.5 万 km²。按华县、湫头两水文站至 20 世纪 90 年代的资料统计，年平均径流量约 87.31 亿 m³，年平均输沙量约 4.67 亿 t（见表 2-16）。

表 2-16　黄土高原地区 39 条支流（片）水土流失情况　　　　　（单位：km²）

支流（片）	侵蚀强度分级(t/(km² · a))				合计
	剧烈 >15 000	极强度 8 000～15 000	强度 5 000～8 000	中轻度 <5 000	
洮河			539	24 988	25 527
湟水			1 661	31 202	32 863
庄浪河				4 008	4 008
祖厉河			6 456	4 197	10 653
清水河			2 721	11 760	14 481
十大孔兑				7 385	7 385
浑河		296	4 120	1 116	5 533
杨家川	26	66	910		1 002
偏关河	939		162	988	2 089
皇甫川	750	796	1 700		3 246
清水川	305	579			884
县川河	1 493		2	92	1 587
孤山川	868	380	24		1 272
朱家川	415	253	2 216	39	2 922
岚漪河	463	317	509	877	2 167
蔚汾河	825		330	323	1 478
窟野河	1 416	5 120		2 170	8 706
秃尾河	968	474		1 852	3 294

支流（片）	侵蚀强度分级（t/(km²·a)）				合计
	剧烈 >15 000	极强度 8 000~15 000	强度 5 000~8 000	中轻度 <5 000	
佳芦河	1 004	0		130	1 134
湫水河	1 114	323	280	272	1 989
三川河	2 379	259	480	1 043	4 161
屈产河	683	257	104	176	1 220
无定河	9 857	1 857		1 547	13 261
清涧河	2 951	196		933	4 080
昕水河	28	1 353		2 946	4 326
延河	2 092	3 420	1 085	1 090	7 687
汾川河		876		909	1 785
仕望川		393		1 963	2 356
汾河		1 765	1 898	35 807	39 471
泾河		15 337	11 831	18 253	45 421
北洛河	831	4 429	581	21 064	26 905
渭河		6 719	4 790	50 930	62 440
伊洛河			1 914	16 966	18 880
青海黄河沿岸				3 956	3 956
甘肃黄河沿岸		1 080	1 612	2 324	5 016
陕西黄河沿岸	5 141	143	1 955	732	7 971
内蒙古黄河沿岸	900	255	1 559	3 050	5 764
山西黄河沿岸	1 279	672	7 869	4 450	14 270
河南黄河沿岸		800	3 586	2 983	7 369
合计	36 728	48 416	60 894	279 521	425 559

二、水土流失成因

导致水土流失的因素包括自然因素和人为因素。自然因素为降雨、地形、土壤、植被等；人为因素主要为不合理的土地和资源开发利用等人为活动。

（一）自然因素

地形破碎、土质疏松、植被缺乏、暴雨集中是黄土高原地区水土流失严重的主要原因。

1. 地形破碎

黄土高原地区沟壑密度大，仅河口镇至龙门区间沟长 0.5~30 km 的沟道就有 8 万多条;坡陡沟深,切割深度 100 ~ 300 m;地面坡度大部分在 15°以上。尤其是丘陵沟壑区,沟壑密度达 3 ~ 7 km/km²,在陕北局部地区,沟壑密度高达 12 km/km²。破碎的地形在外营力作用下易产生水土流失。

2. 土质疏松

黄土高原地区的主要地表组成物质为黄土,深厚的黄土土层与其明显的垂直节理性,遇水易崩解,抗冲、抗蚀性能很弱,沟道崩塌、滑塌、泻溜等重力侵蚀异常活跃。该地区大面积严重的水土流失与黄土的深厚松软直接相关。

黄土从南到北颗粒逐渐变粗,黏结度逐渐减弱,黄土高原地区的土壤侵蚀模数也相应由南向北逐渐加大。

3. 暴雨时间分布集中

黄土高原地区的降雨特点是:年降雨量少(大部分地区为 400 ~ 500 mm)而时间分布集中,汛期降雨量占年降雨量的 70 ~ 80%,其中大部分又集中在几次强度较大的暴雨。暴雨历时短、强度大、突发性强,是造成严重水土流失和高含沙洪水的主要原因。

4. 植被稀少

黄土高原地区植被稀少,天然次生林和天然草地仅占总土地面积的 16.6%,主要分布在林区、土石山区和高地草原区,其他大部分地区是荒山秃岭,地表裸露,水土流失严重。

(二)人为因素

乱砍滥伐、过度放牧、陡坡开荒等掠夺式的土地利用方式以及不合理的资源开发等基本建设活动,加剧了水土流失。随着人口迅速增长和大规模的生产建设活动开展,新的人为水土流失在不断扩大。晋陕蒙和晋陕豫接壤地区煤炭和有色金属的开采过程中,由于没有很好地处理经济建设与环境保护的关系,使本来就十分脆弱的生态环境更加恶化。据黄河上中游管理局等单位调查统计,晋陕蒙接壤地区有煤矿 1 300 多个,其他厂矿 900多个,人为破坏植被 1.77 万 hm²,弃土弃渣 3.3 亿 t,每年向黄河输送泥沙 3 000 万 t 左右。子午岭林区、六盘山林区面积仍在逐年减少。

三、水土流失特点

(一)侵蚀强度大

根据 1990 年全国土壤侵蚀遥感调查公告,黄土高原地区水土流失面积为 45.4 万km²,其中水蚀面积 33.7 万 km²。侵蚀模数大于 5 000 t/(km²·a)的强度以上水蚀面积14.6 万 km²,占全国同类面积的 38.9%;侵蚀模数大于 8 000 t/(km²·a)的极强度以上水蚀面积为 8.51 万 km²,占全国同类面积的 64.1%;侵蚀模数大于 15 000 t/(km²·a)的剧烈水蚀面积 3.67 万 km²,占全国同类面积的 89%。局部地区的侵蚀模数甚至超过 30 000 t/(km²·a)。

(二)时空分布集中

据有关研究成果,黄河河口镇以上区域产沙较少,河口镇至三门峡区间产沙较多。水土流失最为严重的区域主要集中在黄河中游 7.86 万 km² 的多沙粗沙区,面积仅占黄土高原地区总面积的 12.3%,而多年平均输沙量却达到 11.82 亿 t,占同期输入黄河泥沙量的

62.8%,其中粒径大于 0.05 mm 的粗泥沙 3.19 亿 t,占粗泥沙输沙总量的 72.5%。

黄土高原地区水土流失多集中在汛期(6~9 月),占全年的 60%~90%。来沙又往往集中于几场大的暴雨洪水,许多地方一次暴雨的侵蚀量占全年总侵蚀量的 60% 以上(见表 2-17);陕蒙接壤区两川两河汛期输沙量占全年的 90% 以上(见表 2-18)。

表 2-17　黄土高原地区典型小流域一次暴雨侵蚀量

地点	暴雨量（mm）	时间（年·月·日）	历时（时：分）	洪水		泥沙		观测站
				数量（m³/km²）	占年总量（%）	数量（t/km²）	占年总量（%）	
陕西彬县鸣玉池	103.3	1960.7.4	13：25	2 367	65.1	926	75.4	沟口
陕西绥德韭园沟	45.1	1956.8.8	02：30	17 680	48.7	4 668	70.0	沟口
甘肃天水吕二沟	74.3	1962.7.26	20：45	8 934	62.5	2 416	62.3	沟口
甘肃西峰南小河沟	99.7	1960.9.1~2	20：57	7 985	56.5	3 105	66.3	沟口
山西离石王家沟	87.6	1969.7.26	06：00	47 473	87.7	36 456	90.8	沟口

表 2-18　皇甫川等 4 条支流输沙特征

支流名称	控制站	时段	年径流量（万 m³）	年均输沙量（万 t）	汛期径流量（万 m³）		汛期洪水输沙量（万 t）		洪水输沙模数（t/km²）
					均值	占年值（%）	均值	占年值（%）	
皇甫川	皇甫	1954~1996	16 540	5 240	12 250	74.1	5 170	98.7	16 290
孤山川	高石崖	1954~1996	8 690	2 210	5 640	65	2 200	99.6	17 410
窟野河	温家川	1954~1996	66 860	11 330	31 710	47.4	11 080	97.7	12 810
秃尾河	高家川	1956~1996	36 550	2 100	5 260	14.4	1 890	90.2	5 820

(三)泥沙主要来自沟道侵蚀

黄土高原地区沟道侵蚀主要表现为沟底下切、沟岸扩张、沟头前进等几种形式。强烈的水土流失,特别是沟蚀,把地面切割得支离破碎、千沟万壑。全区长度大于 0.5 km 的沟道达 27 万条,仅河口镇至龙门区间沟长在 0.5~30 km 的沟道就有 8 万多条(见表 2-19)。黄土高塬沟壑区和黄土丘陵沟壑区大部分地区沟头每年前进 1~3 m,有的地方一次暴雨就使沟头前进 20~30 m,甚至达到 100 m 以上。宁夏固原县在 1957~1977 年的 20 年间,由于沟蚀,损失土地 0.67 万 hm² 左右;甘肃董志塬在近 1 000 年间,由于沟蚀,塬面面积减少了一半。

表 2-19　黄河河口镇至龙门区间沟道情况统计

沟长（km）	0.5~3	3~5	5~10	10~20	20~30	合计
沟道数（条）	73 000	4 500	2 300	720	35	80 555

黄土高原千沟万壑的地形地貌,尤其是黄土丘陵沟壑区和黄土高塬沟壑区,崩塌、滑塌、泻溜等重力侵蚀十分活跃,使沟壑成为泥沙的主要来源地。据有关研究成果,黄土丘

陵沟壑区沟谷面积占总面积的 45%～55%,而产沙量却占 50%～70%;黄土高塬沟壑区沟谷面积占总面积的 30%～40%,而产沙量却占 85% 以上(见表 2-20)。

表 2-20　黄土高原地区典型小流域产沙情况

流　域	地区	类型区	沟涧地(%)		沟谷地(%)	
			面积	产沙量	面积	产沙量
韭园沟	陕西绥德	丘陵沟壑区	44.2	30.2	55.8	69.8
赵家沟	陕西清涧	丘陵沟壑区	53.0	27.3	47.0	72.7
吕二沟	甘肃天水	丘陵沟壑区	53.6	41.4	46.4	58.6
王家沟	山西离石	丘陵沟壑区	50.3	24.5	49.7	75.5
南小河沟	甘肃西峰	高塬沟壑区	75.3	24.7	34.7	86.3

四、水土流失的主要危害

(一)恶化生态环境,制约经济社会发展

严重的水土流失使生态环境更趋恶化,并加剧了干旱等自然灾害的频繁发生。据统计,黄土高原地区每年旱灾面积超过 60 万 hm²,大灾年份的成灾面积高达 260 万 hm²。冬春季节大风和沙尘暴频繁出现。国家环境保护局和中国科学院联合组织"探索沙尘暴"考察结果表明,内蒙古中部农牧交错带及草原区、蒙陕宁长城沿线旱作农业区,是形成我国北方沙尘暴的两个主要源区;毛乌素沙地、库布齐沙漠连年南侵,是入黄泥沙的重要补给源。水土流失不仅使该地区的生态环境恶化,对京津及华北地区的生态环境也产生十分不利的影响。

严重的水土流失,造成耕地面积减少、土壤肥力下降、农作物产量降低,人地矛盾突出。当地农民为了生存,不得不大量开垦坡地,广种薄收,形成了"越穷越垦、越垦越穷"的恶性循环,使生态环境不断恶化,制约了经济发展,加剧了贫困。国家"八七"扶贫计划中,黄土高原地区贫困县有 126 个,占全国贫困县总数的 21.3%,贫困人口 2 300 万,占全国贫困人口的 28.8%。经过多年的扶贫攻坚,该区目前仍有近 1 000 万贫困人口,是我国贫困人口集中分布的地区之一。严重的水土流失也造成该区交通不便、人畜饮水困难,严重制约区域经济社会的可持续发展。

(二)大量泥沙淤积下游河床,威胁黄河防洪安全

黄土高原地区严重的水土流失使黄河多年平均输沙量达 16 亿 t,约有 4 亿 t 沉积在下游河床内,造成河床逐年抬高,成为举世闻名的"地上悬河",直接威胁着下游两岸广大地区人民生命财产的安全。根据实测资料统计分析,1950～1999 年下游河道共淤积泥沙 92 亿 t,与 20 世纪 50 年代初相比,河床普遍抬高 2～4 m。人民治理黄河以来,虽曾四次全面加厚加高下游堤防,但仍然不能从根本上解决"越淤越高、越高越险"的状况,使黄河防洪问题成为中华民族的"心腹之患"。1996 年 8 月黄河花园口水文站洪峰流量仅 7 600 m³/s,其水位比 1958 年 22 300 m³/s 流量时的水位还高 0.91 m,淹没下游滩地 22.9 万 hm²,使 107 万人严重受灾。

(三)影响水资源合理和有效利用

该区水资源相对匮乏,严重的水土流失使干、支流众多水库等水利设施淤积加快。为了减轻泥沙淤积造成的库容损失,部分黄河干、支流水库不得不采用蓄清排浑的运行方式,效益不能得到充分发挥,缩短了使用年限,浪费了宝贵的水资源。据调查,黄土高原地区 1950～1998 年各类水库泥沙淤积量 143.2 亿 t,其中干流水库的淤积量占 56.7%,支流水库的淤积量占 43.3%。三门峡水库运用初期,四年淤积泥沙 44 亿 m^3,占 335 m 高程总库容的 45.6%。另外,在黄河下游,为了将水土流失造成的泥沙输送入海,减少河床泥沙淤积,平均每年需要 150 亿 m^3 左右的水资源量用于冲沙入海,影响了水资源的合理配置和有效利用,使本已紧缺的黄河水资源更趋紧张。

第三章　小流域坝系规划方法解析

小流域坝系规划方法主要有综合平衡规划法(即经验法)和系统工程规划法。目前,在生产实践中通常采用综合平衡规划法,系统规划法还停留在研究阶段。本章将对这两种规划方法进行介绍,并对其每个步骤的每项内容进行解析,以寻求最大限度地用 GIS 技术和计算机技术取代人工劳动,建立实用的小流域坝系规划系统的途径。

第一节　基本概念

一、淤地坝

淤地坝是指在沟道中以拦泥、缓洪、淤地造田、发展生产为目的而修建的水土保持工程设施。按照库容大小一般将淤地坝分为三类,即:库容在 1 万~10 万 m³ 的为小型淤地坝;库容在 10 万~50 万 m³ 的为中型淤地坝,库容在 50 万~500 万 m³ 的为骨干坝(一般为 50 万~100 万 m³,极少数库容为 500 万 m³)。淤地坝分类及标准见表 3-1。

表 3-1　淤地坝分类及标准

名　称	库容(万 m³)	校核洪水标准(年)	设计淤积年限(年)
骨干坝	50~500	200~500	10~30
中型淤地坝	10~50	50	5~10
小型淤地坝	1~10	30	5

二、小流域坝系

小流域坝系是指以小流域为单元,骨干坝与中、小型淤地坝组成的相互配合,具有整体防护功能的沟道工程体系。其目的是提高淤地坝防洪减灾能力,最大限度地发挥拦沙、蓄水、淤地等综合效益。中、小型淤地坝的主要作用是拦泥淤地,骨干坝的主要作用是"上拦下保",即拦截上游洪水泥沙,保护下游中、小型淤地坝安全,提高沟道工程防洪标准。受投资、自然条件等因素的限制,单坝的防洪保收、拦泥滞洪、防御洪水的能力较低,易造成工程损坏。而在坝系中,由于布设了控制性骨干坝,各坝按照分工要求联合运用,大大提高了小流域沟道工程的防洪保收、抗御自然灾害的能力。

三、小流域坝系规划

小流域坝系规划是将小流域的淤地坝工程作为主要研究对象,在充分认识坝系运用方式和水沙规律的基础上,考虑坝系的防洪安全、拦泥淤地、水资源利用、工程建设投入、流域综合治理、坝系农业生产和经济效益、生态效益、社会效益等,以实现效益最大化作为目标,按照一定方法选择确定出骨干坝与中、小型淤地坝等工程布局与规模的一个过程。

第二节　综合平衡规划法概述

一、综合平衡规划法的概念

综合平衡规划法就是通常所说的经验规划法。综合平衡规划法是随着淤地坝建设的发展和淤地坝规划技术的不断提高而提出的,是人们在淤地坝生产实践中的经验总结。综合平衡的含义是指综合考虑流域内的农业生产条件与拦沙淤地、水资源利用等因素,使流域的产水产沙与淤地坝的蓄水拦沙趋于或达到平衡,流域的产水产沙在流域坝系中均衡分配。

综合平衡规划法是指在规划范围内进行调查、查勘的基础上,综合考虑流域的农业生产、水资源利用、流域产水产沙与淤地坝蓄水拦沙趋于或达到平衡等因素,进行人工智能干预与决策而获得规划方案的一种规划方法。

综合平衡规划法是工程技术人员根据掌握的专业知识和经验对淤地坝进行的一种较可靠的规划方法,对小流域坝系规划适用性强,可以充分利用现有资料,规划中所用的参、变数容易取得,数据较可靠,规划手段、计算方法简便且易操作,不需要高科技手段,适用范围广,一般县级规划队均可应用。但是,综合平衡规划法工作量大,编制规划所需时间长,需要进行多次平衡计算,变化发展趋势难以定量预测。

二、规划技术路线

应用综合平衡规划法进行坝系规划,重点解决两个问题:一是淤地坝座数与布局,二是建坝顺序。

在初选坝址的基础上,划分子坝系和单元坝系,根据确定的拦沙、淤地目标,结合坝系布局方案进行技术经济比较,通过平衡调整,确定建坝规模与淤地坝座数。按照各淤地坝的作用和效益大小,根据建设资金、坝系形成和发展的需要确定淤地坝建坝顺序。使骨干坝和中、小型淤地坝相互配合,联合应用,达到满足坝系防洪、生产要求和社会经济发展要求。综合平衡规划法的技术路线见图3-1。

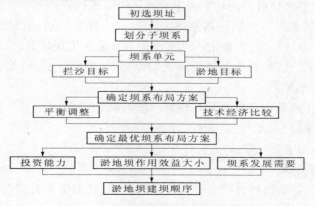

图 3-1　综合平衡规划法技术路线

坝系中有子坝系和单元坝系。子坝系是指上流域中较大一级支沟内所建的骨干坝和中、小型淤地坝所组成的坝系,是一个完整的单元。一条子坝系可以由若干个单元坝系构成,也可自成一个单元坝系。如果在一条一级支沟内没有单元坝系,仅有中、小型淤地坝,就不应将其划为子坝系。某小流域坝系布设示意图见图3-2。

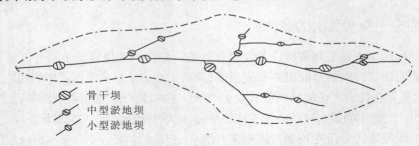

骨干坝
中型淤地坝
小型淤地坝

图 3-2 某小流域坝系布设示意

单元坝系是指一座骨干坝或一座骨干坝及其所控制集水区域内的若干中、小型淤地坝所构成的坝系。某小流域子坝系及坝系单元划分见图3-3。

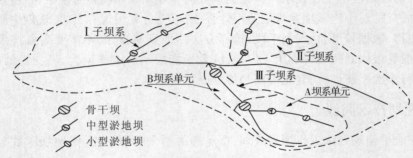

Ⅰ子坝系
Ⅱ子坝系
Ⅲ子坝系
B坝系单元
A坝系单元

骨干坝
中型淤地坝
小型淤地坝

图 3-3 某小流域子坝系及规系单元划分示意

三、规划工作步骤

(一)收集有关资料

资料是淤地坝规划的基础,是拟订规划目标、确定规划方案的依据。因此,收集资料是淤地坝规划工作中十分重要的环节。主要收集以下资料:

(1)规划区流域概况。包括规划范围、地理位置、行政区划、地形地貌、水文气象、土壤植被、水土流失、经济社会、农业生产和水土资源开发利用现状等。

(2)区域及流域、省级、县级经济发展规划和要求(主要是农业)等。

(3)流域、坝址地形图。

(4)流域现有工程建设现状和运用现状、经验、问题等。

(5)有关规划文件、技术规范、规程、标准等。

(6)特殊区域(如矿区)资料。

(二)资料整理分析

资料整理分析,包括资料分类、归并、可靠性分析、缺失资料补遗等。通过分析整理,明确规划范围内存在的主要问题和建设要求。

(三)初步拟订规划目标

依据资料分析成果,初步拟订规划目标,主要包括拦沙、淤地、发展生产、提高经济效益和改善生态环境等。

(四)拟订和选定规划方案

在前两步工作的基础上,根据规划目标、要求和资料情况,拟订两种以上规划方案,拟订的方案应尽可能反映客观实际和各方面的意见和要求,最后提出淤地坝的建设规模和座数。

对拟订的两种以上规划方案,从工程可行性、安全可靠性和生产适用性以及经济效益等方面,对各种坝库的最终坝高、控制流域面积、淤地面积、灌溉和养殖需水量、坝系相对稳定等进行平衡计算,选出在达到目标的情况下投资少、效益好的规划方案,确定为最优规划方案。并提出最终建设规模、布局、座数、建坝顺序与建坝时间、坝系工程规划布局图及坝系规划表等。

(五)估算工程量与投资

根据规划方案,估算坝系工程量、材料量、用工量和施工机具设备需要量;估算坝系工程总造价及年度投资,提出中央、地方与群众投资及比例。

(六)效益计算与经济指标分析

1. 效益计算

效益计算的目的是预测坝系建成后可能产生的效益,作为规划是否实施的决策依据。主要包括基础效益、经济效益、生态效益、社会效益四个方面。效益计算以骨干坝为准,合理确定计算坝系效益的期限,一般分两个阶段计算坝系效益。第一阶段是骨干坝建成后的坝系工程综合效益,第二阶段是骨干坝达到设计淤地面积后的坝系工程综合效益。

2. 经济指标分析

经济指标分析的目的,是通过工程规模指标及投资与效益指标分析,为确定合理的规划方案提供依据。小流域坝系经济指标分析包括7项内容:①工程总投资及控制每平方公里面积的投资;②获取每立方米库容的投资;③拦蓄每立方米泥沙的投资;④工程达到设计淤地面积,每公顷坝地的投资;⑤填筑每立方米坝体土石方获取的库容;⑥资金投入与产出比;⑦淤地面积占控制流域面积的比值。

在经济指标统计分析的基础上,提出坝系工程类型、规模、工程量、投资、效益等。

(七)综合评价

对选择的规划方案进行综合评价,实际上是把实施后与实施前进行比较,确定淤地坝建设后可能产生哪些有利的和不利的影响。由于淤地坝建设涉及国民经济、社会发展、生态环境等多个方面,方案实施后,对这些方面均产生不同程度的影响。因此,必须通过综合评价,对各个规划方案进行多方面、多指标综合分析,权衡利弊得失,最终确定方案的取舍。

(八)成果审查

规划成果按程序上报任务下达部门,通过一定程序进行审查。若审查通过,规划工作结束;若提出不同意见,须进一步修改完善后再上报审查。

综合平衡规划法的工作流程可归纳为如图3-4所示的框图。

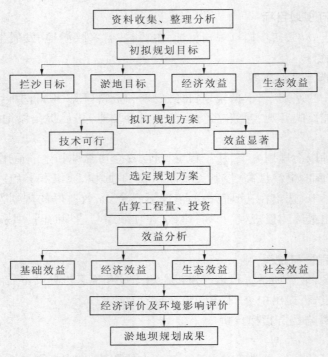

图 3-4 综合平衡规划法流程

第三节 系统工程规划法概述

一、系统工程规划法概念

从多年建坝实践经验来看,一个好的淤地坝坝系工程,应当是运用方便、安全可靠,拦蓄效益、经济效益最大,工程量和投资费用最小。要达到此目的,须解决好三个问题:一是布坝密度和工程规模;二是建坝时序;三是建坝间隔时间。但要同时解决好这三个问题并非易事,因为它们之间相互关联、相互制约,采用一般方法进行规划步骤较多,难以达到整体最优的目标,但如果应用系统工程学优化原理进行规划可以较好地解决上述问题。

系统工程规划法是利用系统工程学的优化原理,以建设工程获得最大经济效益为目标函数,根据参、变数和约束条件,建立相关的数学模型,编制计算机程序,上机运算求解,获得最优规划方案的一种规划方法。

系统工程规划法适用于解决多因子、多层次复杂问题的流域坝系规划,可利用计算机技术等高科技手段,手段先进,计算速度快,在多种约束条件下,对极其复杂的系统问题进行优化处理,得到基本符合实际的优化规划方案。但是,采用系统工程规划法进行规划需要的参、变数多,对工程技术人员计算机技术水平要求较高。

从目前应用情况来看,系统工程规划法规划模型需要以下技术支撑:

(1)遥感技术。利用彩红外航空遥感图像,结合样方调查及目视解译,进行已有坝库的分布、坝地数量等信息提取。

（2）地理信息系统（GIS）技术。利用 GIS 技术进行流域地理特征信息的提取。

（3）专业知识（水利工程、水文泥沙及规划等）及专家经验。

（4）应用运筹学及线性代数差分方程等知识建立数学模型。

（5）应用计算机技术等建立数据库。

二、规划技术路线

系统工程规划法的技术路线是：在初选坝址的基础上，以工程费用最小、收益最大作为目标函数，建立数学模型。当目标函数达到极小值时，说明工程费用极小而收益极大，相应的决策变量（各坝拦沙、滞洪库容）的取值最佳，以此确定淤地坝建设规模、布局和座数；并以总费用与总收益作为目标函数建立关系式，确定淤地坝顺序和建坝间隔时间（见图 3-5）。

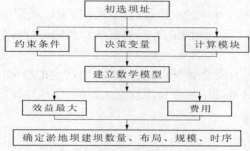

图 3-5　系统工程规划法技术路线图

三、规划工作步骤

系统工程规划法的方法步骤与综合平衡规划法的方法步骤基本相同，区别是综合平衡规划法步骤的第三步、第四步拟订规划方案在系统工程规划法中由以下方法步骤完成。图 3-6 为系统工程规划法流程。

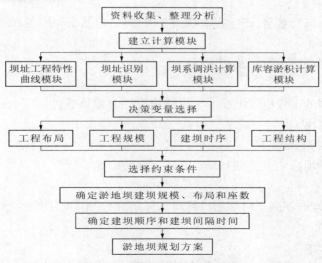

图 3-6　系统工程规划流程

(一)建立计算模块

系统工程规划的计算模块包括坝址工程特性曲线的概化计算模块、坝址识别模块、坝系调洪计算模块和库容淤积计算模块等。

1. 坝址工程特性曲线的概化计算模块

即首先建立坝高～库容、坝高～淤地面积、坝高～工程量、坝高～工程造价计算关系式等概化曲线,或建立曲线查算表计算模块。

2. 坝址识别模块

坝系中某单坝的上游可能有多条支流,也可能有多个相邻坝,在优化规划的过程中,每个坝的存在与否可能是一个变数,将直接影响下游坝的计算。因此,必须建立一个坝址识别模块,解决坝址是否合理识别问题。

3. 坝系调洪计算模块

调洪问题是坝系规划设计中的一个重要问题。当坝址识别问题解决后,建立坝系调洪计算模块,以解决系统工程规划中的布局方案所涉及的运行安全合理性问题。

4. 库容淤积计算模块

当计算坝的上游没有任何拦蓄泥沙的坝库时,所产生的全部泥沙将汇入计算坝的库容内;当上游有坝时,则计算坝的淤积情况将发生改变,须建立库容淤积计算模块,以求得反映这种变化规律的数据。

(二)决策变量选择

决策变量在这里系指对淤地坝规划起综合控制性作用的某一(或某些)因素变量因子。对淤地坝坝系规划而言,拦泥坝高(特别是骨干坝拦泥坝高)对坝系规划有控制性作用,拦泥、滞洪库容对建坝效益有控制作用,故可选其作为决策变量。对工程总体而言,工程布局、规模、建坝时序、工程结构等,可作为系统规划总的决策变量。

1. 工程布局

在分析每个预选坝建坝可能性的基础上,确定坝系的布局和数量。

2. 工程规模

根据坝系的布局和数量,确定每座坝的工程规模,包括淤积库容和滞洪库容。

3. 建坝时序

确定每一座坝的建设时间及建坝顺序。

4. 工程结构

确定每一座坝的工程枢纽组成。工程结构应综合地形条件、工程在坝系中所处位置和坝系整体投资产出确定。

(三)约束条件选择

约束条件包括坝高约束、控制面积约束、库容约束等。

1. 坝高约束

受地形条件影响,坝高不可能超过两岸山体的允许高度;当坝址处已有旧坝时,坝高不能低于现状坝高。

2. 控制面积约束

按照骨干坝和中、小型淤地坝工程有关技术规范、标准关于控制面积的规定,坝的控制面积不能超出所允许的上限值和下限值。

3. 库容约束

工程的库容不能超出相关规范所允许的最大值。

4. 淤地面积约束

坝地面积不能小于流域规划所要求的面积值。

5. 淤满时间约束

一般来说,坝系中任何一座坝的拦泥库容淤满时间不应拖得很长,应给予必要的约束,不宜大于经济计算期结束的年份。

6. 坝系相对稳定约束

坝系中的坝地面积与控制面积的比值为 1/25～1/20;一次暴雨(一般可取设计频率)坝地上的蓄水深度不超过 0.7 m,淹渍时间不超过 7 昼夜,坝地年泥沙淤积上升高度不超过 0.3 m;坝系的防洪标准为 100～200 年一遇。

7. 特殊约束

特殊约束是指根据流域地形及坝址周围建筑物的情况,为满足特殊要求而附加的约束条件。

(四)淤地坝建坝规模、布局和座数确定

建坝规模、布局和淤地坝座数的合理确定十分复杂,当以工程投资费用最小为目标函数时,可用优化规划法原理建立如下数学模型求解:

$$f(x_i) = \sum_{i=1}^{n} \left\{ d_b a_i x_i^{\beta_i} + d_{yt} \delta_i \left[(q_{pi} + q_{ui}) \left(1 - \frac{x_{n+i}}{w_{pi} + w_{ui}} \right) \right]^{\varepsilon_i} l_{yi} + d_{yq} (B_i + 2h_{ki}) L_{yi} \right\} - \sum_{i=1}^{n} t_s BP \varphi_i x_i^{\psi_i}$$

式中:n 为坝系坝址个数,座;x_i 为第 i 号坝的拦泥库容,万 m^3,$i=1,2,\cdots,n$;x_{n+i} 为第 i 号坝址的滞洪库容,万 m^3,$i=1,2,\cdots,n$;d_b、d_{yt}、d_{yq} 分别为坝体土方单价、溢洪道土方单价、溢洪道衬砌单价,元/m^3;a_i、β_i 为第 i 号坝根据库容求坝体工程量的系数及指数;δ_i、ε_i 为第 i 号坝根据溢洪道流量求溢洪道土方量的系数及指数;φ_i、ψ_i 为第 i 号坝根据拦泥库容求坝地面积的系数及指数;q_{pi} 为第 i 号坝区间面积上频率为 p 的洪峰流量,m^3/s;w_{pi} 为第 i 号坝区间面积上频率为 p 的洪水总量,万 m^3;q_{ui} 为第 i 号坝区间面积上频率为 u 的洪峰流量,m^3/s;w_{ui} 为第 i 号坝在计算溢洪道流量达到最大值之前,相邻上游坝溢洪道下泄水总量,万 m^3;l_{yi} 为第 i 号坝的溢洪道长度,m;B_i、h_{ki} 为第 i 号坝的溢洪道宽度及临界水深,m;t_s 为坝系经济计算期,年;B 为坝地单位面积产值,元/hm^2;P 为坝地保收率,%。

通过上式运算求解,求得工程投资费用最小时,相应决策变量(拦泥、滞洪等)的最佳值,从而决定其建坝规模、布局及淤地坝座数等。

(五)建坝顺序与建坝间隔时间确定

在确定建坝总费用项目(工程建设直接费用和间接费用两部分)和总收益项目(坝系增产、增收、拦沙折算值等)后,当采用动态计算法折算到基准年计算时,以总费用与总收益的现值差为目标函数的系统工程规划数学模型可表示如下:

$$f(x_i) = \sum_{i=1}^{n} \frac{c_i}{(1+q)^{x_i-1}} - BP \sum_{i=1}^{n} A_i \left\{ \frac{1}{\ln(1+q)} \left[\frac{1}{(1+q)^{x_i+t_i'}} - \frac{1}{(1+q)^{T_s}} \right] + \frac{1}{t_i'^{2\beta_i}} \int_{x_i}^{x_i+t_i'} \frac{(j-x_i)^{-2\beta_i}}{(1+q)^j} \mathrm{d}j \right\}$$

式中:$f(x_i)$ 为目标函数,元;x_i 为决算变量,即第 i 号坝的建坝时间,年;n 为坝系中坝址的个数,座;c_i 为第 i 号坝的总工程费用,元;q 为贴现率,%;B 为单位坝地面积上的净产值,元/hm^2;P 为坝地保收率,%;A_i 为第 i 号坝的坝地面积,hm^2;T_i 为经济计算期,年;t_i' 为第 i 号坝的实际淤积期,年;β_i 为第 i 号坝坝地面积 ~ 库容回归方程($S = aV^\beta$)中的指数;j 为从基准年开始计算的年数,年。

通过上式运算求解,可确定建坝顺序和建坝间隔时间。

第四节 本研究坝系规划系统建立采用的规划方法

一、方法概述

本着为生产实践服务,以研究实用的规划方法、开发研制坝系规划系统软件、研究坝系数字仿真模拟技术为目的,经过研究确定采用改进的综合平衡法和系统法相结合的规划方法。其含义如下:

(1)综合平衡法中除拟订和选定规划方案以外的收集有关资料、资料整理分析、初步拟订规划目标、估算工程量与投资、效益计算与经济指标分析、综合评价、成果审查等步骤仍然利用原方法。但在过程中利用了"3S"技术、计算机技术和数字地图等当前先进的技术手段,把过去大量的人工调查、人工计算工作交由计算机完成。将综合平衡法中的一些计算公式和地形数据转变为计算机计算模型,采用人机对话的方式实现计算机化。

(2)在拟订和选定规划方案的初选布局中采用系统规划法,但这一方法与现有系统规划法有很大的不同。现有方法是对初选后的坝址制订目标函数、多变量数学模型,通过计算机求解制订规划方案。其坝址初选还是由人工野外勘查来确定,那么对于初选的坝址是否最优无法确定。并且现有方法中骨干坝和中、小型淤地坝采用两种方法,其模型设计比较复杂,不同的坝系需要不同的参数和模型,不具备广泛的实用性。本研究采用系统规划法首先对初选坝址优化,让初选出的坝址本身就是优化坝址,然后采用人机对话的方式在初选坝址中拟订 2~3 个布局方案,再由计算机对方案进行比选,确定布局结果。使得坝系布局结果较单纯用综合平衡法更加科学合理。

二、系统规划法理论基础及沟道分级方法

(一)理论基础

本研究采用的小流域坝系统规划法认为,任何一条小流域均由多条沟道组成,对于每条沟道,从上游到下游沿沟道方向距离(l)的增加,其位置上坝高(h)一定时,库容与工程量比值($y = V/w$),与该位置及库区的地形地貌参数有关,地形地貌参数可以由沿沟道方向距离表示。数学公式表达为

$$y = f(l、a、b、c)$$

式中:y 为库容与工程量比值,永远大于零;a、b、c 为地形地貌综合参数;l 为从上游到下游沿沟道方向的距离。

求出该表达式的 y 的极大值即为较优的初选坝址位置。对于该表达式的求解采用枚

举图解法,即将一条沟道划分成数段,计算出每个断面的库容与工程量比值,连接各点后曲线波峰处即为 y 的极值。

(二)沟道分级方法

采用 A. N. strahler 沟道分级原理对沟道进行分级。

(1)从流域上游开始,以最小(沟长≥300 m)不可分支的毛沟为Ⅰ级沟道,两个Ⅰ级沟道汇合后的下游沟道称为Ⅱ级沟道,两个Ⅱ级沟道汇合后的下游沟道称为Ⅲ级沟道,依次类推。流域出口所在沟道为最高级沟道。

(2)沟道标号规则:从流域上游开始,沟长较长的一条Ⅰ级沟道为Ⅰ₁,较短者为Ⅰ₂;Ⅰ₁与Ⅰ₂汇合后的Ⅱ级沟道为Ⅱ₁;汇入Ⅱ₁沟道的Ⅰ级沟道从上向下依次为Ⅰ₃、Ⅰ₄……;和Ⅱ₁沟道相汇的另一条Ⅱ级沟道标号为Ⅱ₂;Ⅱ₁和Ⅱ₂相汇形成的Ⅲ级沟道标号为Ⅲ₁;依次类推。

三、规划的步骤

(1)基于 GIS 技术,在1/10 000 DEM 上提取沟底线。

(2)沿沟道一定步长初选坝址,人工干预确定坝址断面,绘制沟长~库容/工程量曲线。

(3)根据骨干坝的沟长~库容/工程量曲线,提出坝系中骨干坝的布局方案一与方案二。

(4)根据提出的方案分别绘制每座坝的坝高~库容、坝高~工程量、坝高~淤地面积曲线。

(5)根据每座工程的控制面积计算每座坝的坝高、库容、淤积库容、淤积面积、工程量等指标(提供资料:每个坝的设计(20 年、30 年、50 年)与校核(200 年、300 年、500 年)洪水标准、设计淤积年限(10~30 年)等,不同频率的洪量模数(作为基本资料已输入计算机)、流域土壤侵蚀模数、泥沙干容重等;以上参数一律采取界面的方式录入)。

按照选定的设计淤积年限 N 和流域输沙模数 M_s 计算骨干坝拦泥库容 $V_{拦}$,即

$$V_{拦} = F \times M_s \times N / \gamma \tag{3-1}$$

式中:$V_{拦}$ 为工程拦泥库容,m³;M_s 为年侵蚀模数,t/(km²·a);F 为工程控制面积,km²;N 为淤积年限,a;γ 为泥沙容重,t/m³,$r = 1.35$ t/m³。

适当选择相应校核频率设计暴雨的一次洪水模数 R_p 和小流域面积折减系数 K,按下式计算滞洪库容 $V_{滞}$:

$$V_{滞} = K \times R_p \times F \tag{3-2}$$

式中:$V_{滞}$ 为工程滞洪库容,万 m³;K 为小流域面积折减系数,取 0.9;R_p 为设计暴雨的一次洪水模数,万 m³/(km²·a);F 为工程控制面积,km²。

总库容 $V_{总}$ 为

$$V_{总} = V_{滞} + V_{拦} \tag{3-3}$$

采用坝址库区 DEM 计算不同高程等高线与坝轴线闭合曲线水平投影面面积,绘制坝高(H)~面积(S)曲线;据此采用台体体积累计法计算并绘制坝高(H)~库容(V)曲线。

根据拦泥库容 $V_{拦}$、滞洪库容 $V_{滞}$ 查坝高(H)~面积(S)曲线、坝高(H)~库容(V)曲

线,确定拦泥坝高 $h_{拦}$、滞洪坝高 $h_{滞}$ 及淤地面积 S_d。

坝高 h 按下式确定:

$$h = h_{拦} + h_{滞} + h_{安} \tag{3-4}$$

式中: $h_{安}$ 为坝体安全超高。

按照《水土保持治沟骨干工程技术规范》(SL 289—2003),安全超高 $h_{安}$:坝高 10～20 m,采用 1.0～1.5 m 超高;坝高 >20 m,采用 1.5～2.0 m 超高。

(6)中型坝的沟长～库容/工程量曲线,提出坝系中骨干坝的布局方案一、方案二(其工作内容同(3))。

(7)小型坝的沟长～库容/工程量曲线,提出坝系中骨干坝的布局方案一、方案二。

(8)选方案的投入产出进行分析计算,经比选确定优选方案,比选内容(详见《小流域坝系工程建设可行性研究报告暂行规定》)包括:水沙控制能力、拦沙能力、淤地能力、投资效益等。

小流域坝系规划系统构建与应用流程见图 3-7。

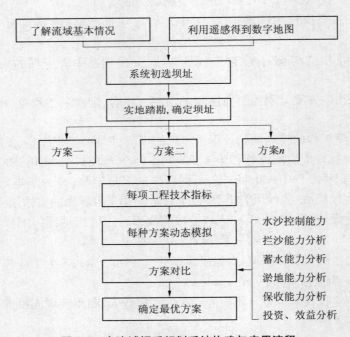

图 3-7　小流域坝系规划系统构建与应用流程

第四章 坝系规划系统研究与开发

第一节 系统开发环境

一、硬件环境

主机选择 IBM-PC 机。其中：CPU，P4 3.0；内存，1.5 G；硬盘，160 G；显示卡，128 MB。

二、软件环境

操作系统：Windows XP Pro SP2；

设计环境：Office2003、Visio2003、Rational Rose；

开发集成环境：C++、VC 6.0、HomeSite5.0；

开发平台：RM5.5-3S 工具、OpenCASCADE 5.2。

三、环境介绍

软件开发是一个系统工程，有效完成既定的开发任务，选择高效的设计工具、成熟的开发平台、先进的开发组件是至关重要的。下面就 Rational Rose、RM5.5-3S 工具、Open-CASCADE 5.2 几个有特色的环境要素进行简要的介绍。

（一）Rational Rose

Rational Rose 是一套可视化建模工具，用于在 C/S、分布式企业环境下开发健壮的、有效的解决方案以满足真正的业务需求。Rational Rose 软件提供了完善的可视化建模环境。它通过一个公共的工具和单一的语言（统一建模语言）将数据库设计人员与开发团队的其他人员联系起来，帮助加速开发过程。使用 Rational Rose 软件，数据库设计人员可以直观地了解应用程序访问数据库的方式，从而可以在部署之前发现并解决问题。

（二）RM5.5-3S 工具

RM5.5 是北京地拓科技发展有限公司独立自主研发的基于"3S"技术的小流域规划设计软件。其中"3S"工具为 GIS、RS、GPS 与 CAD 一体化的工具软件包，包含了基础 GIS 的常用功能，其中有数据输入输出、数据编辑、空间查询分析、空间叠加分析、坡度坡向分析、水文分析等功能，而且提供了二次开发的 API 接口。

（三）OpenCASCADE 5.2

OpenCASCADE 是一个强大的构建三维模型、进行数字模拟应用的稳定开发平台，它提供了三维建模 API 与三维渲染 API。开发者可以按照真实场景的地物特征、关系，仿真出有一定大小、各种形状、不同质地的三维实体，通过不同光源的渲染特性、透视、消隐、达到虚拟现实的目的。这种三维的模拟不仅提供了近真实的三维环境,给用户以直观的感觉,在此项目中,这种技术还帮助用户完成自动计算工程量,提取不同角度的平面图等与实际业务紧密相关的工作。

第二节　系统架构设计

一、系统设计原则

系统在设计时遵从如下原则:

(1)标准性。系统既符合软件开发标准,也严格按照水土保持的坝系规划的行业标准进行设计与开发。

(2)规范化。数据的处理、技术性能等严格遵循现有的国家标准、行业标准,软件投入使用不仅解决生产问题,同时普及了行业标准和国家标准。

(3)科学性与先进性。确保其在技术上的领先地位和面向未来的良好的可扩充性,采用分层的体系结构,面向对象的 GIS 技术、CAD 技术,COM 技术,OLE 技术、DHtml 技术、三维建模技术等与坝系规划理论技术有机结合。

(4)开放与灵活性。系统的结构模块化、组件化、可插拔,具有很强的灵活性。

(5)可靠性与稳定性。系统具有较高的可靠性与稳定性,有故障自诊断能力,有一定的容错能力与自恢复能力。

二、系统结构设计

系统是按照分层构架的,分别为数据层、业务逻辑层、表示层(用户操作界面),如图 4-1 所示。

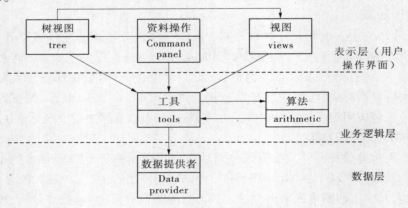

图 4-1　坝系规划结构设计示意图

(一)数据层(数据的输入输出)

设计一个被称为"数据提供者"的结构来存放系统中用到的所有数据。"数据提供者"是一个树状结构,树的每个节点都设计为"数据提供者"类或其子类,与其对应的是表示层的树状控件。数据层为业务逻辑层提供基础数据,同时用于存放业务逻辑层生成的结果数据,通过访问"数据提供者"的指定节点取得需要的数据。"数据提供者"通过序列化输出以文件的形式存储。

(二)业务逻辑层(具体算法)

业务逻辑层的主要功能是通过接口控制数据层数据的输入输出;算法及业务逻辑处理;为表示层提供接口。设计一个较为庞大的工具系统对业务逻辑层进行控制,工具也是为表示层提供的接口,表示层的所有设计数据和业务逻辑的操作都通过调用工具实现。

(三)表示层(界面)

表示层为用户提供输入输出接口,响应用户操作。

三、业务流程设计

坝系规划系统业务流程见图4-2。

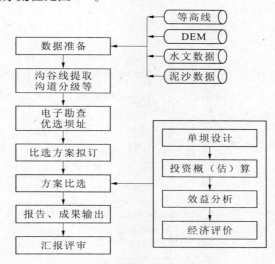

图4-2 坝系规划系统业务流程

本系统流程设计是依据坝系规划的业务流程而制定的。

第一步:数据准备。运用本系统进行坝系规划,首先要准备等高线、水文数据和泥沙数据。通过等高线生成DEM,系统自动提取沟谷线、自动对沟道进行分级等操作。

第二步:现状坝调查。将外业调查的现状坝布设到数字流域地形图上。

第三步:电子勘查选择最佳坝址。通过电子勘查功能,在数字流域地形图上,依据设置的电子勘查相关参数,沿沟道考察得出库容/工程量考察报告和曲线。库容/工程量值大的为最佳坝址。

第四步:以电子勘查所得的坝址,结合外业调查,确定坝系布局方案。

第五步:依据水文计算确定坝系方案中新建坝或现状坝改造的拦泥坝高、滞洪坝高以及安全超高,从而确定总坝高。

第六步:工程设计。对确定方案中的坝进行工程设计,估算其工程量,为投资概(估)算提供基础数据。

第七步:投资概(估)算。依据工程设计估算的工程量,运用投资概(估)算模块进行方案的投资概(估)算。

第八步:效益分析。通过效益分析模块对坝系布局方案进行效益分析。

第九步:经济评价。通过经济评价模块对坝系布局方案进行经济评价。

第十步:方案比选。通过对必选的多个方案分别进行投资概(估)算、效益分析、经济评价后,就可以对拟选方案进行比选。

第十一步:报告成文,汇报评审。依据本系统提供的各部操作的报告,可以直接复制到 Word 文档里面,便于报告成文。本系统还提供了汇报评审模式,便于对项目进行汇报评审。

第三节 数据准备

一、等高线

(一) 等高线来源

系统可以导入 CAD 的 *.DXF 格式的等高线文件,也可以直接导入"3S"工程中的等高线图层作为系统的等高线数据来源。并对导入坝系规划系统的等高线能进行相关的编辑。等高线操作功能框架见图 4-3。

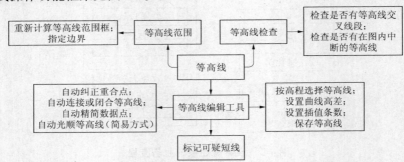

图 4-3 等高线操作功能框架

(二)等高线内插的原理与方法

在数字地图编辑过程中,经常会碰到内插相邻计曲线间首曲线的问题。通常作业员根据自己的经验,用鼠标描绘出需要内插的等高线。而在本系统中能自动有效地实现这一过程,大大减轻了作业员的工作负担。系统中实现等高线内插的步骤简要归纳如下:

(1)通过鼠标选取两段等高线,提取出等高线的高程值和等高线的所有点的坐标,并根据等高距判断需要内插的等高线条数和每条内插曲线的高程。

(2)根据辅助线算法原理在两条已知等高线之间构造辅助线段。

(3)搜索与已知等高线相交的辅助线段并将其删除。

(4)对于需要内插的某一高程的等高线,依次在每条辅助线段上用线性内插的办法求出其通过点,按顺序排列形成该等高线的坐标串。

(5)对内插得到的等高线坐标串进行数据压缩。

(6)根据压缩后的坐标串绘制等高线。

（7）重复步骤（4）、（5）、（6），内插并绘制所有需要内插的等高线。

图 4-4 显示了根据两条计曲线内插得到 4 条首曲线的结果。

图 4-4　由计曲线内插得到的首曲线

（三）等高线的批量赋值

考虑到操作员在等高线赋值时的工作量非常大，系统特提供了等高线高程值的批量输入，首先按住鼠标左键选中两条已赋值的等高线（图 4-5 中分别显示为两条红、黑色实线。原电子文档为彩色图，打开电子文档即可分清线条颜色；后同。——编注）和未赋值的等高线（图 4-5 中显示为绿色虚线是未赋值的等高线），然后松开鼠标左键，系统自动弹出批量设置等高线值的对话框，系统自动根据已赋值的等高线读出"高程初始值"，并判断出"高程增加值"，系统就完成了等高线的批量赋值。

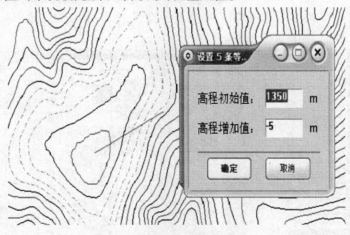

图 4-5　等高线的批量赋值

二、DEM 生成

坝系规划系统的 DEM 的来源可以通过 3 种途径：第一种是直接通过"3S"工具的地

图导入;第二种是通过等高线直接生成;第三种是通过等高线转换成地形三角网,然后通过地形三角网转换成 DEM。DEM 来源框架图见图 4-6。

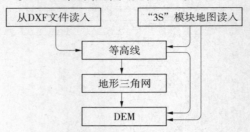

图 4-6　DEM 来源框架图

(一)DEM 的表示方法

1. 拟合法

拟合法是指用数学方法对地形表面进行拟合,主要是利用连续的三维函数(如傅里叶级数、高次多项式等)拟合统一的地形高程曲面。但对于复杂的表面,进行整体拟合是不可行的,所以也可以采用局部拟合法。局部拟合法将复杂的地形表面分成正方形的小块,用三维数学函数对每一小块进行拟合。

2. 规则格网模型

规则格网模型(grid,lattice,raster)是指将地形表面划分成一系列的规则格网单元,每个格网单元对应一个地形特征值(如地面高程)。格网单元的值通过分布在格网周围的地形采样点用内插方法得到或直接由规则格网的采样数据得到。规则格网有多种布置形式,如矩形、正三角形、正六边形等,但正方形格网单元最简单,也比较适合于计算机处理和存储。

3. 不规则三角网模型

不规则三角网模型(Triangulated Irregular Network,TIN)是直接用原始数据采样点建造的一种地形表达方式,其实质是用一系列互不交叉、互不重叠的三角形面片组成的网络来近似描述地形表面,如图 4-7 所示。

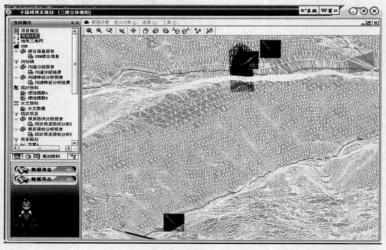

图 4-7　不规则三角网模型示意图

4. 等高线模型

等高线模型是一系列等高线集合,即采用类似于线状要素的矢量数据来表达 DEM,但一般需要描述等高线间的拓扑关系。等高线模型如图 4-8 所示。

图 4-8　等高线模型示意图

(二)基于等高线构建 TIN 算法

从等高线生成 TIN 一般有三种方法,即等高线的离散点直接生成法、增加特征点 TIN 优化法和以等高线为特征约束的特征线法。目前应用较多的是以等高线为特征约束的特征线法。

1. 等高线的离散点直接生成 TIN 方法

等高线的离散点直接生成 TIN 方法,是直接将等高线的点离散化,然后利用不规则点直接生成 TIN。这种方法只独立地考虑了数据中的每一个点,并未考虑等高线数据的特殊结构,所以导致的结果不理想,如出现三角形的三个顶点都位于同一等高线上,即所谓的"平三角网",而这些情况按 TIN 的特性是不允许的,在实际应用中,这种方法很少直接使用。

2. 增加特征点 TIN 优化法

增加特征点 TIN 优化法,是将等高线离散化建立 TIN,采用增加特征点的方式来消除 TIN 中的平三角形,并使用优化 TIN 的方式来消除不合理的三角形。不仅如此,对 TIN 中的三角形进行处理还可以使得 TIN 更接近理想化。图 4-9(a)表明了从地形图上采集的原始等高线数据。图 4-9(b)则为增加了大量特征点后的等高线骨架数据点。图 4-9(c)和图 4-9(d)则是分别由图 4-9(a)、图 4-9(b)建立起来的 TIN。显然图 4-9(c)中的"平三角形"扭曲了实际地形,而使用增加了特征点后的等高线建立的 TIN 并对其进行优化后,对地形表达的效果则好多了。

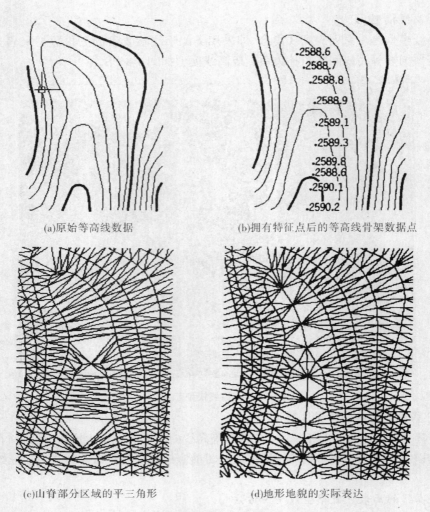

(a)原始等高线数据　　　　　　　　　(b)拥有特征点后的等高线骨架数据点

(c)山脊部分区域的平三角形　　　　　(d)地形地貌的实际表达

图 4-9　增加特征区 TIN 优化法示意图

3. 以等高线为特征约束的特征线法

　　以等高线为特征约束的特征线法的核心思想是每一条等高线必须当作特征线或结构线,而且线上不能有三角形生成,即三角形不能跨越等高线(见图 4-10)。无论是基于等高线图,还是基于数字化的等高线数据,以等高线为特征约束的特征线法均有一个数据预处理的过程。预处理的主要内容包括:数据数字化、离散化,离散数据点分布均匀化,地形特征点(即地面曲率变化点,如峰点、谷点、鞍点、变坡点等)与特征线(山脊线、山谷线或流水线等)的加入,以及地形突变线(断层、陡坎、悬崖等)与突变区(陷落柱、岩溶柱、孤峰、洼地等)的加入等。

　　根据是否加入地形特征点与特征线,以及是否加入地形突变线与突变区等,可以将基于等高线构建 TIN 的算法分为有约束和无约束两种基本模式。显然,以等高线为特征约束的特征线法要求所构建的三角形不可跨越等高线,即等高线本身就是约束条件。因此,从本质上说以等高线为特征约束的特征线法属于约束条件下离散点的三角网构建。

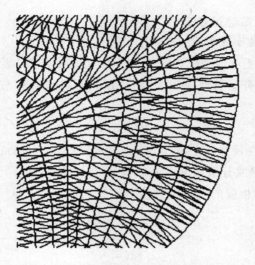

图 4-10　将等高线当作特征线构建三角网

三、泥沙资料

泥沙资料相关操作功能见图 4-11。

(一)泥沙资料的选取

在淤地坝规划设计中,考虑到单坝工程控制面积较小,资料缺乏,且推移质在输沙量计算中所占比例较小,因此在实际计算中不再区分悬移质和推移质,而是根据工程所在小流域所属的水土流失类型区,在侵蚀模数等值线图上查出相应的侵蚀模数,乘以相应的面积即得拦沙量。

年输沙总量按下式计算:

$$W_S = M \times \frac{F}{\gamma} \tag{4-1}$$

式中:W_S 为多年平均输沙量,万 m^3;M 为侵蚀模数,万 $t/(km^2 \cdot a)$;F 为坝控流域面积,km^2;γ 为泥沙容重,一般为 $1.3 \sim 1.4\ t/m^3$。

侵蚀模数输入界面见图 4-12。

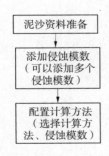

图 4-11　泥沙资料相关操作功能框图

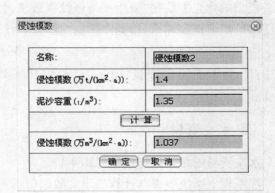

图 4-12　侵蚀模数输入界面

（二）土壤侵蚀模数确定方法

（1）通过土壤侵蚀模数等值线图确定侵蚀模数。

当水文手册中有土壤侵蚀模数等值线图时,可直接查得小流域土壤侵蚀模数。

当水文手册中只有悬移质泥沙侵蚀模数等值线图时,应按下式计算该流域的侵蚀模数:

$$M_{sb} = 1.1M_s \tag{4-2}$$

式中:M_s 为悬移质侵蚀模数,t/（km^2・a）;M_{sb} 为侵蚀模数,t/（km^2・a）;

（2）根据《土壤侵蚀分级标准》,在小流域水土流失外业调绘的基础上,按照不同水土流失等级的面积和相应的侵蚀模数按下列公式计算小流域平均侵蚀量和侵蚀模数:

$$S = \sum_{i=1}^{n} F_{qi} \cdot M_{qi} \tag{4-3}$$

$$M = \frac{S}{F} \tag{4-4}$$

式中:S 为小流域土壤侵蚀总量,t;F_{qi} 为第 i 块侵蚀强度区的面积,km^2;M_{qi} 为第 i 块侵蚀强度区的平均侵蚀模数,t/（km^2・a）;F 为小流域总面积,km^2;M 为小流域年土壤侵蚀模数,t/（km^2・a）。

（3）根据现有淤地坝的淤积情况,按下列公式分析计算小流域土壤侵蚀模数:

$$M = \frac{\sum_{i=1}^{n} M_{bi} \cdot F_{bi}}{\sum_{i=1}^{n} F_{bi}} \tag{4-5}$$

式中:M_{bi}' 为第 i 座被调查坝控制流域面积内的土壤侵蚀模数,t/（km^2・a）;F_{bi} 为第 i 座被调查坝的集流面积,km^2;n 为被调查坝的座数;其余符号意义同前。

（三）区间产沙模型

功能:计算坝的区间产沙量。

接口:汇流区间面积。

返回值:年平均侵蚀量。

模型的建立方法是:采用平均侵蚀模数法,针对每座坝设定其平均侵蚀模数,然后与每座坝的汇流面积相乘,得到产生的泥沙量。计算公式为

$$W_s = M_s F \tag{4-6}$$

式中:W_s 为年平均侵蚀量,万 t;M_s 为多年平均侵蚀模数,万 t/km^2;F 为坝的汇流面积,km^2。

四、水文资料

水文资料的相关操作功能见图 4-13。

坝系规划系统中参与计算的水文数据包括不同频率的洪峰模数、洪量模数、涨水历时系数。水文资料输入对话框见图 4-14。

图 4-13 水文资料相关操作功能框图   图 4-14 水文资料输入对话框

（一）三角形概化洪水过程线方法

概化方法见图 4-15。

1. 洪水总量

$$W_p = \frac{1}{2} Q_p \times T \qquad (4-7)$$

式中：W_p 为设计洪水总量，m^3；Q_p 为设计洪峰流量，m^3/s；T 为洪水总历时，h。

2. 洪水总历时

按下列公式计算：

$$T = 2 \times \frac{W_p}{Q_p} \qquad (4-8)$$

图 4-15 三角形概化洪水过程线

式中：T 为洪水总历时，h；W_p 为设计洪水总量，m^3；Q_p 为设计洪峰流量，m^3/s。

3. 涨水历时

按下列公式计算：

$$t_1 = \alpha_{t_1} \times T \qquad (4-9)$$

式中 ：t_1 为涨水历时，h；α_{t_1} 为涨水历时系数，视洪水产汇流条件而定，其值变化在 0.1 ~ 0.5；T 为洪水总历时，h。

（二）区间汇流洪水模型

功能：计算一定频率下坝的区间洪峰流量和洪水总量。

接口：汇流区间面积和降雨频率。

返回值：区间洪峰流量和洪水总量。

模型的建立方法如下：

采用平均洪量、洪峰模数法进行计算。公式如下：

$$W_p = \alpha_{W_p} \cdot F \qquad\qquad (4\text{-}10)$$

$$Q_p = \alpha_{Q_p} \cdot F \qquad\qquad (4\text{-}11)$$

式中：W_p 为不同频率的洪水总量，万 m^3；α_{W_p} 为不同频率的洪量模数，万 m^3/km^2；Q_p 为不同频率的洪峰流量，m^3/s；α_{Q_p} 为不同频率的洪峰模数，$m^3/(s \cdot km^2)$；F 为坝的汇流面积，km^2。

根据降水频率的不同，洪量模数和洪峰模数会有所不同，区间汇流洪水模型还要完成匹配不同频率下的洪量模数和洪峰模数的功能。然后依据相关参数完成洪水概化三角形过程。

五、沟谷线

本系统可以自动从 DEM 上提取沟谷线。与沟谷线有关的操作框图见图 4-16。

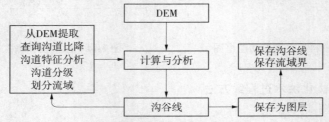

图 4-16 沟谷线相关操作框图

（一）沟道提取原理

1. DEM"洼地"填充

由于数据噪声、内插方法的影响，DEM 数据中常包含一些"洼地"，"洼地"将导致流域水流不畅，不能形成完整的流域网络，因此在利用模拟法进行流域地形分析时，须首先对 DEM 数据中的"洼地"进行处理，"洼地"填充是沟道提取的基础。

2. 水流方向确定

水流方向是指水流离开格网时的流向。流向确定目前有单流向和多流向两种，但在流域分析中，常是在 3×3 局部窗口中通过 D8 算法（根据水流可能流出的 8 个方向，以水流方向 2 的幂次方编码，因此称为 D8 算法。）确定水流方向（见图 4-17）。在沟道提取分析中，水流方向矩阵是一个基本量，这个中间结果要保存起来，后续的几个环节都要用到水流方向矩阵。

图 4-17 3×3 窗口中心单元流向确定（D8 算法）

3. 汇流累计矩阵生成

汇流累计矩阵是指流向该格网的所有上游格网单元的水流累计量（将格网单元看作

是等权的,以格网单元的数量或面积计),它是基于水流方向确定的,是流域划分的基础,目前系统中使用的 D8 算法(见图 4-18),汇流累计矩阵的值可以是面积,也可以是单元数。两者之间的关系是面积 = 格网单元数×单位格网面积。

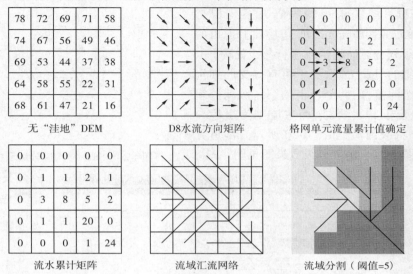

图 4-18　汇流累积矩阵计算(D8 算法)

无"洼地"DEM、水流方向矩阵、流水累计矩阵是 DEM 沟道分析的 3 个基础矩阵。图 4-18 为一个局部 DEM、水流方向矩阵和流水累计矩阵示意图。

4.沟道提取

沟道提取是在汇流累计基础上形成的,它是通过所设定的阈值(一般认为沟谷具有较大的汇流量,而分水线不具备汇流能力),即沿水流方向将高于此阈值的格网连接起来,从而形成沟道网络。沟道提取成果图见图 4-19。

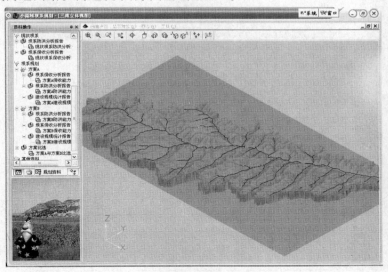

图 4-19　坝系规划软件沟道提取成果图

(二)沟谷分级原理

沟谷编码即给各个沟谷段分配一个级别码。它们是流域划分、沟道网络、沟谷长度等计算的基础。系统采用的编码方案是根据 Strahler(1957)在 Horton 的研究基础上提出的河流的等级划分方法将沟谷进行分级处理。

把最细的、位于顶端的不再有分支的细沟称为第一级河流,由两个以上的第一级河流组成第二级河流,以此类推,而主流则为最后一级,即最高一级河流,如图 4-20 所示。沟道分级报告见图 4-21。沟道分级成果图见图 4-22。

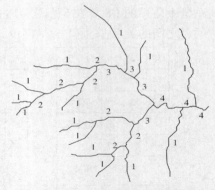

图 4-20　Strahler 沟道分级示意图

图 4-21　沟道分级报告

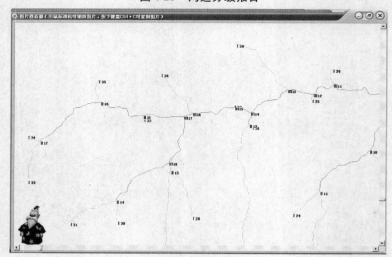

图 4-22　沟道分级图

第四节　现状坝系

　　本系统通过设置对流域现状坝进行调查的年份，通过实地调查就可以直接将现状坝布设在流域沟道内。本系统还可以对整个现状坝系进行防洪能力和保收能力的分析计算，也可以将现状坝作为一个点图层保存在"3S"工具的地图里面。现状坝系功能框架如图 4-23 所示。现状坝的放水建筑物实物图如图 4-24 和图 4-25。下面将分别介绍现状坝涉及的主要模型和主要操作。

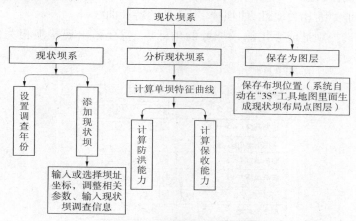

图 4-23　现状坝系功能框架

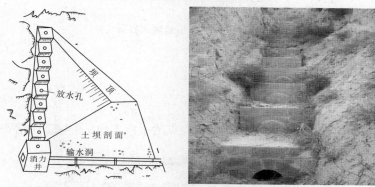

图 4-24　放水建筑物（卧管）实物图

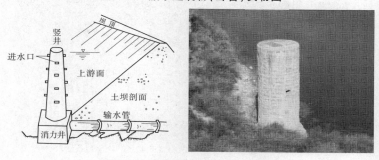

图 4-25　放水建筑物（竖井）实物图

一、现状坝系相关模型

根据外业调查,可以输入坝址位置,系统会调用坝的布设模型,将坝布设在指定的地点,并提供现状坝相关信息的输入界面。对于现状坝可以查询其汇水面积以及绘制其特征曲线等操作。这些功能的实现需要调用下列模型。

(一)坝的布设模型

功能:确保坝是布设在沟道上的,即将坝址匹配一个相应的沟道点。

接口:鼠标操作,在 DEM 上选择坝址或手工输入坝址的 X、Y 坐标。

返回值:坝址处的相关属性,如坝址、坝址处的特征曲线等。

在 DEM 上选择坝址或手工输入坝址的坐标后,就会弹出现状坝相关信息输入对话框,如图 4-26 所示。

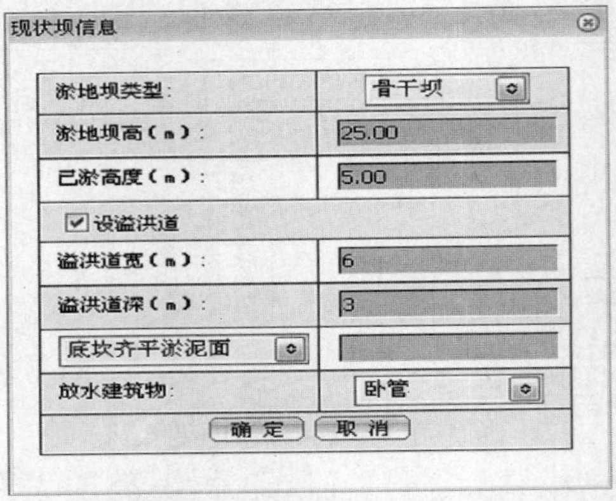

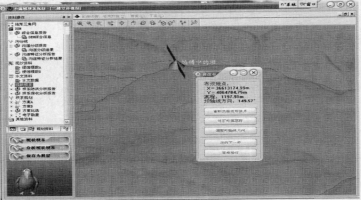

图 4-26　现状坝信息输入界面

(二)沟道水流方向判断模型

功能:确定沟道上每个点的水流方向。

接口:沟道上的一个点。

返回值:这个点的下游点。

添加的现状坝的坝轴线软件默认为垂直该点的水流方向,图 4-27 中箭头方向为水流方向。

图 4-27　现状坝布设界面

（三）坝的汇流面积提取模型

功能：根据给定的坝址，以及上游坝的坝址，得到给定坝的汇流面积。

接口：要进行分析的坝，以及上游坝。

返回值：坝的汇流区间面积。

对于现状坝，可以选定该坝后，通过"初步考察坝址"可以分析其汇水区间。图4-28为现状坝汇水区间查询过程。

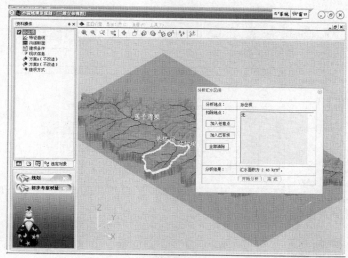

图4-28　现状坝汇水面积查询界面

（四）坝址处坝高库容曲线模型

功能：绘出坝址所在处坝的特征曲线。

接口：选择要进行分析的坝。

返回值：坝的坝高～库容曲线。

现状坝坝高～库容曲线如图4-29所示。

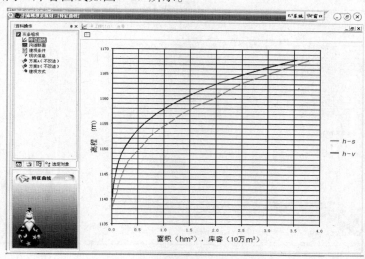

图4-29　现状坝的特征曲线显示

二、现状坝系防洪保收能力分析

对于现状坝系,本软件可以单独计算单个现状坝的防洪保收能力,也可以计算整个现状坝系的防洪保收能力。通过"现状坝信息"节点下的命令按钮可以对单个现状坝进行防洪保收能力分析(见图 4-30 和图 4-31)。通过"规划资料"面板中"现状坝系"节点下的"分析现状坝系",可以分别对现状坝系进行防洪能力和保收能力分析(见图 4-32 和图 4-33)。

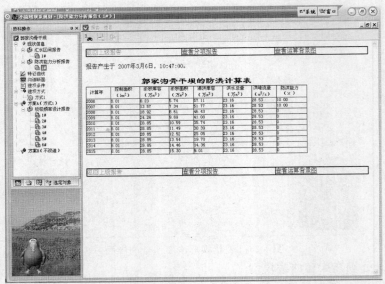

图 4-30　单个现状坝防洪能力分析

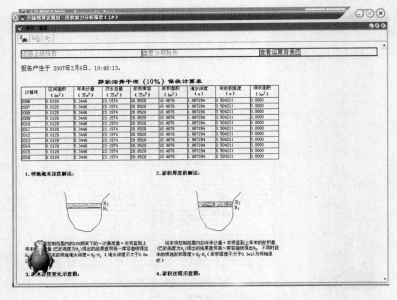

图 4-31　单个现状坝保收能力分析

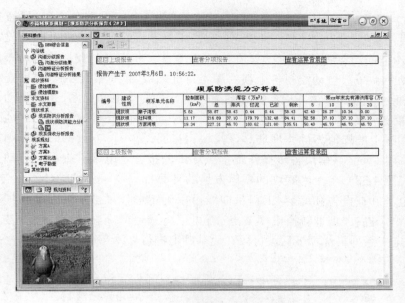

图 4-32 整个现状坝系防洪能力分析

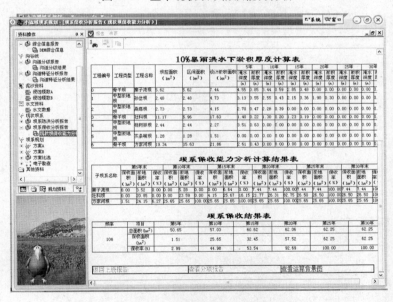

图 4-33 整个现状坝系保收能力分析

第五节 电子勘查

本系统提供电子勘查功能,可以选出沟道中的最优坝址,结合外业考察,就可以确定符合实际情况的最佳坝址。该模块将 1:10 000 电子地图上的可建坝资源由计算机逐一进行比较,选出待建坝址。从流域水文网的末梢开始,逐步向流域出口搜索。以人机对话的方式设定勘测各类坝的库容、坝址断面一级勘查步长(见图 4-34)。通过人工选择需要勘查的坝的类型(骨干坝、中型坝、小型坝)以及是在沟道中(沿整个沟道)勘查还是在沟谷线(沿一段沟谷线)上勘查(见图4-35)。设置相关参数后,通过"电子勘查"按钮,选择需要勘测的沟道或沟谷线后,系统自动在沟道或沟谷线上依据勘查步长自动布设一系列比选坝址(见图4-36),自动绘制各个坝的库容特征曲线,依据制定的库容反查特征曲线得到坝高。通过设置的坝体断面参数和系统自动计算的沟道断面图,系统自动计算出坝体方量。最后计算库容/坝体方量的比值,绘制沿沟道方向分布的库容/工程量曲线(见图4-37)。曲线上的峰值为最佳坝址。该模块,自动计算坝体方量的时候采用简易长乘宽法,分层采用1 m。该模块各步操作都提供详细的报告。电子勘查后会自动生成电子勘查报告(见图4-38),各个考察坝的坝体方量的计算都提供了详细的计算报告(见图4-39)。通过电子勘查报告和库容/工程量曲线可以确定最佳坝址。确定最佳坝址后通过"坝系规划/电子勘查/坝址转换成坝节点"就可以将选定的坝转换成一座新建坝。通过电子勘查确定一系列最优坝址后就可以在此基础上进行坝系布局。

![设置电子勘查参数对话框]

淤地坝类型:	骨干坝	中型坝	小型坝
库容(万m³):	80	30	10
坝顶宽(m):	5	4	3
上游坡比:	2	2	2
下游坡比:	2	2	2
勘查步长(m):	300	200	300

确定 取消

图4-34 设置电子勘查参数

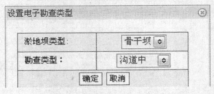

图4-35 设置电子勘查类型

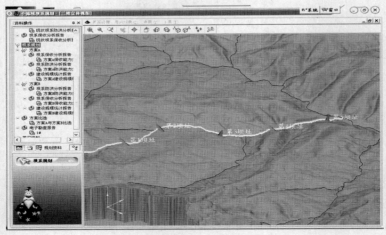

图4-36 电子勘查过程界面

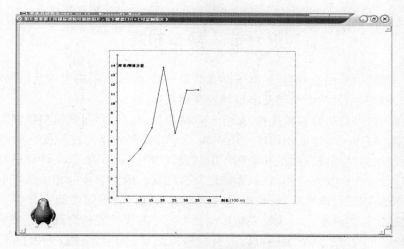

图 4-37　库容/工程量曲线

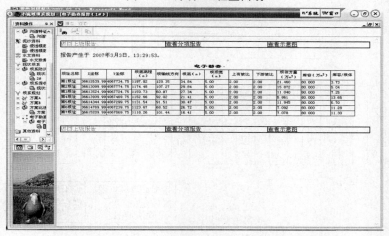

图 4-38　电子勘查报告

图 4-39　坝体土方量计算报告

第六节 坝系布局

　　根据骨干坝、中型坝、小型坝的电子勘查结果结合实际调查,确定坝系布局方案一、方案二、方案三中的骨干坝、中型坝及小型坝的最优坝址。

　　根据提出的方案,执行相关操作,系统自动调用坝高~库容曲线模型绘制每座坝的坝高~库容曲线、坝高~淤地面积曲线。图4-40为坝系布局方案功能框架。对纳入方案的每一座坝通过相关规范可以确定其淤积年限与设计、校核频率等,水文计算后就可以得到其拦泥库容、滞洪库容及安全超高,从而确定其总坝高。确定各坝的相关参数后可以对单个新建坝进行防洪保收能力分析,也可以对整个坝系进行防洪保收能力分析。对拟订的方案还可以通过检测淹坝危险功能来初步检测方案中布坝位置的合理性。如果不合理就需要进行调整,对确定后的方案还可以进行投资概估算(需要工程设计提供工程量)、效益分析、经济评价等。

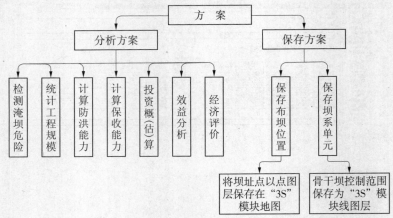

图4-40　坝系布局方案功能框架

一、淤地坝枢纽工程组成方案选择

　　淤地坝枢纽工程的组成在实践中有三大件(土坝、溢洪道和放水洞)的,也有两大件(土坝和放水建筑物,或土坝和溢洪道)的,还有只一大件(仅有土坝)的。下面对这三种形式进行分析。

　　(一)三大件方案

　　这种方案的防洪安全处理洪水是以排为主,工程建成后运用较安全,上游淹没损失也少,只是溢洪道工程量大,工程投资、维修费用高。

　　(二)两大件方案

　　这种方案的防洪安全处理洪水是以滞蓄为主,高坝大库容,土坝工程量大,上游淹没损失多,但无溢洪道,石方工程量小,工程总投资较小。

　　(三)一大件方案

　　这种方案处理洪水是全拦全蓄,安全性差,仅适用于小型荒沟或微型集水面积且无常流水的沟头防护上。

实际生产应用中以两大件方案为主,用的比较多的是由坝体和放水建筑物(涵卧管)组成。在本系统中淤地坝枢纽工程相关信息通过建坝方式对话框来输入(见图4-41)。设计频率与淤积年限参考表4-1来确定。

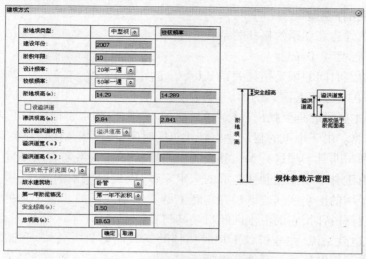

图4-41 建坝方式参数设置界面

表4-1 骨干坝、中型坝、小型坝的设计标准与淤积年限

淤地坝类型		小型坝	中型坝	骨干坝	
总库容(万 m³)		1～10	10～50	50～100	100～500
工程等级				五	四
洪水重现期(a)	设计	10～20	20～30	20～30	30～50
	校核	30	50	200～300	300～500
设计淤积年限(a)		5	5～10	10～20	20～30

对选定的淤地坝对象,本系统提供了特征曲线、沟道断面、建坝方式、水文计算、防洪保收等相关操作。其功能框架如图4-42所示。

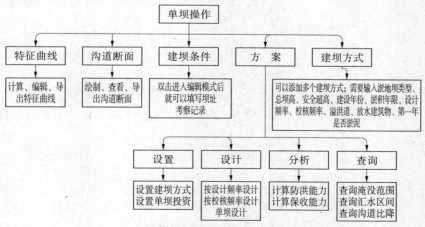

图4-42 选定对象(单坝)的功能框架

二、拦泥坝高确定模型

在介绍拦泥坝高确定模型之前,先介绍几个在计算拦泥坝高以及后面相关计算涉及的模型。

(一)坝系拓扑模型

功能:按条件建立坝系的拓扑关系。

接口:时间、坝型、Dam。

返回值:给定时间的坝系拓扑关系,以及给定坝的上游坝。

模型的建立方法如下:

该模型的主要目的是要找出目标坝的所有上游坝,以确定目标坝的汇流面积,以及进行坝系洪水演算。由于坝系的建设要用好几年的时间,所以坝系的拓扑关系是动态的,同时,在对骨干坝与非骨干坝进行水文分析时所需要的拓扑关系还有所不同。在对骨干坝进行分析时,由于骨干坝要控制住全部的来水来沙,以确保坝系的安全,根据划分坝系单元的原则,骨干坝的汇水区间应该包含它到上游骨干坝之间的非骨干坝的汇水区间。而对非骨干坝进行分析时,它的汇水区间只是其与直接上游坝(不区分骨干坝与非骨干坝)之间的区间。也就是说,在分析骨干坝时拓扑关系里面就只有骨干坝,而不包括非骨干坝,在分析非骨干坝时拓扑关系就要包括所有的坝。另外,还需要提供所有已建坝的拓扑关系,以对已建坝的防洪能力进行分析。

建立模型时首先根据坝型和时间的需要,找出符合条件的坝,将这些坝放入定义的CArray TopoDamSet 中,然后再对 TopoDamSet 中的坝建立拓扑关系。其流程图见图 4-43 和图 4-44。

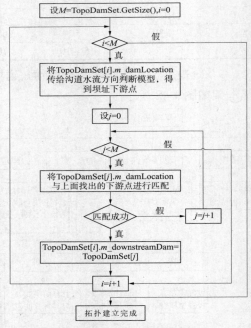

图 4-43　坝系拓扑关系模型 1

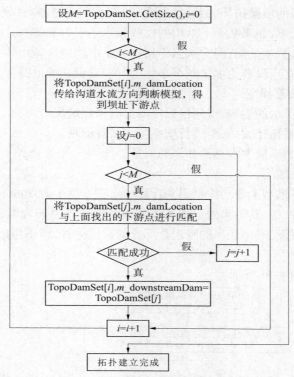

图 4-44　坝系拓扑关系模型 2

（二）大频率坝包含小频率坝模型

功能：将下游校核频率大于上游校核频率的坝的汇流区间包含上游坝的汇流区间。即调整坝系的拓扑关系。

接口：某年的坝系拓扑关系，坝。

返回值：调整后的坝系拓扑关系。

模型的建立方法如下：

为了保证坝系的安全，如果上游坝的校核频率低于下游坝的校核频率，则让下游坝在进行设计时其汇流区间要包含上游坝的汇流区间。其流程见图 4-45。

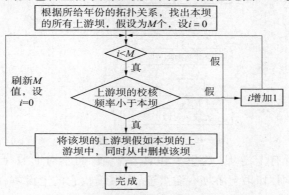

图 4-45　大频率坝包含小频率坝模型

先根据所给年份的坝系拓扑关系,找出要分析坝的全部上游坝,然后依次比较这些上游坝与本坝的校核频率,如果某个上游坝的校核频率小于本坝,则将这个上游坝的所有上游坝加入到本坝的上游坝里面,同时从当年拓扑关系中删掉这座小频率的上游坝,然后再重新进行频率比较,直到没有比本坝频率小的上游坝或到达最上游为止。

(三)坝系洪水演算模型

功能:实现坝系洪水的连调,得到目标坝的上游来洪情况。

接口:某年的坝系拓扑关系,要进行坝系洪水演算的坝。

返回值:上游坝的下泄洪水总量和洪峰流量。

模型的建立方法如下:

坝系的洪水演算模型主要功能是用来计算给定频率下上游坝的下泄洪水总量和洪峰流量,坝系作为一个系统,其洪水的运行要放到整个坝系当中来考虑,这样才能接近实际情况。根据模型的假设,一个频率的降雨全部参与调洪演算,即不考虑尚未淤满的淤积库容存放洪水。

其具体流程如图 4-46 所示。

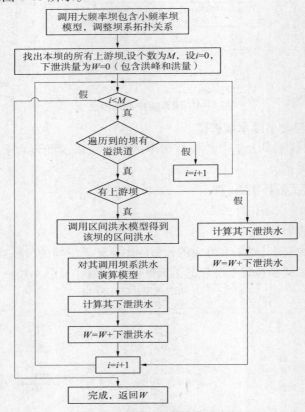

图 4-46　坝系洪水演算模型流程

先找到本坝的所有上游坝(这里只包含骨干坝,而不对非骨干坝进行坝系调洪演算)。遍历这些上游坝,如果上游坝有溢洪道,则继续找它的上游坝,依次一直往上游推,直到找到上游坝没有溢洪道或最上游的淤地坝位置,然后从这个坝开始计算下泄洪水的洪量与洪峰流量,传给其下游,再计算其下游坝的下泄洪量与洪峰流量,直到计算出本坝的上游坝的下泄洪量与洪峰流量为止。

该模型有个自我调用过程,这个过程是模型的关键所在,即:当要计算上游坝的下泄洪水时,模型就会去查找有溢洪道的上游坝,计算这座上游坝的下泄洪水,而要计算这座坝的下泄洪水又必须得到其上游坝的下泄情况,依次类推,模型会直到上游坝没有溢洪道或者到了最上游坝才会停下来,开始计算,然后将计算的结果依次返回来,最终得到本坝计算所需要的上游坝下泄洪水情况。

这里的下泄洪水情况根据溢洪道的底坎与淤泥面的高低情况分别采用两种模型当中的计算下泄洪水总量与洪峰流量的方法进行计算。公式里的滞洪库容为该坝溢洪道高所对应的库容。

(四)拦泥坝高确定模型

功能:计算坝的拦泥坝高。

接口:某年的坝系拓扑关系,Dam。

返回值:给定年的淤积量。

模型建立方法如下:

由于必须考虑坝系建设的时序问题,即必须考虑坝系建设过程中对本坝汇流面积的影响,拦泥坝高的计算必须采用逐年计算的方法,根据传入的坝系拓扑关系,得到要进行设计的坝的上游坝,再调用坝的汇流区间提取模型,得到本坝该年的汇流面积,再用产沙模型得到该年的产沙量,从坝的建设年份开始至坝的设计淤满年份为止,逐年传入坝系拓扑关系,累加每年的产沙量,从而得到总淤积量,即淤积库容。再查坝的特征曲线得出淤积坝高。由于在进行坝的滞洪坝高设计时也需要建立坝系拓扑关系,如果都各自建立拓扑的话,模型会进行很多重复操作,效率会变低。所以,这里的拦泥坝高设计模型只进行当年的淤积量的计算,总淤积量的累加留给调用拦泥坝高设计模型的模型完成。为了保证模型的完整性,图 4-47 的流程仍然会给出完整的拦泥坝高设计模型。拦泥坝高设计模型流程见图 4-47。

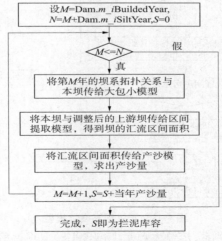

图 4-47　拦泥坝高设计模型

三、滞洪坝高确定模型

溢洪道滞洪坝高的确定分三种情况来考虑:第一,无溢洪道淤地坝的滞洪坝高的确定,当淤地坝不设溢洪道的时候,采用全部拦蓄校核频率洪水;第二,有溢洪道,且溢洪道底坎和淤泥面齐平采用调洪演算确定滞洪坝高;第三,有溢洪道,且溢洪道底坎低于淤泥面时采用调洪演算确定滞洪坝高。

(一) 不设溢洪道的坝的滞洪坝高设计模型

功能:计算坝的滞洪坝高。

接口:PlanningDam,某年的坝系拓扑关系,上游下泄洪水总量。

返回值:坝的滞洪库容。

模型的建立方法如下:

滞洪库容对应的坝高称为滞洪坝高。先确定滞洪库容,然后查特征曲线,得出滞洪坝高。对于不设溢洪道的坝,若为骨干坝,其滞洪库容为控制汇水面积内的一次设计频率降雨产生的洪水总量,再加上上游坝有下泄洪水;若为非骨干坝,其滞洪库容即为本坝控制汇水面积内的一次校核洪水总量。找出滞洪库容之后,通过查特征曲线得出滞洪坝高。其设计模型流程见图 4-48。

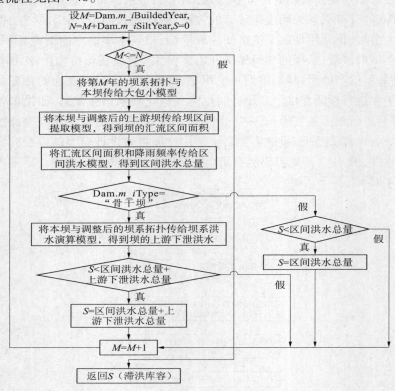

图 4-48 滞洪坝高设计模型

根据传入的坝系拓扑关系,传给大频率坝包含小频率坝模型,得到调整后的坝系拓扑关系,将调整后的上游坝与要进行设计的坝传给汇水区间提取模型,得到汇流区间面积,将此面积传给区间洪水模型,得到区间洪水总量。将调整后的坝系拓扑关系传给坝系洪水演算模型,得到上游下泄洪水。如果是非骨干坝,则找出从坝的建设年份开始到设计淤满年份止的最大区间洪水总量,即为该坝的滞洪库容。如果是骨干坝,则找出从坝的建设年份开始到设计淤满年份止的最大区间洪水总量与上游下泄洪水总量之和,即为该坝的滞洪库容。然后通过查特征曲线得到坝的滞洪坝高。

(二)淤泥面与溢洪道底坎齐平的溢洪道设计模型

水文学上调洪计算的方法很多,有列表试算法,有半图解法、图解法、简化三角形法等。由于淤地坝一般只要求确定最大调洪库容和溢洪道最大泄洪流量,不要求计算蓄泄过程。因此,常采用简化三角形法进行调洪计算。

功能:对淤泥面与溢洪道底坎齐平的溢洪道尺寸进行设计。

接口:planningDam,区间洪水,上游下泄洪水。

返回值:溢洪道的尺寸。

模型的建立方法如下:

这种情况实用于无常流水的旱沟,其溢洪道调洪过程线与下泄洪水过程线如图4-49、图4-50所示。来洪水时,洪水流量与溢洪道下泄流量均为0,淤地坝内洪水位即为溢洪道的坝顶高程。随着洪水流量的增加,坝前水位也增加,相应的溢洪道下泄洪水量也随之增加。由于此时洪峰流量大于溢洪道的下泄流量,坝前水位继续上升,洪峰流量和溢洪道下泄流量继续增加。到 t_1 时,洪峰流量达到最大值,由于此时,洪峰流量依旧大于溢洪道下泄流量,坝前水位继续上升。t_1 之后洪峰流量开始减少,此时坝前水位上升的速度减慢。到 t_2 时,坝前水位达到最大值,水位不再上升,溢洪道下泄流量达到最大值(即溢洪道的最大下泄流量)。t_2 以后,坝前水位开始下降,到 t_3 时,洪水总量为0,来水量为0,溢洪道洪水继续下泄。到 t_4 时,坝前水位下降到溢洪道坝顶高程,坝内洪水全部排完。

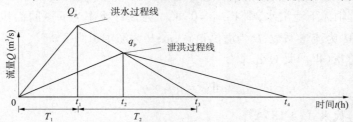

图4-49　淤泥面与溢洪道底坎齐平的调洪概化三角形示意图

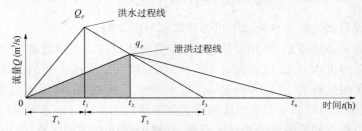

图4-50　淤泥面与溢流堰底坎齐平的下泄洪水概化三角形示意图

注:图4-49和图4-50中,q_p 为溢洪道排洪洪峰流量,m^3/s;Q_p 为设计洪峰流量,m^3/s;T_1 为涨水历时,h;T_2 为退水历时,h。

设计洪水过程总历时（$T = T_1 + T_2$）的计算公式如下：

$$T = \frac{2W_p}{3\ 600Q_p} \tag{4-12}$$

式中：T 为设计洪水总历时，h；W_p 为洪水总量，m^3；Q_p 为洪峰流量，m^3/s。

设计洪水涨水历时用下式计算：

$$T_1 = d_{t1} \times T \tag{4-13}$$

式中：T_1 为涨水历时，h；d_{t1} 为涨水历时系数，视洪水产汇流条件而异，其值变化在 $0.1 \sim 0.5$，可根据当地情况取值；T 为洪水总历时，h。

根据图 4-49、图 4-50 得出以下关系式：

$$\frac{t_3 - t_2}{T - T_1} = \frac{q_p}{Q_p} \tag{4-14}$$

调洪演算采用下列公式：

无上游坝时采用单坝调洪演算公式，即

$$q_p = Q_p\left(1 - \frac{V_{滞}}{W_p}\right) \tag{4-15}$$

有上游坝存在时采用坝系调洪演算公式，即

$$q_p = (Q_{上泄} + Q_{区洪}) \times \left(1 - \frac{V_{滞}}{W_{上洪} + W_{区洪}}\right) \tag{4-16}$$

$$q_p = MBH^{1.5} \tag{4-17}$$

式中：$V_{滞}$ 为滞洪库容，m^3；$Q_{区洪}$ 为设计频率下区间面积的洪峰流量，m^3/s；$Q_{上泄}$ 为上游工程设计频率为 p 的最大下泄流量，m^3/s，如果上游坝无下泄洪水（没有溢洪道），则 $Q_{上泄} = 0$；$W_{上洪}$ 为本工程泄洪开始至最大下泄流量时段内，上游工程设计频率下的下泄洪水总量，万 m^3，如果上游坝无下泄洪水，则 $W_{上洪} = 0$；$W_{区洪}$ 为设计频率为 p 区间面积内要下泄的洪水总量，万 m^3；M 为流量系数；B 为溢洪道宽，m；H 为溢洪道高度，m。

下泄洪水总量（$W_{泄}$）计算公式为

$$W_{泄} = \frac{1}{2}t_2 \times q_p \tag{4-18}$$

将式（4-14）代入式（4-18）得：

$$W_{泄} = \frac{1}{2}q_p \times \left[t_3 - \frac{q_p}{Q_p}(T - T_1)\right] \tag{4-19}$$

溢洪道底坎与淤泥面齐平的溢洪道设计模型见图 4-51。

如果确定的是溢洪道高，则用溢洪道高（滞洪坝高），查得滞洪库容，连同传入的上游坝下泄洪水和区间洪水一起，代入式（4-16），得到应该由溢洪道下泄的洪峰流量，然后再对溢洪道宽度采用试算的方法，由 0 开始，增加步长为 0.01 m，将试算的溢洪道宽代入式（4-17），直到溢洪道能够下泄的洪峰流量近似于应该由溢洪道下泄的洪峰流量为止，即完成溢洪道的设计。如果确定的是溢洪道宽，则对溢洪道高采用试算法，由 0 开始，增加步长设为 0.01 m，根据试算的溢洪道高，查得滞洪库容，连同传入的上游坝下泄洪水和区间洪水一起代入式（4-16）得到应该由溢洪道下泄的洪峰流量，再将试算的溢洪道高代入式(4-17),得到溢洪道下泄流量。比较由式(4-16)和式(4-17)计算出来的值,如果相等即完成溢洪道的设计,如果不相等则溢洪道高度继续增加,直到溢洪道能够下泄的洪峰流量近似于应该由溢洪道下泄的洪峰流量为止,即完成溢洪道的设计。

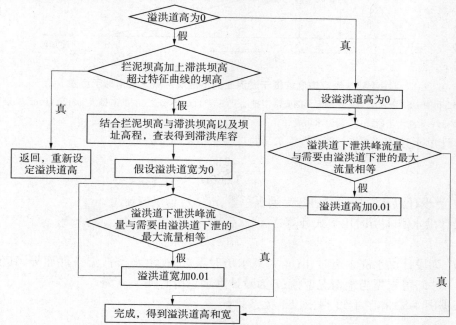

图 4-51 溢洪道底坎与淤泥面齐平的溢洪道设计模型

(三)淤泥面高于溢洪道底坎的溢洪道设计模型

功能:对淤泥面高于溢洪道底坎的溢洪道尺寸进行设计。

接口:planningDam,上游下泄洪水和区间洪水。

返回值:溢洪道的尺寸。

模型的建立方法如下:

这种情况适合有常流水的沟道,以防止坝地的盐碱化,其溢洪道调洪过程线与下泄洪水过程线如图 4-52 和图 4-53 所示。来水初期,洪水经排洪渠全部排走,排走的洪水总量 $Q_{洪}$ 与排洪渠排走流量 $q_{排}$ 相等;当时间到达 t_1 时,排洪渠排流达最大洪水排泄量,此时多余洪水溢出排洪渠到淤地面上,坝库水位上升,溢洪道下泄流量增大;当时间到 t_2 时,溢洪道流量达到最大值,坝库水位达最高不再上升,之后水位渐降,直至泄完,洪水进退全过程结束。

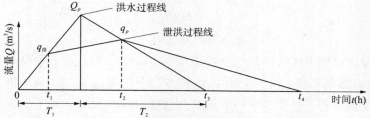

图 4-52 溢洪道底坎低于淤泥面的调洪演算概化三角形示意图

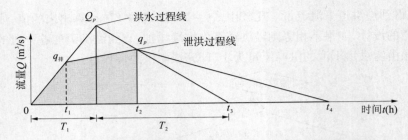

图 4-53　溢洪道底坎低于淤泥面的下泄洪水概化三角形示意图

注:图 4-52 和图 4-53 中:$q_排$ 为低于淤泥面的溢洪道排洪峰流量,m^3/s;q_p 为溢洪道排洪峰流量,m^3/s;Q_p 为洪峰流量,m^3/s;T_1 为涨水历时,h;T_2 为退水历时,h。

设计洪水过程总历时($T = T_1 + T_2$)的计算公式如下:

$$T = \frac{2W_p}{3\ 600Q_p} \tag{4-20}$$

式中:T 为设计洪水总历时,h;W_p 为洪水总量,m^3;Q_p 为洪峰流量,m^3/s。

设计洪水涨水历时用下式计算:

$$T_1 = d_{t1} \times T \tag{4-21}$$

式中:T_1 为设计洪水涨水历时,h;d_{t1} 为涨水历时系数,视洪水产汇流条件而异,其值变化在 0.1~0.5,可根据当地情况取值;T 为设计洪水总历时,h。

根据图 4-52 和图 4-53 得出以下关系式:

$$\frac{t_3 - t_2}{T - T_1} = \frac{q_p}{Q_p} \tag{4-22}$$

$$\frac{t_1}{T_1} = \frac{q_排}{Q_p} \tag{4-23}$$

调洪演算采用下列公式:

无上游坝时计算公式为

$$q_排 + \alpha \times q_p = Q_p \times \left(1 - \frac{V_滞}{W_设}\right) \tag{4-24}$$

$$q_排 = MBH_1^{1.5} \tag{4-25}$$

$$q_p = MB(H_1 + H_2)^{1.5} \tag{4-26}$$

有上游坝时计算公式为

$$q_排 + \alpha \times q_p = (Q_{上泄} + Q_{区洪}) \times \left(1 - \frac{V_滞}{W_{上洪} + W_{区洪}}\right) \tag{4-27}$$

$$q_排 = MBH_1^{1.5} \tag{4-28}$$

$$q_p = MB(H_1 + H_2)^{1.5} \tag{4-29}$$

式中:$Q_{区洪}$ 为设计频率下区间面积的洪峰流量,m^3/s;$Q_{上泄}$ 为上游工程设计频率为 p 的最大泄流量,m^3/s,如果本坝上游无下泄洪水,则 $Q_{上泄} = 0$;$W_{上洪}$ 为本工程泄洪开始至最大泄流量时段内,上游工程设计频率下的下泄洪水总量,万 m^3,如果本坝上游无下泄洪水总量则 $W_{上洪} = 0$;$W_{区洪}$ 为设计频率为 p 区间面积内要下泄的洪水总量,万 m^3;q_p 为设计频率下,需要由溢洪道下泄的最大流量,m^3/s;α 为系数,$\alpha = 1 - \dfrac{q_{排}}{Q_{上泄} + Q_{区洪}}$;$V_{滞}$ 为滞洪库容,万 m^3;M 为流量系数;$q_{排}$ 为排洪渠设计流量,m^3/s;Q_p 为设计频率下的最大洪峰流量,m^3;H_1 为排洪渠低于淤泥面的深度,m,如果排洪渠与淤泥面齐平则 $H_1 = 0$;H_2 为淤泥面以上溢流堰过水断面深即滞洪坝高,m;B 为溢洪道宽,m。

下泄洪水总量($W_{泄}$)用下式计算:

$$W_{泄} = \frac{1}{2}t_1 \times q_{排} + \frac{1}{2}(q_{排} + q_p) \times (t_2 - t_1) \tag{4-30}$$

同时,根据图 4-52、图 4-53 可以得到

$$t_3 = T_1 + T_2 \tag{4-31}$$

即

$$t_3 = T \tag{4-32}$$

将式(4-22)、式(4-23)、式(4-31)和式(4-32)代入式(4-30)联解得

$$W_{泄} = \frac{1}{2}T\left(q_{排} + q_p - \frac{q_{排} + q_p}{Q_p}\right) + \frac{1}{2}\frac{q_p^{\,2}}{Q_p}(T_1 - T) \tag{4-33}$$

溢洪道底坎低于淤泥面的溢洪道设计模型见图 4-54。

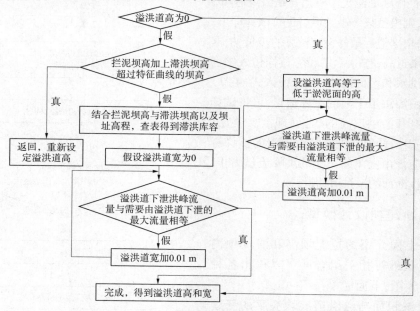

图 4-54　溢洪道底坎低于淤泥面的溢洪道设计模型

根据建坝方式里面的设置,如果确定的是溢洪道高,则用溢洪道高(滞洪坝高)查得滞洪库容,依式(4-28)计算出排洪渠的流量,连同传入的上游坝下泄洪水和区间洪水一起,代入式(4-27),得到应该由溢洪道下泄的洪峰流量。然后再对溢洪道宽采用试算的方法,由 0 开始,增加步长设为 0.01 m,将试算的溢洪道宽代入式(4-29),直到溢洪道能够下泄的洪峰流量近似于应该由溢洪道下泄的洪峰流量为止,即完成溢洪道的设计。如果确定的是溢洪道宽,则对溢洪道高采用试算方法,由 0 开始,增加步长设为 0.01 m,根据

试算的溢洪道高,查得滞洪库容,连同传入的上游坝下泄洪水和区间洪水一起,代入式(4-27)得到应该由溢洪道下泄的洪峰流量,再将试算的溢洪道高代入式(4-29),直到溢洪道能够下泄的洪峰流量近似于应该由溢洪道下泄的洪峰流量为止,即完成溢洪道的设计。

(四)最优断面溢洪道设计模型

功能:计算出满足最优断面条件的溢洪道尺寸。

接口:planningDam,上游下泄洪水和区间洪水。

返回值:最优断面的溢洪道尺寸。

模型的建立方法如下:

这个模型用于在坝址处没有可以利用的地形条件时进行溢洪道的设计,溢洪道的尺寸满足最优断面条件。

最优断面溢洪道设计模型的溢洪道排洪洪峰流量可以采用淤泥面高于溢洪道底坎的溢洪道排洪洪峰流量计算方法进行计算。

$$q_p = MB(H_1 + H_2)^{1.5} \tag{4-34}$$

这里的 H_1 在溢洪道底坎与淤泥面齐平的情况下为 0。

最优断面溢洪道设计模型见图 4-55。

由于最优断面满足溢洪道宽是溢洪道高 2 倍的条件,则模型只对溢洪道高进行试算即可。由 0 开始,根据地形条件设定试算的步长,根据试算的溢洪道高,查得滞洪库容,连同传入的上游坝下泄洪水一起,代入式(4-27)得到应该由溢洪道下泄的洪峰流量,再将试算的溢洪道高和溢洪道高的 2 倍(即溢洪道宽)代入式(4-29),直到溢洪道能够下泄的洪峰流量近似于应该由溢洪道下泄的洪峰流量为止,即完成最优断面的溢洪道的设计。

四、新建坝设计模型

依据上面介绍的拦泥坝高和滞洪坝高的确定模型进行相关组合就可以得出各种坝的设计模型,下面简单介绍一下。

(一)淤积面与溢洪道底坎齐平的新建坝设计模型

功能:完成设有溢洪道且淤积面与溢洪道底坎齐平的新建坝的坝体设计。

接口:要进行设计的坝(Dam)。

返回值:坝的设计结果。

模型建立方法如下:

这个模型是将上面介绍的模型,根据坝的情况进行组合而得到的(见图4-56)。

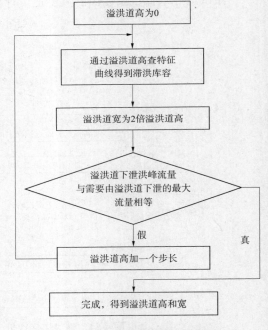

图 4-55   最优断面溢洪道设计模型

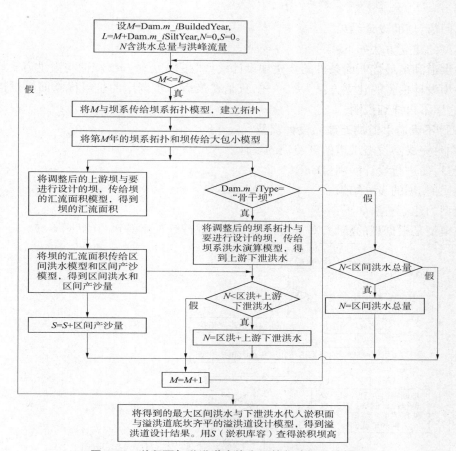

图 4-56　淤积面与溢洪道底坎齐平的新建坝设计模型

根据坝的属性,得到坝的建设年份,以及坝型,传给坝系拓扑模型,从这一年开始到设定的淤满年止,逐年建立坝系拓扑关系,将坝系拓扑逐年传给拦泥坝高设计模型、区间洪水模型和坝系洪水演算模型,累加逐年计算得到的产沙量,得到淤积库容,找出区间洪水上游下泄洪水相加得到的最大洪水总量和洪峰流量,将最大洪水总量和洪峰流量传给淤积面与溢洪道底坎齐平的溢洪道设计模型,得到溢洪道的尺寸。

(二)淤积面高于底坎的新建坝设计模型

功能:完成设有溢洪道且淤积面高于溢洪道底坎的新建坝的坝体设计。

接口:要进行设计的坝(Dam)。

返回值:坝的设计结果。

模型的建立方法如下:

淤积面高于溢洪道底坎的新建坝设计模型的建立方法与淤积面与溢洪道底坎齐平的新建坝设计模型的建立方法大致一样,只是在最后一步调用的是淤积面高于溢洪道底坎的溢洪道设计模型,这里不再详细说明。

(三)溢洪道满足最优断面条件的新建坝设计模型

功能:完成设有溢洪道且最优断面条件的新建坝的坝体设计。

接口:要进行设计的坝(Dam)。

返回值:坝的设计结果。

模型的建立方法如下:

溢洪道满足最优断面条件的新建坝设计模型的建立方法与淤积面与溢洪道底坎齐平的新建坝设计模型的建立方法大致一样,只是在最后一步调用的是最优断面溢洪道设计模型,这里不再详细说明。

(四)不设溢洪道的新建坝设计模型

功能:完成不设溢洪道的新建坝的设计。

接口:要进行设计的坝(Dam)。

返回值:坝的设计结果。

模型的建立方法如下:

该模型是根据坝的属性,对上面介绍的模型进行组合而得到的(见图4-57)。

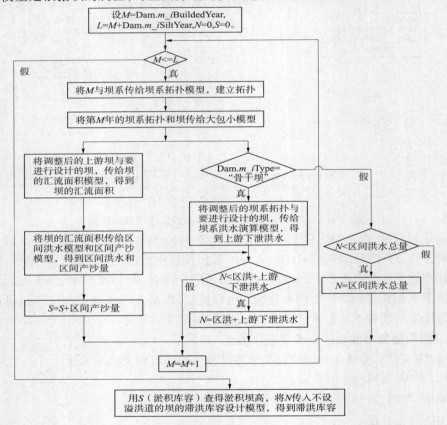

图 4-57 不设溢洪道的新建坝设计模型

根据坝的属性,得到坝的建设年份,以及坝型,传给坝系拓扑模型,从这一年开始到设定的淤满年止,逐年建立坝系拓扑关系,将坝系拓扑逐年传给拦泥坝高设计模型、区间洪水模型和滞洪坝高设计模型,累加逐年计算得到的产沙量,得到淤积库容,找出区间洪水上游下泄洪水相加得到的最大洪水总量,将最大洪水总量不设溢洪道的坝的滞洪坝高设计模型,得到滞洪坝高。

五、现状坝改造模型

(一)已建坝从调查年份到改造时的淤积量模型

功能:计算已建坝从调查年到改造时的淤积量。

接口:已建坝(Dam)。

返回值:已建坝从调查年到改造时的淤积量。

模型的建立方法如下:

对已建坝的改造是坝系建设中一个重要的环节。黄土高原的坝系建设工作已经开展多年,很多沟道都遗留着一些坝,如果把这些坝毁掉重建,费工又费时,况且很多坝经过改造完全能够达到新坝系的防洪拦沙要求。

由于对已建坝的调查时间与对其进行改造的时间往往会有一个时间差,而这段时间里面该已建坝会继续淤积,如果改造时仍然采用调查时的数据,会跟实际情况不相符合,所以必须先得到已建坝从调查年份到改造时的淤积量,以便为已建坝的改造作好准备。其模型见图4-58。

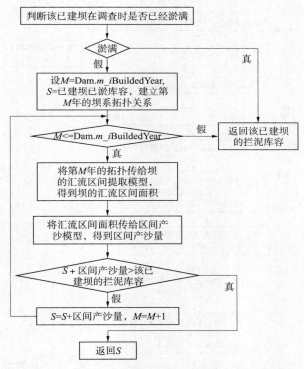

图4-58　已建坝从调查年份到改造时的淤积量模型

首先判断已建坝在调查时是否已经淤满。判断的标准是,有溢洪道的坝以溢洪道底坎高度为拦泥坝高;对于没有溢洪道的坝,如果坝高超过20 m,则用坝高减去2 m的安全超高作为拦泥坝高,如果坝高低于20 m,则用坝高减去1 m的安全超高作为拦泥坝高。如果没有淤满,根据已淤高度得到已淤库容,然后从已建坝的调查年份开始到改造年份止,逐年建立坝系拓扑关系,将坝与其上游坝传给坝的汇流面积提取模型,得到坝的汇流面积,将汇流面积传给区间产沙模型,得到区间产沙量,累加到已淤库容上,判断是否淤满,如果没有淤满,再继续下一年的计算,直到改造年;如果淤满,则得到该已建坝到改造时的淤积库容取其为拦泥库容。

(二)已建坝改造模型

功能:计算出已建坝的改造结果。

接口:要进行设计的坝(planningDam)。

返回值:已建坝的改造结果。

模型的建立方法如下:

对已建坝的改造通常为对坝体的高度改造,以及对溢洪道的改造,对其进行的洪水计算与新建坝完全一样,唯一与新建坝有所不同的地方在于,已建坝在改造时已经淤积了一定量的泥沙,新增的泥沙是在这一基础之上进行淤积的。其模型见图 4-59 和图 4-60。

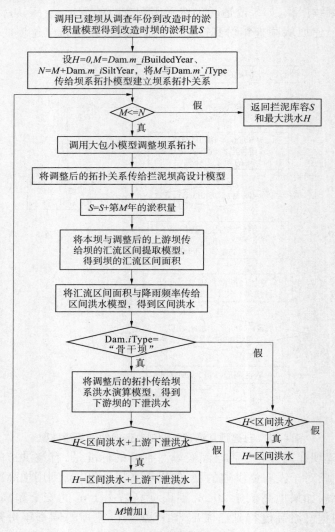

图 4-59　已建坝改造模型 1

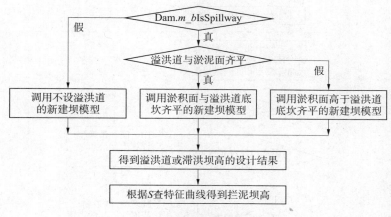

图 4-60　已建坝改造模型 2

首先调用已建坝从调查年份到改造年的淤积量模型,然后根据坝的改造属性调用相应的新建坝模型,调用坝的拦泥坝高设计模型时,需要将淤积库容加上已建坝从调查年份到改造年的淤积量模型的返回值。

六、坝系防洪能力分析模型

(一)无溢洪道单坝的防洪安全分析方法及模型

1．无溢洪道的单坝的防洪能力分析方法

此类坝的防洪安全比较简单,分析时不考虑涵洞泄量,将控制集水区内不同频率的洪水总量与现有剩余库容比较,取最接近且小于剩余库容的洪水量值所对应的洪水标准,作为本坝最大防洪安全标准,即可抵御的最大洪水标准。当上游有坝且配置了溢洪道时,从本坝滞洪库容中减去上游坝通过溢洪道下泄的洪水总量,再按上述方法进行分析。

2．无溢洪道单坝防洪能力分析模型

功能:分析某一年无溢洪道单坝的防洪能力。

接口:时间、坝和某年的坝系拓扑关系。

返回值:坝的防洪能力,即一个洪水频率。

模型的建立方法如下:

对无溢洪道的坝进行防洪能力分析时,实际是要考察某一年、某一定频率下坝的蓄水能力。这种前提下,如果坝没有淤满,事实上没有淤满的淤积库容是能够存水的,故在对无溢洪道的坝进行防洪能力分析时考虑尚未淤满的淤积库容的滞洪功能。其模型见图 4-61。

将洪水频率、当年的坝系拓扑关系以及要进行防洪能力分析的坝传给坝系洪水演算模型,得到上游下泄洪水总量。同时,将坝与当年该坝的上游坝传给坝的汇流面积提取模型,得到该现状坝的汇流区间面积,将这个区间面积与降雨频率传给区间汇流模型得到区间洪水总量。将区间洪水总量与下泄洪水总量之和与剩余淤积库容与滞洪库容之和进行比较,找出剩余淤积库容与滞洪库容能够存放的最大的降雨频率下的洪水,这个频率即为该已建坝的防洪能力。单坝防洪能力分析报告样式见图 4-62。

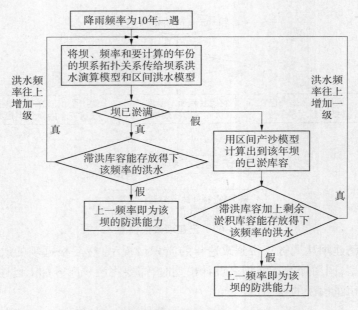

图 4-61　无溢洪道单坝防洪能力分析模型

图 4-62　单坝防洪能力分析报告样式显示

（二）有溢洪道单坝的防洪安全分析方法及模型

1.有溢洪道单坝防洪安全分析方法

（1）采用与单坝无溢洪道相同的分析方法。这种计算方法忽略了溢洪道下泄洪水对滞洪库容减少的影响,简化了调洪计算,计算结果是偏于安全,但会造成库容、投资偏大。

（2）假设淤积面积已经达到溢洪道底坎高程,对不同频率下的洪水总量进行试算调洪,求出最大下泄流量 q_1,依据溢洪道宽度和高度可以确定一个下泄流量 q_2。比较这两个下泄流量,如果 $q_1 < q_2$,则认为其防洪安全,否则就认为其不安全。取最接近于 q_2 且小

于 q_2 的 q_1 所对应的频率为坝体所能抵御的洪水频率。本系统采用这种方法,调洪演算计算公式参见滞洪坝高确定一节。

2. 有溢洪道单坝防洪能力分析模型

功能:分析某一年有溢洪道的单坝的防洪能力。

接口:时间、坝和某年的坝系拓扑关系。

返回值:坝的防洪能力,即一个降雨频率。

模型的建立方法如下:

与无溢洪道单坝防洪能力分析模型类似,对有溢洪道的坝进行防洪能力分析时,实际是要考察某一年,坝在一定降雨频率下能否安全地排掉洪水。这种前提下,如果坝没有淤满,事实上没有淤满的淤积库容是能够存水的,故在对有溢洪道的坝进行防洪能力分析时考虑尚未淤满的淤积库容的滞洪功能。其模型见图 4-63。

将洪水频率、当年的坝系拓扑关系以及要进行防洪能力分析的坝传给坝系洪水演算模型,得到上游下泄洪峰流量。同时,将坝与当年该坝的上游坝传给坝的汇流面积提取模型,得到该现状坝的汇流区间面积,将这个区间面积与降雨频率传给区间汇流模型得到区间洪峰流量。然后将上游下泄洪峰流量与区间洪峰流量之和与该坝溢洪道能够下泄的洪峰流量进行比较,如果溢洪道能够下泄,则该坝在该降雨频率下安全。依次增加降雨频率,找到坝的溢洪道能够下泄的最大降雨频率,这个频率即为该坝的防洪能力。

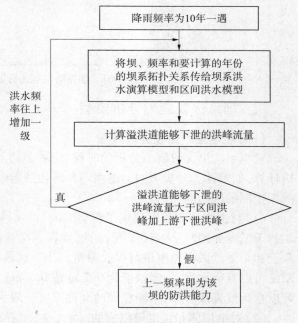

图 4-63　有溢洪道单坝防洪能力分析模型

3. 坝系防洪安全分析方法

分析坝系防洪安全时,先将整个坝系划分为单元坝系,依据每个单元坝系所处的位置,自上而下逐次进行防洪安全分析。首先分析处于最上游的单元坝系,再分析整个坝系的防洪安全。在每个单元坝系中,只分析骨干坝的防洪安全,并要考虑骨干坝上游各坝出现垮坝时的最不利情况。根据单元坝系之间的相互关系,下游单元坝系只考虑上游单元坝系中骨干坝的溢洪道下泄量,而不考虑上游单元坝系中骨干坝发生垮坝的情况。

由于在进行坝系规划时,对非骨干坝没有很严格的防洪要求,而骨干坝是要负责整个坝系安全的,因此在进行防洪能力分析时,只对骨干坝进行防洪安全分析。分析时,按降雨频率为 10 年一遇、20 年一遇、50 年一遇、100 年一遇、200 年一遇和 500 年一遇依次检验坝是否安全,不安全的降雨频率的上一频率即为坝的防洪能力。

通过坝系防洪能力分析模型,可以确立坝系第 5 年末、第 10 年末、第 15 年末、第 20 年末、第 25 年末、第 30 年末坝系中所有骨干坝的滞洪库容以及可以抵御的洪水频率。坝系防洪能力分析报告样式显示见图4-64。

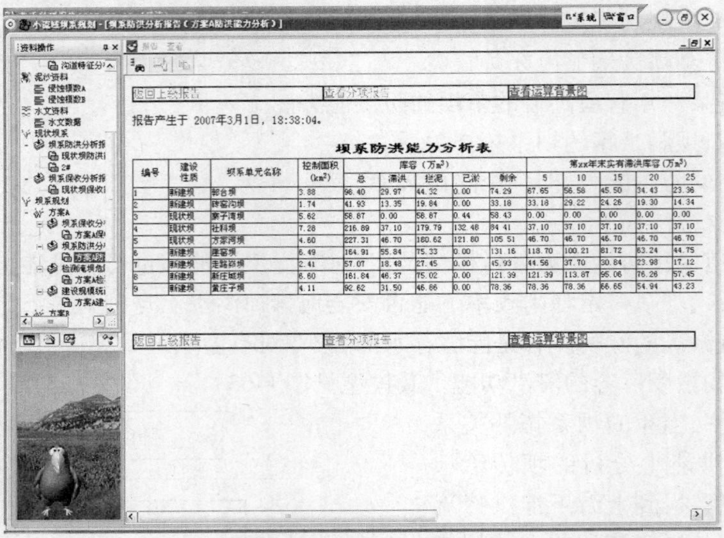

图4-64　坝系防洪能力分析报告样式显示

七、坝系保收能力分析模型

(一)坝地生产保收分析方法

对坝系防洪保收能力分析的时候,应从上到下依次对各单坝的生产保收能力进行分析计算,如果计算分析坝的上游坝不具备拦沙蓄洪能力时,计算分析坝的产水产沙面积是两坝控制的区间面积。

(1)对由坝体和放水建筑工程组成的"两大件"工程,或虽设置了溢洪道,但溢洪道底坎高于淤泥面的"三大件"工程,通过计算一次暴雨洪水(10年一遇设计洪水)坝地淹水深度和年泥沙淤积厚度进行保收分析。当一次暴雨洪水坝地淹水深度小于一定高度(本系统可以自行设置,一般该值为0.7 m或0.8 m)、年泥沙淤积厚度小于一定厚度(本系统可以自行设置该参数,年淤积泥沙允许厚度一般为0.3 m),认为该坝保收,否则不保收。

(2)对由坝体和溢洪道组成的"两大件"工程,溢洪道底坎低于淤泥面时,通过水文计算设计洪水标准(10年一遇设计洪水)条件下,一次暴雨洪水形成的淹水深度小于一定高度,且坝地泥沙年淤积厚度小于一定厚度时,认为该坝生产保收,否则不保收。

(3)对设置了溢洪道且溢洪道底坎低于淤泥面高程的"三大件"工程,则需要通过调洪演算确定是否保收。如果溢洪道泄洪能力能够满足设计洪水标准(10年一遇设计洪水)的要求,且坝地泥沙年淤积厚度小于一定厚度时,则认为该坝地生产保收,否则不保收。

(二)坝地淹水深度和泥沙淤积厚度计算方法

1.坝地淹水深度计算

淹水深度用下式计算:

$$d_p = \frac{FM_p}{A} \tag{4-35}$$

式中:A 为坝地已淤坝地面积,km^2;F 为坝系控制流域面积,km^2;M_p 为频率为 p 的次暴雨洪量模数,万 m^3/km^2;d_p 为坝内淹没水深,cm。

本系统采用的计算方法是:将本坝控制范围内的 10% 频率下的一次暴雨量加上本坝直到上年末的淤积量(已淤高度为 H_1)得出的结果查坝高~库容曲线得出 H_2,不同时段末的坝地淹水深度等于 H_2 与 H_1 之差。

2. 淤积厚度的计算

淤积厚度用下式计算:

$$d_s = \frac{FM_s}{\gamma A} \tag{4-36}$$

式中:A 为坝系已淤坝地面积,km^2;F 为坝系控制流域面积,km^2;M_s 为流域土壤侵蚀模数,万 t/km^2;d_s 为坝地淤积厚度,cm;γ 为淤积泥沙容重,t/m^3。

本系统采用的计算方法是:将本坝控制范围内的年来沙量加上本坝直到上年末的淤积量(已淤高度为 H_1)得出的结果查坝高~库容曲线得出 H_2,不同时段末的坝地淤积厚度等于 H_2 与 H_1 之差。

(三)坝系平衡系数

1. 坝系相对稳定的提出

坝系相对稳定的最初提法是淤地坝相对平衡,这一概念从 20 世纪 60 年代初提出,是从"天然聚湫"(山体滑崩封堵沟道形成的天然淤地坝)对洪水泥沙的全拦全蓄、不满不溢现象得到的启发,认为当淤地坝达到一定高度、坝地面积与坝控制的流域面积的比例达到一定数值之后,淤地坝对洪水泥沙将长期控制而不致影响坝地作物生长,即洪水泥沙在坝内被消化利用,达到产水产沙与用水用沙的相对平衡。目前,一些沟道已经形成坝系,为了将坝系工程的防洪安全结合起来,现在多采用"坝系相对稳定"一词。

2. 坝系相对稳定的概念

所谓坝系相对稳定,是指小流域坝系工程建设总体上达到一定规模后,通过骨干坝、中、小型淤地坝的联合调洪、拦泥和蓄水,使洪水泥沙得到合理的利用,在较大暴雨(一般为 200~300 年一遇)洪水条件下,坝系中骨干坝的安全可以得到保证,在较小暴雨(一般为 10~20 年一遇)洪水条件下,坝地农作物可以保收。此时,在一般情况下,坝地平均年淤积厚度小于一定厚度(0.3 m),需要加高的坝体工程量相当于基本农田的岁修工程量,坝系调洪蓄沙与坝体加高达到一种相对稳定的状态。

3. 坝系相对稳定的内涵

从坝系相对稳定的概念出发,对于一条小流域沟道坝系工程,要达到坝系相对稳定,必须同时实现以下几个目标。

(1)坝系防洪安全。即坝系实现在一定设计标准洪水下的安全运行。坝系的防洪安全主要由坝系中的骨干坝承担,坝系防洪标准取决于坝系中骨干坝的校核洪水标准。坝系达到设计淤积高程后,骨干坝能安全蓄泄流域坝系的设计标准洪水。

(2)坝系坝地保收。即坝系在一定频率暴雨洪水作用下,能够保证坝地农作物安全生产而不受较大损失。也就是说,在一定频率暴雨洪水作用下,坝地淹水深度和淹渍时间小于作物允许最大淹水深度和淹渍时间,实现坝地作物产量不受较大损失。

(3)坝系岁修加高坝体。即坝系由坝体年平均加高工程量相当于单位基本农田的年维修量。坝系达到相对稳定时,坝地的年平均淤积厚度小于最大允许淤积厚度(如30 cm),坝系中各单坝的年坝体加高工程量相当于一般基本农田的单位岁末修量,从而实现小流域水沙的相对平衡和坝系工程的可持续利用。

(4)小流域洪水泥沙的有效控制。即坝系中的骨干坝实现对小流域洪水泥沙的有效控制。当发生一般洪水时,泥沙淤积坝地,清水排泄;当发生坝系设计标准洪水时,洪水被骨干坝有效蓄滞,泥沙最大限度地落淤坝地,清水被排泄利用。

4. 相对稳定系数

在坝系相对稳定过程中,将流域坝系中淤地面积与坝系控制流域面积的比值称为坝系相对稳定系数。坝系相对稳定系数综合反映了流域产流产沙与坝系滞洪拦沙之间的平衡关系。小流域的产流产沙是一个极其复杂的过程,受流域地形、土壤、植被及人类活动等诸多因素的影响,不同流域、不同部位有不同的特点。但是,特定历史时期,某一土壤侵蚀类型区,各小流域产流产沙特征又有一定的相似性。这种相似性决定了坝系相对稳定系数在一定程度上也是相近的。因此,从这种意义上讲,坝系相对稳定系数是小流域径流泥沙平衡关系变化的综合反映。当流域坡面产流产沙情况基本稳定时,相对稳定系数可以反映坝地的淹水深度与淤积厚度之间的稳定关系,也可以反映坝系的防洪保收状况和稳定程度。一定的淤地面积是坝系实现相对稳定的基本条件。从形式上看,坝系相对稳定系数是一个以面积关系来表示的二维平面指标,但其内涵已远远超过平面指标的范围,体现了多维性和综合性。

在淤地坝建设的重点区域——黄土丘陵沟壑区,可采用坝系相对稳定系数对坝系的水沙综合利用能力进行评价。一般来说,当坝系相对稳定系数小于1/25时坝地难以保收;当坝系相对稳定系数达到1/25~1/20时,坝地可基本实现保收;当坝系相对稳定系数达到1/20以上时,坝地实现相对稳定,在100年一遇设计洪水条件下,坝系的保坝和保收能力达到统一。

(四)淤地坝保收能力分析模型

功能:判断某一年坝地在10年一遇的降雨频率下是否保收。

接口:某一年的坝系拓扑关系,Dam。

返回值:某一年坝是否保收。

模型建立的方法参见坝地生产保收分析方法,坝系规划系统提供了计算保收能力的两个关键参数的接口,即最大允许淹水深度和最大允许淤积厚度。保收能力分析模型见图4-65。

根据坝的属性得来的建设年份,从这个时间开始,逐年计算,得出到要考察年(及给定的某一年)时坝的淤积量,查表得到此时的淤积高度,然后用区间汇流模型得到区间洪水总量。将频率和坝系拓扑关系传给坝系洪水演算模型,得到上游坝的下泄洪水总量,将区间洪水总量与下泄洪水总量相加,再加上坝的淤积量,查表得到一个高度,用这个高度减去坝的已淤高度,判断是否超过一定高度(如0.8 m,该高度可以依据当地情况进行设置)。用区间产沙模型得到区间产沙量,加上坝的淤积量,查表得到一个高度,用这个高度减去坝的已淤高度,判断是否超过最大允许淤积厚度(如0.3 m,该厚度也可以依据实际情况进行设置)。两个都不超过的情况下,该坝保收。坝系保收能力分析报告显示见图4-66~图4-68,单坝保收能力分析报告显示见图4-69和图4-70。

得到从坝的建设年开始到给定年的淤积量，并查得已淤高度

用区间汇流模型得到区间洪水总量

用区间产沙模型得到区间泥沙量

用坝系洪水演算模型得到下泄洪水总量

区间泥沙加上淤积量查得一个高度，减去已淤高度小于某一厚度如0.3 m

假

区间洪水加上下泄洪水再加上淤积量查得一个高度，减去已淤高度小于一定高度如0.8 m

假

真

真

不保收

保收

不保收

图 4-65　保收能力分析模型

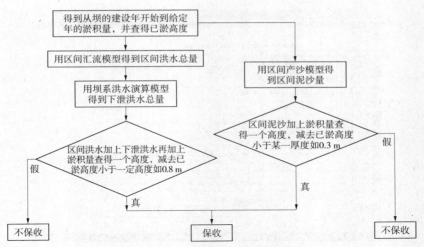

图 4-66　坝系保收动态分析显示

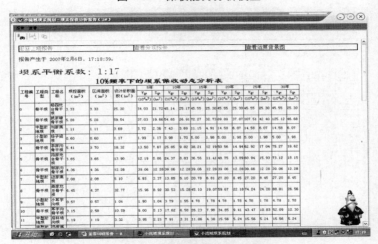

图 4-67　坝系淤积厚度计算显示

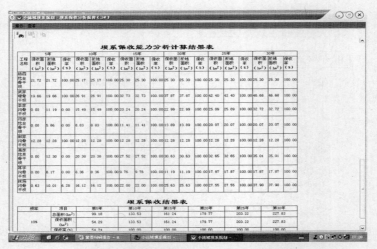

图 4-68　坝系保收能力分析计算结果显示

图 4-69　单坝保收计算显示

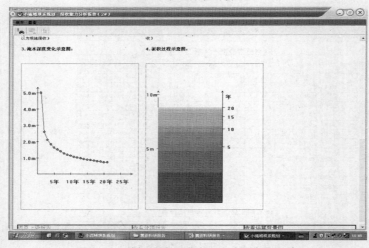

图 4-70　单坝淹水深度、淤积过程变化示意

第七节　工程设计

对拟订方案进行防洪保收分析后，如果各项指标达到规划目的，该方案就不需要进行调整了。接下来的工作就是要对该方案进行投资概（估）算。在进行投资概（估）算时需要每个坝的工程量，因此需要进行单坝设计以便确定工程量。目前实际中常见的淤地坝以两大件为主，为了便于体现软件操作，下面以一个"三大件"（坝体、溢洪道、放水建筑物）淤地坝为例介绍一下单坝设计。图4-71为单坝设计功能框架，图4-72为单坝设计成果显示。

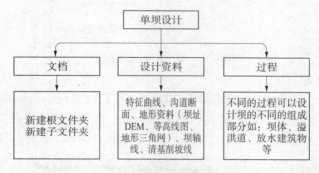

图 4-71　单坝设计功能框架

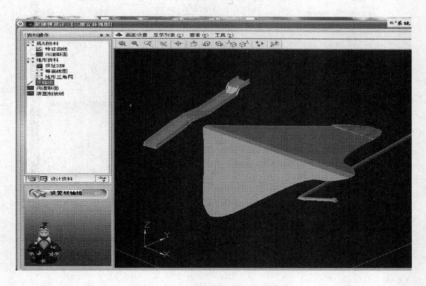

图 4-72　单坝设计成果显示

一、坝体设计

淤地坝各部件的设计是由一系列的设计过程来实现的。坝体的设计包括坝高的确定、坝体断面的设计以及三维坝体的生成。坝体设计操作框图见图4-73。

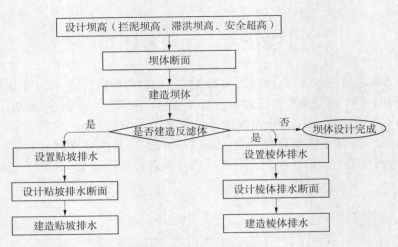

图 4-73　坝体设计操作框图

(一)坝高的确定

　　淤地坝坝高由三部分组成:拦泥坝高、滞洪坝高、安全超高。依据坝系规划系统里面的调洪演算以及相关规范可以确定这三部分的坝高。添加"计算坝高"过程,输入"拦泥坝高、滞洪坝高、安全超高"后,"运行"过程就可以确定总坝高(见图 4-74)。

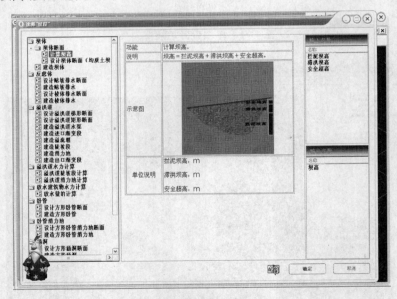

图 4-74　计算坝高过程定义界面

(二)坝体断面设计

　　添加坝体断面设计过程后,需要输入相关参数。本模块提供两种参数输入模式(见图 4-75):一种是直接提供参数值,另一种是链接到其他过程的输出。比如坝高参数的输入就可以直接链接到前面的"计算坝高"过程。坝顶宽度与坝体高度有关,坝体愈高坝顶愈宽。当坝顶有交通要求的时候,按照通行车辆的标准确定。具体宽度的选取可参考当地的骨干坝设计手册。土坝上下游边坡可以参考当地骨干坝设计手册。

运行该过程后就会弹出马道设置对话框(见图4-76)。如果设置马道,按照提示进行相关参数设置;如果不设置马道,保持空白即可。然后单击"确定"。

接下来会弹出"设置结合槽对话框",如图4-77所示。为了防止土坝与沟底结合面上透水,应沿坝轴线方向从沟底到岸坡上,开挖一二条深1~2 m,底宽1~2 m的结合槽。单击"确定"后就可以完成坝体断面的设计。

说明:进行坝体断面设计的时候,上、下游坡比如果是参照当地设计手册上给定的参考坡比值,坝体一般是稳定的。本模块目前没有提供坝体稳定性的计算过程。

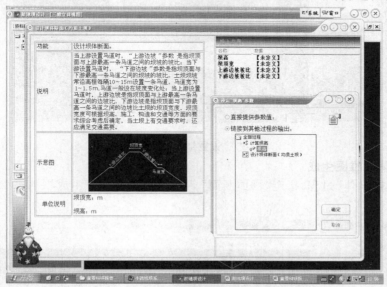

图4-75　坝体断面参数设置界面

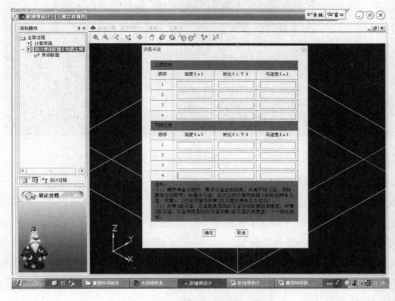

图4-76　马道设置对话框

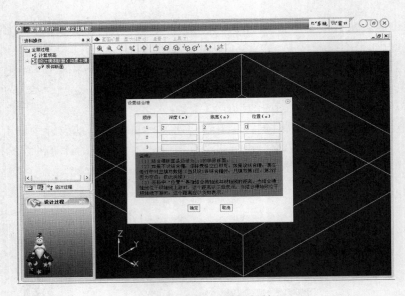

图 4-77　设置结合槽对话框

(三)坝体三维图生成

添加"建造坝体"过程,指定"坝体断面"后运行过程就可以生成坝体三维实体图(见图 4-78)。

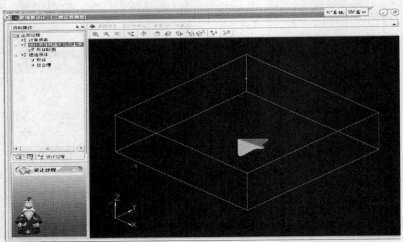

图 4-78　坝体三维设计图显示

(四)排水体(或反滤体)设计

对于淤地坝坝体,只要土料的容重大、土料的强度愈大,透水性愈小,坝体的渗水量也就愈小。另外,淤地坝工程与水库的情况不同,淤地坝工程是拦泥淤地,水库是蓄水灌溉,因此坝体内浸润线也不同。在 3 ~ 5 km² 面积的小流域,只要是没有蓄水任务的骨干工程,坝高较小时,可考虑不设排水体。但对于土坝较高,且兼有蓄水任务的工程,为了保证下游坝坡更加稳定,就要设排水体。淤地坝设计模块提供了两种排水体(或反滤体)的设计,即贴坡排水体和棱体排水体。

设计排水体需要先设计排水体断面（见图 4-79），然后再建造棱体排水体（见图 4-80）。

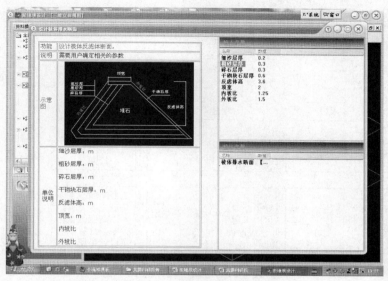

图 4-79　排水体断面参数设置界面

图 4-80　建造棱体反滤体界面

二、溢洪道设计

溢洪道由进口段、陡坡段、出口段三大部分组成。进口段又包括引水渠、渐变段和溢流堰。溢洪道各组成部分的三维实体设计需要定义各部件的轴线，然后进行相关参数设置后，运行过程就可以实现了。通过添加"定义部件参考轴线"过程，可以定义参考轴线，对定义的参考轴线可以进行相关编辑（具体操作见《坝系规划使用说明书》）。建造三维实体还需要设计各部件的进出口断面。

(一)进口段设计

进口段设计框图见图4-81。

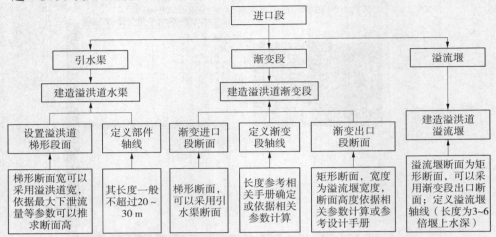

图4-81　进口段设计框图

1.引水渠

引水渠断面采用梯形断面,宽度可以采用坝系规划调洪演算确定的溢洪道宽。具体断面尺寸的确定可通过梯形断面水力计算得到。考虑到水流在引水渠中流动时会存在一定的沿程水头损失,因此引水渠的过流能力应该大于溢洪道的最大下泄流量,防止溢流堰前水头过低影响溢流堰的过水能力。

添加"建造溢洪道水渠"过程,设置水渠断面和水渠参考轴线后(见图4-82),运行过程就可以完成溢洪道进口段引水渠三维实体的建造(见图4-83)。

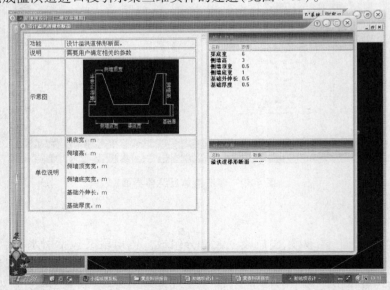

图4-82　设计溢洪道梯形断面显示

图 4-83　建造溢洪道进口段引水渠显示

2.渐变段

渐变段是由引水渠到溢流堰的过渡段,其作用是将洪水平顺地流到溢流堰中去,两侧多修成扭曲面,也可修成八字形,底部水平,其长度不得小于堰上水头的 2~3 倍。它的断面应该由梯形断面过渡到矩形断面。

渐变段轴线的定义同引水渠轴线的定义一样。渐变段进口段断面为梯形断面(可采用引水渠断面),渐变段出口断面为矩形断面,底宽采用溢洪道宽度,高度采用溢洪道高度。设计好渐变段矩形断面后,就可建造渐变段三维实体(见图 4-84)。

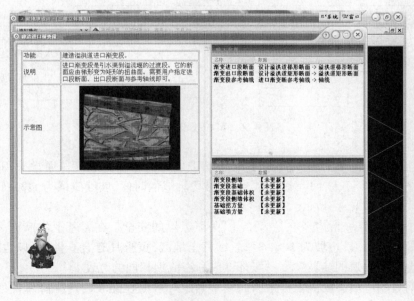

图 4-84　建造溢洪道进口渐变段界面

3. 溢流堰

定义溢流堰参考轴线,添加"建造溢流堰"过程,进行相关参数输入,运行过程就可生成溢流堰三维实体(见图4-85)。

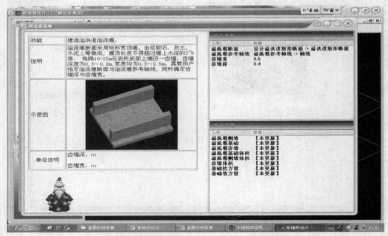

图4-85　建造溢洪道溢流堰界面

(二)陡坡段设计

溢流坝下游衔接一段坡度较大(大于临界坡度)的急流渠道称为陡坡段。在布置时应尽量使陡坡段顺直,保证槽内水流平稳。陡坡段设计框图见图4-86。

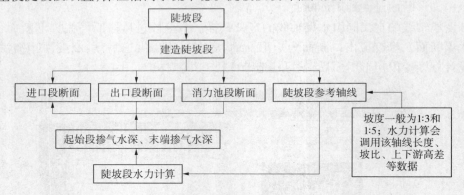

图4-86　陡坡段设计框图

1. 陡坡坡度的确定

从溢流坝下泄的水流为急流,因此陡坡的坡度应大于临界坡度。通常采用的坡度为1:3～1:5,在岩基上可达1:1。因此,定义陡坡段轴线的时候,坡度应该为1:3～1:5。

2. 陡坡横断面尺寸的确定

陡坡中流速大,一般应做在挖方中,以保证运用的安全。在岩基上的断面为矩形;在土基上的断面为梯形,边坡为1:1～1:2。在黄土地区,黄土具有直立性,所以也做成矩形断面。淤地坝溢洪道的陡坡宽度一般都做成和溢流坝相同的宽度。

陡坡两边的边墙高度应根据水面曲线来确定。水流在陡坡内产生降水曲线,随陡坡底部高程的下降,槽内水深逐渐变小。如果陡坡有足够的长度,其水深降至槽内正常水深时就不再下降了。因此,陡坡内水深的变化是属于明渠非均匀流。另外,当槽内水流流速大于 10 m/s 时,水流中会产生掺气作用,槽内水深因而要增加,这样边墙的高度应以该处的水深和掺气高度再加 0.5 ~ 0.7 m 的安全超高。

陡坡水面曲线(水深)计算在已知陡坡的坡度、宽度和边坡之后,可参考水力学中明渠非均匀流的计算方法,计算陡坡中各个控制断面处的流速和水深(即降落曲线),以便确定边墙的高度。

在淤地坝工程和小型水库中,也可采用粗略的估算,即算出陡坡起始断面和末端断面的水深,然后用直线连接起来,则得全陡坡内的水深。其估算步骤如下所述。

(1)陡坡临界水深(即起始断面水深)h_k 的计算。起始断面的水深可以认为是临界水深 h_k,对于矩形断面,可用下式计算:

$$h_k = \sqrt[3]{\frac{\alpha q^2}{g}}$$

式中:q 为单宽流量,$q = q_m/B$;α 为流速系数,一般采用 1.0 ~ 1.1;g 为重力加速度,为 9.81 m/s^2。

(2)判断是否符合陡坡条件,必须保证陡坡坡度 i 大于或等于临界坡度 i_k。

陡坡的临界坡度 i_k 由下式计算:

$$i_k = \frac{g}{\alpha \cdot C_k^2} \cdot \frac{X_k}{B_k}$$

式中:C_k、X_k、B_k 分别为相应临界水深 h_k 的流速系数、湿周和水面宽度。

(3)陡坡长度 L 的计算。

L 的计算公式为

$$L = \sqrt{P^2 + \left(\frac{P}{i}\right)^2}$$

式中:P 为陡坡始末断面的高差,m;i 为陡坡的设计坡度,以小数计。

(4)陡坡段正常水深的计算。陡坡正常水深 h_0,可采用明渠均匀流公式试算求得。首先按 $k = \frac{q_m}{\sqrt{i}}$ 算出 k 值,然后假设 h_0,计算 $k_0 = \omega C_0 \sqrt{R_0}$,当 $k_0 = k$ 时,相应的 h_0 即为正常水深。也可用下式近似计算,即

$$h_0 = \left(\frac{nq}{\sqrt{i}}\right)^{\frac{3}{5}}$$

式中:q 为单宽流量,m^3/(s·m);n 为陡坡的糙率系数。

(5)陡坡段水面曲线计算。

陡坡段的水深是沿着流程变化的,自上而下,水流速度变大,水深变浅,当陡坡相当长时,下段成为均匀急流状态,保持正常水深 h_0。这种明渠非均匀流可以能量方程为基础,从已知断面的水深推算其他断面的水深,绘出水面曲线。具体方法如下:

在陡坡段首末两端之间取若干断面,相邻两断面之间的距离为 L,可用明渠非均匀流公式计算。即

方法一　按明渠变速流公式

$$l = \frac{h_0}{i}\{\eta_2 - \eta_1 - (1 - j_c)[\phi(\eta_2) - \phi(\eta_1)]\}$$

式中：η_1、η_2 为水深比，$\eta_1 = h_1/h_0$，$\eta_2 = h_2/h_0$；j_c 为两断面之间的动能变化值，其计算式为 $j_c = \frac{\alpha \cdot i \cdot C_c^2}{g} \cdot \frac{B_c}{X_c}$；$\alpha$ 为不均匀系数，采用 1.1；B_c、X_c、C_c 分别为相应平均水深 $h_c = \frac{h_1 + h_2}{2}$ 时的水面宽、湿周和流速系数；$\phi(\eta_2)$、$\phi(\eta_1)$ 为与 η_1、η_2 及水力指数 x 有关的函数，可查表得到；x 为水力指数，$x = 2\dfrac{\lg k_c - \lg k_0}{\lg h_c - \lg h_0}$，$k_c$、$k_0$ 为相应于平均水深 h_c 及正常水深 h_0 的流量模数。

由陡坡段首端开始,首端端面的水深为 h_k（临界水深）,用以上公式依次求出各断面的水深及距离,即可绘出水面曲线。

对于临时溢洪道或非常溢洪道,陡坡段的降水曲线,亦可以采用起始端水深 h_k、末端水深 h_0,以始末水深的连线而近视地确定陡坡水面线。陡坡侧墙高度,可根据降水曲线各断面的水深加 0.5 m 超高来确定。

方法二　降落曲线 l 由下式近似估算（本模块陡坡段水力设计过程采用这种方法）

$$l = \frac{E_0 - E_k}{i - J_c}$$

式中：E_0、E_k 分别为水深 h_0、h_k 时的比能；$E_0 = h_0 + \dfrac{\alpha \cdot q_m^2}{2gw_0^2}$，$E_k = h_k + \dfrac{\alpha \cdot q_m^2}{2gw_k^2}$；$J_c$ 为平均水力坡度,$J_c = \dfrac{v_c^2}{C_c^2 \cdot R_c}$,其中,$v_c = \dfrac{v_k + v_0}{2}$,$R_c = \dfrac{R_k + R_0}{2}$,$C_c = \dfrac{C_k + C_0}{2}$；$w_0$、$v_0$、$R_0$、$C_0$ 分别为相应于正常水深 h_0 时的过水断面面积、流速、水力半径和流速系数；w_k、v_k、R_k、C_k 分别为相应于临界水深 h_k 时的过水断面面积、流速、水力半径和流速系数。

当估算的降落曲线长度 l 小于陡坡长度 L,则在此曲线段以下的陡坡段上,将产生水深为正常水深 h_0 的均匀流状态。此时,陡坡段起始断面的水深等于其临界水深 h_k,末端水深等于正常水深 h_0,陡坡上的降水曲线即可近似地以始末两断面的水深连线求得。

当估算的 $l > L$ 时,则需用明渠变速流公式计算 l 及末端水深 h_a（或 h_0）。

（6）陡坡末端端面平均流速 v_a 的计算。其计算公式为

$$v_a = \frac{q_m}{w_a}$$

式中：w_a 为相应于陡坡末端水深 h_a（或 h_0）的过水断面面积,m^2。

（7）掺气水深 h_3 的计算。当流速大于 10 m/s 时,水流中掺入空气,水深因而要增加,这样边墙的高度应以掺气以后的水深来考虑。掺气水深一般采用下式计算：

$$h_3 = \left(1 + \frac{v}{100}\right)h$$

式中：h 为未掺气的陡坡断面水深,m；v 为计算断面的平均流速。

（8）边墙高度的确定。

起始断面的边墙高：$H_1 = h_k + 0.5$,m；

末端断面的边墙高：$H_2 = h_a + 0.5$，m；

当 $v > 10$ m/s 时：$H_1(H_2) = h_3 + 0.5$，m

用直线连接 H_1、H_2，即得全陡坡边墙高。

定义陡坡段参考轴线后，通过陡坡段水力计算过程（见图 4-87）可计算出相关参数，为陡坡段进出口断面和消力池计算提供依据。图 4-88 为建造溢洪道陡坡段的界面显示。

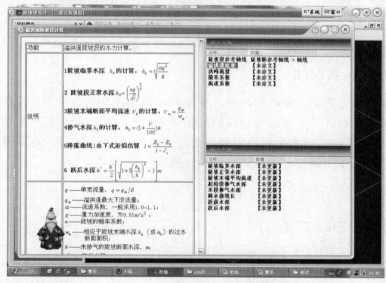

图 4-87　溢洪道陡坡段水力计算过程显示

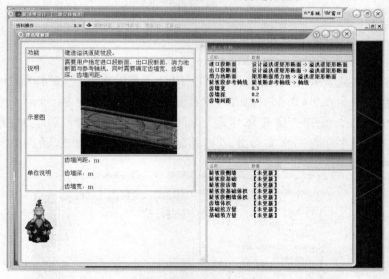

图 4-88　建造溢洪道陡坡段界面

（三）出口段设计

出口段一般由消力池、出口渐变段和下游尾渠组成。其相关操作与前面相同，在此不再介绍，仅给出出口段设计框图（见图 4-89）。

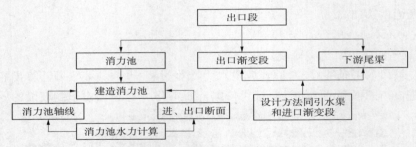

图 4-89　出口段设计框图

三、放水建筑物设计

放水建筑物主要有竖井和卧管两种。考虑到实际中使用卧管比较多,本软件提供了卧管放水建筑物的设计。对于放水建筑物的相关参数的计算,本软件只提供了放水流量的设计,关于卧管断面尺寸和卧管消力池断面尺寸以及涵洞相关参数,需要通过放水流量查当地骨干坝设计手册确定。放水建筑物设计框图如图 4-90 所示。

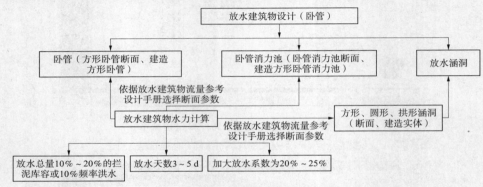

图 4-90　放水建筑物设计框图

计算卧管放水流量的时候,放水总量可取 10 年一遇洪水总量,放水天数可取 3~5 天,加大放水系数一般为 0.2~0.25。卧管放水流量设计界面如图 4-91 所示,卧管断面设计界面如图 4-92 所示,卧管三维实体建造界面如图 4-93 所示,卧管消力池断面界面如图 4-94 所示,卧管消力池三维实体建造界面如图 4-95 所示,放水涵洞的设计界面如图 4-96 和图 4-97 所示。

图 4-91　卧管放水流量设计界面

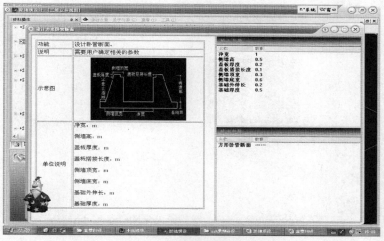

图 4-92　设计卧管断面界面

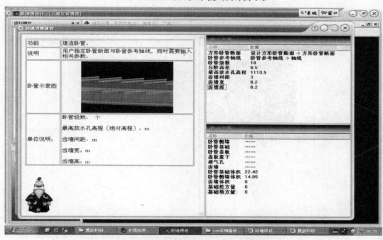

图 4-93　建造卧管三维实体界面

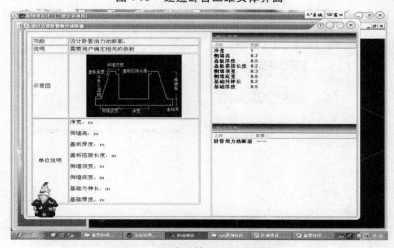

图 4-94　设计卧管消力池断面界面

图 4-95　建造卧管消力池三维实体界面

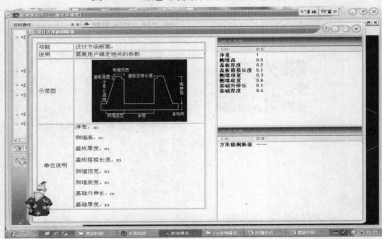

图 4-96　设计放水涵洞断面界面

图 4-97　建造放水涵洞三维实体界面

四、单坝工程量统计

完成单坝设计后,就可以统计其工程量,为概(估)算提供数据。单坝工程量表里面的数据可以直接提供,也可以链接到其他过程的输出(见图4-98)。

图4-98　单坝设计工程量表输出界面

工程量的计算是淤地坝建设的关键步骤之一。工程量的大小直接关系到项目的投资,是项目重要的参数之一,但是目前多数设计单位在坝系可行性研究阶段常采用横断面法手工计算坝体工程量,清基和削坡所涉及岸坡边界的确定是比较困难的,在计算坝体碾压土方时也相对烦琐,容易出错,效率也不高。

单坝设计工程量中最主要的部分就是淤地坝坝体工程量。计算淤地坝坝体工程量主要是计算坝体的清基土方、削坡土石方、结合槽开挖土石方以及坝体碾压土方。目前,坝体工程量计算主要有三种方法,即地形图法、横断面法和经验估算法。地形图法计算工作量较大且计算速度较慢,而经验估算法计算结果又比较粗,因此目前主要采用横断面法手工计算。横断面法与地形图法相比,计算起来更为容易。但是清基、削坡边界问题难以确定,加之计算过程仍然比较烦琐,造成工作量大,准确度相对不高,计算效率低。本软件通过三维实体计算坝体土方量,计算速度快速,结果准确。对于单坝其他部件(如溢洪道、防水建筑物三维实体)的土方量也能准确地计算,极大地提高了工作效率。

第八节　投资概(估)算

本模块是以《开发建设项目水土保持工程投资概(估)算编制规定》(水利部水总〔2003〕67号)及相应配套的建筑、安装定额为编制依据,集相关文件编制为一体,基于水土保持概(估)算管理平台化、功能模块化、系统集成化、操作个性化、智能化分析、自动化处理、灵活方便的自定义处理能力,最大程度地满足了水土保持概(估)算的业务需求。

本模块集成在小流域坝系规划系统中可以解决淤地坝坝系规划投资概(估)算,同时,本模块也可以单独使用,对水土保持生态建设工程、开发建设项目水土保持方案进行概(估)算。下面只介绍该模块在小流域坝系规划方面的应用。其操作流程见图4-99。

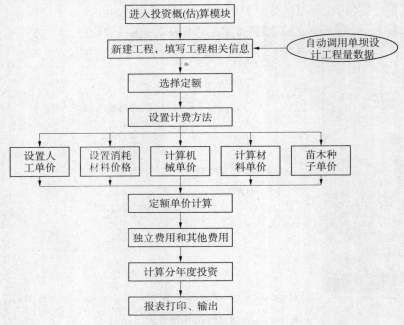

图4-99 坝系投资概(估)算模块操作流程

投资概(估)算模块的应用步骤如下。

第一步:进入投资概(估)算模块,新建工程。系统自动调用工程设计中的工程量,如图4-100所示。

图4-100 概(估)算模块自动调用单坝设计工程量数据界面

第二步:选择定额,如图4-101所示。

图 4-101　选择定额界面

第三步:设置各类措施计费方法,如图 4-102 所示。

图 4-102　设置计费方法界面

第四步:设置人工单价,如图 4-103 所示。

图 4-103　设置人工单价界面

第五步:输入消耗材料单价,如图 4-104 所示。

图 4-104　输入消耗材料价格界面

第六步:计算机械台时费。系统自动搜索所选定额中涉及的机械,计算就可以确定机械的台时费,如图 4-105 所示。

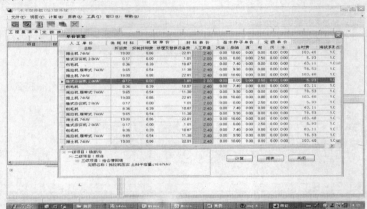

图 4-105　系统自动搜索所选定额中涉及的机械显示界面

第七步:输入所需材料单价,如图 4-106 所示。系统自动搜索所需要的材料,设置相关材料的费用后计算即可。

图 4-106　系统自动搜索所需要的材料显示界面

第八步：定额单价计算，如图4-107所示。

图4-107　定额单价计算界面

第九步：计算独立费用和其他费用，如图4-108和图4-109所示。

图4-108　计算独立费用界面

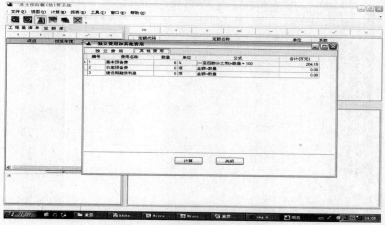

图4-109　计算其他费用界面

第十步：计算分年度投资，如图4-110所示。

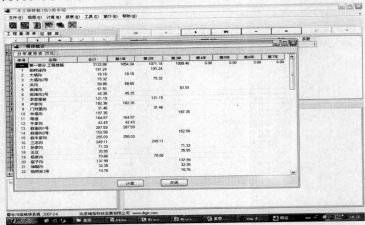

图4-110　计算分年度投资界面

第十一步：投资概（估）算报表输出，如图4-111和图4-112所示。

图4-111　计算所需报表界面

图4-112　报表输出打印界面

第九节　效益分析和经济评价

一、效益分析

效益分析模块操作流程见图 4-113。

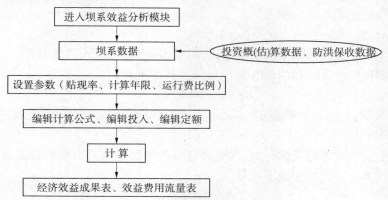

图 4-113　效益分析模块操作流程

淤地坝效益是指淤地坝投入运行后所获得的社会效益、经济效益、生态效益。本模块对坝系工程效益进行分析计算与评价,依据《水土保持综合治理计算方法》(GB/T 15744—1995)进行。坝系工程效益主要包括基础效益、经济效益、生态效益、社会效益。对项目实施后所产生的蓄水保土效益(即基础效益)和经济效益进行重点分析,对生态效益和社会效益只作简略性分析。

(一)基础效益

基础效益指淤地坝工程使暴雨形成的地表径流及挟带的泥沙就近拦蓄,以及减轻沟蚀的具体作用。基础效益主要计算蓄水保土效益。计算公式如下:

$$W_{拦} = F \times E \times N$$

式中:$W_{拦}$ 为坝系工程拦泥量,万 t;F 为控制面积,km^2;E 为小流域平均年侵蚀模数,万 $t/(km^2 \cdot a)$;N 为淤积年限,a。

$$V_{蓄} = F \times h$$

式中:$V_{蓄}$ 为坝系工程建成后年蓄水量,万 m^3;F 为控制面积,km^2;h 为流域平均年径流量,万 m^3/km^2。

(二)经济效益

淤地坝的经济效益包括直接经济效益和间接经济效益。直接经济效益主要有种植效益、养殖效益、灌溉效益、防洪保护效益。间接经济效益指拦泥效益。分别采用静态和动态两种方法进行计算。通过对淤地坝产出物定额及单价实地调查分析,确定淤地坝投入产出定额及单价,按照数量计算其经济效益。为了便于计算统一的综合价格,各种投入产出物价格均按市场现行价格确定。淤地坝单位面积投入产出量,根据典型小流域调查结果,结合项目区及统计局等有关部门的调查、统计和规划资料,进行综合分析比较确定。

1. 直接经济效益

1）坝地种植效益

坝地种植效益的计算公式如下：

$$B_1 = F_1 \times \eta \times q \times p + F_2 \times \eta \times q_1 \times p_1$$

式中：B_1 为计算年种植效益，元；F_1 为粮食作物面积，hm^2；F_2 为经济作物面积，hm^2；η 为利用率，%；q 为粮食作物单产，kg/hm^2；q_1 为经济作物单产，kg/hm^2；p 为粮食作物单价，元/kg；p_1 为经济作物单价，元/kg。

2）养殖效益

淤地坝工程建成后前期按水库考虑，若可蓄水养鱼，应计入养鱼效益。经典型调查，养鱼效益面积可按设计面积的50%计。计算公式如下：

$$B_2 = F \times 50\% \times q \times p$$

式中：B_2 为养殖效益，元；F 为养殖面积，hm^2；p 为养殖产品单价，元/kg；q 为养殖单产，kg/hm^2。

3）灌溉效益

骨干坝前期以水库形式运行，在建成第二年就可以蓄水。一般按有灌溉产量与无灌溉产量对比计算。计算公式如下：

$$B_3 = f \times \Delta q \times p$$

式中：B_3 为灌溉效益，万元；Δq 为增产产量，kg/hm^2；f 为灌溉面积，hm^2；p 为单价，元/kg。

4）防洪保护效益

骨干坝对下游耕地、坝地可以起到防洪和保护作用。所以，防洪保护效益可以在工程的淤积年限内，按工程可保护耕地面积计算。计算公式如下：

$$B_4 = F_e \times \eta \times q \times p$$

式中：B_4 为防洪保护效益，元；F_e 为保护耕地面积，hm^2；p 为增产产量，kg/hm^2；q 为单价，元/kg；η 为灾害率，%。

2. 间接经济效益

淤地坝减少泥沙的间接效益，根据上游减少的下泄泥沙量，替代下游节省的清淤及加堤费用的方法进行计算。计算公式如下：

$$B_5 = \Delta W_s \times q_5$$

式中：B_5 为拦泥效益，万元；ΔW_s 为淤地坝总拦泥量，万 t；q_5 为单价，元/t。

对于经济效益部分，本系统效益分析模块已经编好了常见的公式和效益计算定额。有些工程可能还有其他经济效益，如供水效益、旅游效益等，本系统目前没有制作这方面的定额。本系统提供了计算公式以及定额的接口，用户可以自己制作相关定额。

（三）生态效益

淤地坝工程生态效益主要体现在淤地坝建成运行后，调节河川径流，改善水环境，调节区域温度、湿度和降雨等小气候。同时，使荒沟变良田，促进退耕还林和封山禁牧，使生态环境得到改善。

（四）社会效益

淤地坝工程社会效益主要表现为淤地坝建成运行后，可能减轻各种自然灾害造成的损失和促进社会进步等。减轻损失主要包括减少水土流失，避免干旱、风沙造成的经济损失等。促进社会进步主要表现为改善农业生产条件、增加高产稳产农田、改善人们生存环境、拉动内需、带动区域经济发展等方面。

对于坝系规划的生态效益和社会效益本软件只是提供相关基础数据,具体定性分析说明需要用户自己进行。

效益分析操作步骤如下:

第一步:进入效益分析模块,效益分析模块自动调用投资概(估)算数据和坝系规划主模块数据(见图4-114)。

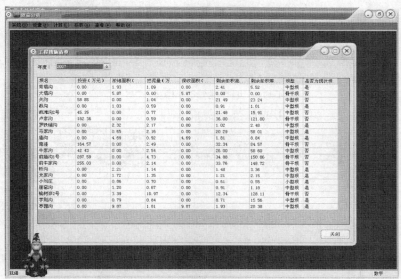

图4-114　效益分析自动调用投资概(估)算、防洪保收分析数据界面

第二步:设置系统参数(贴现率、计算年限、运行费比例)(见图4-115)。

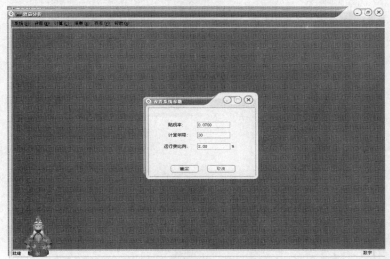

图4-115　设置系统计算参数界面

第三步:依据所要计算的效益,编辑或修改相关计算公式(见图4-116)。

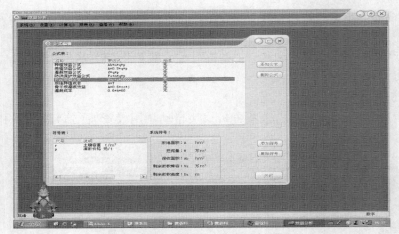

图 4-116　编辑或修改相关公式界面

第四步：编辑投入定额（投工或种苗）（见图 4-117）。

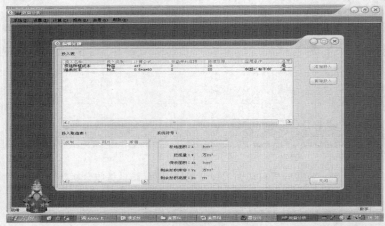

图 4-117　编辑投入定额界面

第五步：编辑效益计算定额（见图 4-118）。

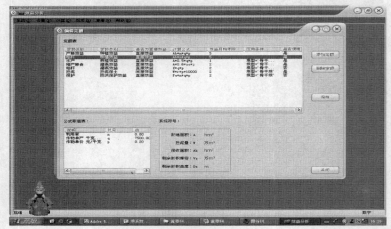

图 4-118　编辑效益计算相关定额界面

第六步:计算。通过主菜单"计算"就可以对坝系布局方案进行效益分析,其成果见图 4-119 和图 4-120。

图 4-119　坝系经济效益成果表显示界面

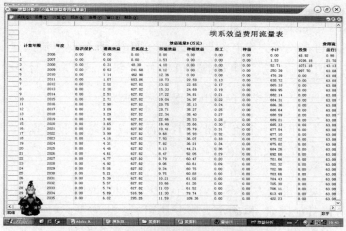

图 4-120　坝系效益费用流量表显示界面

二、经济评价

经济评价操作流程见图 4-121。

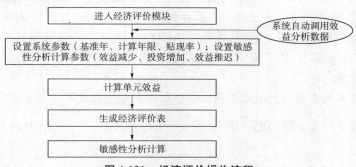

图 4-121　经济评价操作流程

水土保持生态建设项目具有十分明显的社会公益性,其社会经济效益远远超过项目的财务收入。因此,坝系规划工程经济评价着重进行国民经济方面的分析,分析计算项目全部费用和效益,考察项目对国民经济所作的贡献,以评价项目的经济合理性。

经济评价依据《水利建设项目经济评价规范》(SL 72—94)、《水土保持综合治理效益计算方法》(GB/T 15774—1995)、《建设项目经济评价方法与参数》等规范中的要求和方法,分别采用静态分析和动态分析方法进行计算。经济效益除计算坝系工程建设所形成的新增坝地的种植效益和保护效益外,还计算坝系工程建设后,减少下游河道淤积所产生的间接效益。

对坝系工程建设涉及的各项投入及产出的效益,在分析时均折算为货币形式表示,便于计算机定量分析。

(一)经济分析的主要指标及其计算方法

1. 贴现率

根据《水利建设项目经济评价规范》,水土保持项目是以减少泥沙、恢复生态环境为主要目的,属社会公益性建设项目,在进行经济评价时,选用7%的贴现率。本系统提供贴现率设置对话框。

2. 净现值 NPV(Net Present Value)

净现值是指项目在投资方案有效期内或研究期内,所有现金流入量的现值总和与所有现金流出量的现值总和之差。净效益现值越大,经济上越有利。计算公式为

$$NPV = \sum_{i=1}^{n} \frac{B_t - C_t}{(1 + i)^t}$$

式中:B_t、C_t 分别为第 t 年的现金流入量和年运行费;i 为基准收益率;n 为投资和施工涉及的年限(即项目的寿命或使用年限)。

1)净现值在方案评价中的作用

当 $NPV < 0$ 时,说明投资方案不可行;当 $NPV = 0$ 时,说明投资方案达到目标收益率,应视具体情况,考虑其他因素,再确定方案是否可行;当 $NPV > 0$ 时,说明投资方案可行,不亏损,但它并不说明单位投资最佳。这时可以进行多方案比较,净现值最大的为最优。所以,要选择净现值最大的方案进行投资。

2)净现值在方案选择中的应用

用净现值对投资项目进行多方案比较选优时,有效期或研究期必须相同,方案中所有货币资金都要采用相同的基准贴现率 i 折算到同一基准年,对应于最大净现值的方案为最优。当各方案的有效期不一致时,计算分析期尽可能与经济寿命较长的方案一致。一般情况下,在互斥方案中,最好采用净现值进行评价。

3. 静态回收期

静态回收期不考虑资金的时间价值。等于年净产值之和大于等于零的年限(从实施年开始各年净产值之和大于零的那一年)。即当 t 满足公式 $\sum_{i=1}^{n} (B_t - C_t) = 0$ 时所对应的 t 值。

4. 动态回收期

动态投资回收期是考虑资金的时间价值的投资回收期。按贴现法将投资方案历年所

支出的费用 C 和所得到的收益 B 均折算成现值后,即可确定动态投资回收期。因此,该方法是以投资回收期作为衡量投资方案经济效益的指标,并能揭示投资方案偿还能力的一种方法。

即当 t 满足公式 $NPV = \sum_{i=1}^{n} \dfrac{B_t - C_t}{(1+i)^t} = 0$ 时所对应的 t 值。

5. 内部收益率 IRR(Internal Rate of Return)

IRR 是投资方案在有效期或研究周期内,当所有现金流入的现值之和等于现金流出之和时的收益率,即累计净现值等于零时的收益率或贴现率。内部收益率大于等于社会折现率且其数值越高时,说明工程经济可行性越好。

内部收益率的计算可以理解为满足下面等式的折现率 i,即 $NPV = \sum_{i=1}^{n} \dfrac{B_t - C_t}{(1+i)^t} = 0$ 时对应的 i 值。

1)内部收益率对方案评价的作用

以符号 IRR 表示内部收益率,若 i 是基准收益率(或贴现率),则:

当 $IRR > i$ 时,接受投资方案;

当 $IRR < i$ 时,拒绝投资方案;

当 $IRR = i$ 时,投资是两可的。在大多数(不是全部)情况下,IRR 和 NPV 会产生相同的投资建议。也就是说,在大多数场合下,若根据 IRR 判定投资方案有吸引力,则它有正的 NPV,反之亦然。

2)内部收益率在方案比选中的应用

内部收益率法的优点是可以预知工程方案未来可以带来多大的回收率(报酬率),从而可以确定科学的筹资来源和贷款利率。如果是几个独立方案之间的比较,则可以认为回收率最高的方案其经济效益最好。

6. 效益费用比 BCR(Benefit-Cost Ratio)

BCR 是指项目在整个寿命周期内,收益的现值和成本的现值之比,亦即现金流入现值与现金流出现值之比。计算该指标的时候,考虑资金的时间价值,把效益 B 和费用 C 都折算到基准年的值然后再计算其比值。其计算公式如下:

$$BCR = \dfrac{\sum_{i=1}^{n} \dfrac{B_t}{(1+i)^t}}{\sum_{i=1}^{m} \dfrac{C_t}{(1+i)^t}}$$

式中:BCR 为费用效益比;i 为基准收益率或贴现率。

(二)敏感性分析

按照《水利经济计算规范》中的要求,对项目进行了不确定因素影响分析。由于项目自身的特点,决定了对于建设过程中可能出现的各种自然灾害、人为因素、原材料和劳力价格波动、工期延长等因素都会对项目建设产生较大影响,因此分四种情况对项目进行敏感性分析:①效益减少 20%;②投资增加 10%;③效益推迟 2 年;④投资增加 10% 且效益推迟 2 年。

本系统提供敏感性参数设置接口,用户设置相关参数后,软件自动计算出各种情况下的内部收益率和净现值。

经济评价模块操作步骤如下:

第一步:进入经济评价模块,该模块会自动调用效益分析数据(见图4-122和图4-123)。

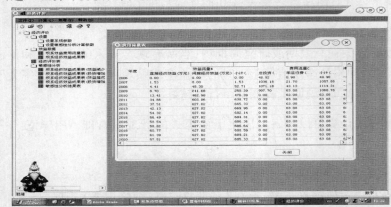

图4-122　自动调用效益分析相关数据(费用流量表)界面

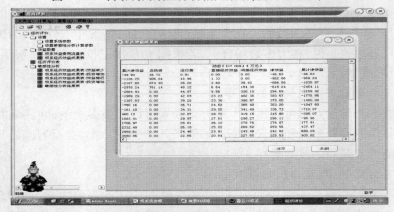

图4-123　自动调用效益分析模块数据(经济效益成果表)界面

第二步:设置系统参数(基准年、计算年限、贴现率)。系统参数设置界面见图4-124。

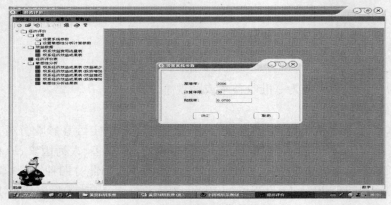

图4-124　设置系统参数界面

第三步:设置敏感性分析参数。敏感性分析所需参数设置对话框见图4-125。

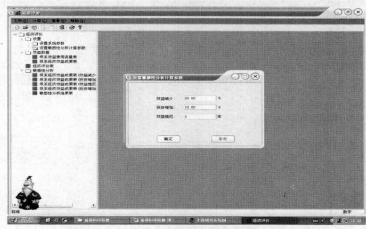

图4-125　设置敏感性分析计算参数对话框

第四步:计算。进行相关计算后,就可以得到经济评价表(见图4-126)和敏感性分析的相关成果(见图4-127～图4-131)。

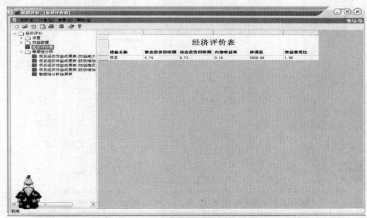

图4-126　经济评价表界面

图4-127　经济效益成果表(效益减少20%)界面

图 4-128　经济效益成果表（投资增加 10%）界面

图 4-129　经济效益成果表（效益推迟 2 年）界面

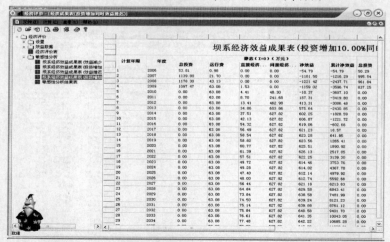

图 4-130　经济效益成果表（投资增加 10% 同时效益推迟 2 年）界面

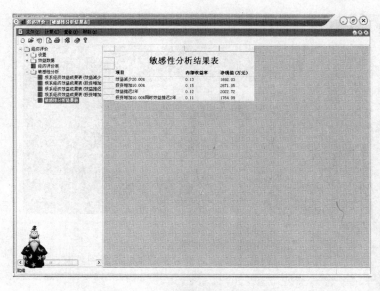

图 4-131　敏感性分析结果表界面

第十节　成果输出

一、坝系规划成果图输出

本系统自动生成的图除可以直接复制粘贴到 Word 文档里外(见图 4-132),还可以导出为 AutoCAD 的 * . dxf 的格式。如坝高～库容和坝高～淤地面积曲线(见图 4-133)、沟道断面图(见图 4-134)和坝系布局图(见图 4-135)等。

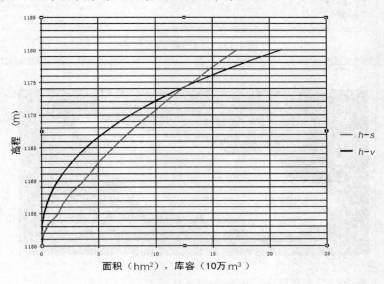

图 4-132　特征曲线直接复制到 Word 文档界面

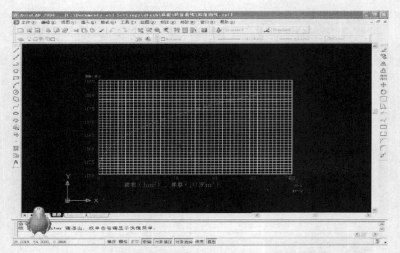

图 4-133　坝高～库容、坝高～淤积面积曲线图界面

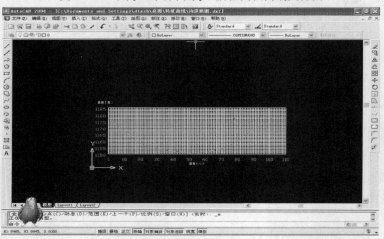

图 4-134　沟道断面图界面

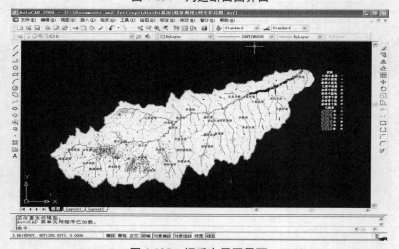

图 4-135　坝系布局图界面

二、坝系规划成果报告输出

本系统在设计过程中提供了详细的设计报告,这些报告都可以直接复制粘贴到 Word 文档中。

1. DEM 查询报告

DEM 查询报告界面见图 4-136,提供了整个流域地形的统计资料,其数据可以直接复制到坝系规划报告中。

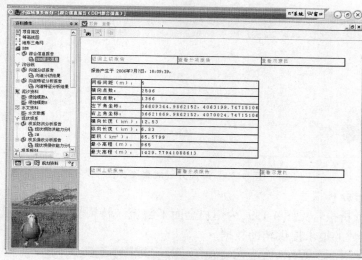

图 4-136　DEM 查询报告界面

2. 沟道分级报告

沟道分级报告是坝系规划报告中必不可少的部分,本系统自动生成的沟道分级报告(见图 4-137)及其分级成果图(见图 4-138)可以直接复制到坝系规划报告中。

图 4-137　沟道分级报告界面

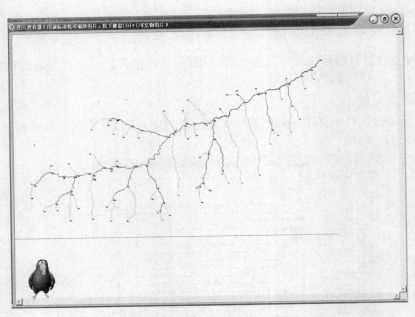

图 4-138　沟道分级成果图界面

3. 沟道特征分析报告

沟道特征分析报告见图 4-139,为用户全面了解流域特征提供详细的统计数据,也可为洪峰、洪量模数的推求提供辅助数据。

图 4-139　沟道特征分析报告界面

4. 现状坝系防洪能力分析报告和现状坝系保收能力分析报告

这两个报告(见图 4-140 和图 4-141)为坝系规划报告中淤地坝现状与分析一章提供详细的数据。

图4-140 现状坝系防洪能力分析报告界面

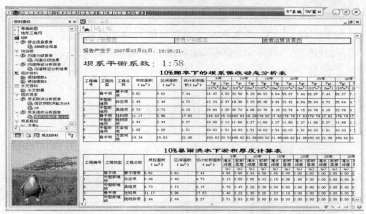

图4-141 现状坝系拦收能力分析报告界面

5.坝系布局方案建设规模统计报告

坝系布局方案建设规模统计报告(见图4-142),为坝系规划报告编写时提供相关数据,也便于进行方案比选。

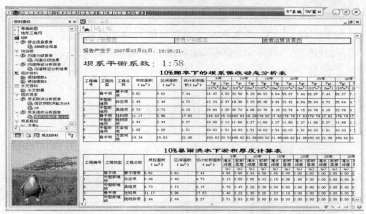

图4-142 坝系布局方案建设规模统计报告界面

6. 坝系布局方案的防洪能力和保收能力报告

这两个报告(见图 4-143 和图 4-144)为坝系规划报告中对不同方案进行比选时提供防洪、保收方面的数据。

图 4-143　坝系布局方案防洪能力分析报告界面

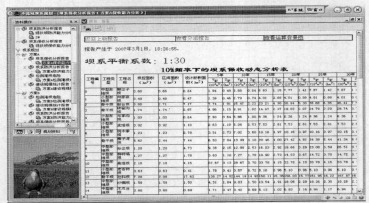

图 4-144　坝系布局方案保收能力分析报告界面

7. 方案比选结果

图 4-145 所示的方案比选结果为坝系规划不同方案之间进行比选提供直接的数据支撑。

图 4-145　坝系布局方案比选结果界面

8. 单坝水文计算的数据

单坝水文计算的数据(见图4-146),为典型设计坝高的确定提供详细的计算数据。

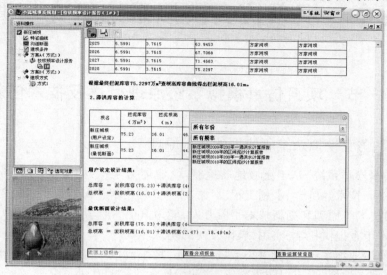

图 4-146　单坝水文计算报告界面

第五章　坝系仿真模拟系统研究与开发

第一节　坝系仿真模拟系统原理概述及技术创新

一、坝系仿真模拟系统所依据的技术原理

"坝系仿真模拟系统"基于流域地质地貌学、流体力学、结构力学、土力学、工程水文学、生态经济学、技术经济学、水利工程设计技术、"3S"技术、CAD技术和三维模拟仿真技术、软件工程技术等原理和高新技术手段开发,能为黄土高原坝系规划设计以及坝系规划设计方案技术审查提供科学、实用、操作方便的模拟环境。

黄土高原淤地坝系统,一般以小流域为单元,在小流域中配置一系列骨干淤地坝、中型淤地坝、小型淤地坝,形成以防洪减灾、拦泥淤地为目标的有机系统。

传统人工方式进行坝系规划,无法对坝与坝之间的影响、坝系建设对流域水、沙再分配情况进行分析,只能根据水文学原理和经验进行估计,规划设计工作量大、精度低。

本项研究利用计算机软件技术模拟坝系真实环境,针对坝系规划设计各环节的任务,应用了不同的理论与技术。

(1)在坝系布局(数量、规模、分布)方面,综合运用DEM(数字高程模型)和DTM(数字地形模型)、三维虚拟仿真技术、工程水文模型,在此基础上独创了基于DEM的区间水文分析模型和坝系时空拓扑模型。实现了在1∶10 000的DEM上自动提取沟道、小流域边界、区间汇水面积、沟道断面、流域分级、沟道分级等专题图表,动态分析沟道比降、淹没损失、坝系洪水泥沙再分配过程、建坝潜力、保收能力等,为坝系布局提供了强有力的技术平台。该技术可同时为水库调洪分析提供底层技术支持。

(2)在坝址选择方面,综合利用地质地貌学、生态经济学原理与方法。

(3)在坝体典型设计方面,把流体力学、结构力学、土力学、工程水文学、水利工程设计技术模型与DEM模型有效集成,各项设计参数直接从三维地形上分析计算,生成满足工程施工的二维设计图,其结果与CAD实现无缝集成。

(4)在软件开发方面,运用软件工程的原理与方法,保证产品的科学实用性和产品的可靠性。

二、坝系仿真模拟系统研究中的创新

坝系仿真模拟系统采用面向对象的开发技术,围绕小流域淤地坝建设中的各项业务设计与开发。把小流域淤地坝布局模拟功能、水文计算及泥沙分析的功能、单坝三维模拟演示功能等一整套工作,通过与GIS技术有机结合,实现计算机数字化模拟,经过三年多的研究和市场运行,其技术的先进性创新点可概括如下。

（一）技术创新

1. 坝系时空拓扑模型

在工程水文学、数字地形模型、坝系规划和淤地坝设计的理论与方法指导下，研究开发了坝系时空拓扑模型。在对现状坝系或规划方案进行运算、分析过程中全面考虑了建坝时序、坝系运行发展的综合影响，对坝系建设引起的水沙再分配自动分析，内部自动根据分析的前提条件而进行时空拓扑处理，运算结果准确可信，解决了计算机辅助进行坝系规划的关键技术难题。

该模型具有如下特点：

（1）该模型不仅仅是基于空间、时间的模型，而且是基于分析的前提条件的模型。

（2）规划方案对该模型能够形成直接的驱动。例如当发生增加或删除坝、调整坝址、调整建设年份或变更坝型等一切导致规划方案有变更情况时，模型能立即反映这种变更。

（3）DTM对该模型能够形成直接的驱动。建立拓扑时需要分析任意两座坝的上下游关系，上下游关系来源于水文分析结果，水文分析结果又源自DTM。当用户通过修改等高线等方式修正DTM时，系统能自动检测到"坝系拓扑模型"已失效并进行重建。因此，"坝系仿真模拟系统"提出并实现的"坝系时空拓扑模型"，是以空间、时间、分析条件、规划方案、DTM为前驱因素动态构建并由计算机自动实现的一种模型，它不仅保证了系统的分析运算逻辑紧扣坝系规划、淤地坝设计的理论和规范，而且使得用户在使用系统时不必遵循按部就班的操作步骤，也不存在当基础资料发生改变时必须重新输入规划数据的问题，是非常符合业务要求的。

2. 区间水文分析模型

坝系规划业务依赖复杂的水文模型，包括划分流域、提取沟道、沟道分级、分析沟道比降、建立任意两个地点的上下游拓扑关系、在任意汇流地点处提取汇水区间（全部区间或扣除了上游汇流地点的区间）、计算指定范围的洪水数据、计算指定范围的泥沙数据、计算淹没范围等。

虽然众多的GIS软件早已实现了各种水文模型，然而，这些模型都是通过单项功能提供的，而且使用这些功能得到的数据也不是坝系规划业务上直接需要的数据，所以如果要在设计坝系建设方案时使用这些常规的基本功能的组合来辅助分析、计算，显然会极其费力。决定这些传统模型不适用的更关键因素还在于坝系规划业务自身的特殊要求，如：在对规划方案进行设计的过程中经常需要做出频繁调整，除可能对规范方案本身进行调整外，还可能对流域的水文、泥沙基础资料或其计算方式进行调整；为满足考察坝址或对方案进行分析、计算的需要，仿真模拟系统必然要具有在给定的汇流地点进行水文分析的功能（而不能仅限于对全流域的分析），并且分析时必须能够任意假设可扣除的上游汇流地点。

在坝系仿真模拟系统中实现的水文分析模型简称"区间水文分析模型"。这个模型的主要特点是：

（1）基于"区间"。此处的区间包括两种，一为在给定的汇流点处的全部汇水范围，二为在给定的汇流点处并扣除了一个或多个上游汇流点的部分汇水范围。因为第一种范围可当作第二种范围的特殊情况处理，所以通称为"区间"。

（2）基于"矢量运算"。GIS 软件的水文模型多基于栅格实现，而本系统对用户开放的水文模型都是基于矢量实现的。例如提取的汇水范围、淹没范围是三维空间中的闭合多边形，提取的沟道是三维空间中的多线段，坝址是三维空间中的点。在进行水文计算、分析时，是使用多边形、多线段或点直接参与运算，而不是用栅格数据参与运算。

（3）受业务模型直接驱动。例如当电子勘查坝址时，或对规划方案进行分析、计算时，考察所用的假想范围或坝系拓扑就是模型的驱动条件；又如，当提取沟道、分析沟道比降时，默认的起始上游点是在流水网络上根据业务设定的一个汇水面积值而分析出来的。因此，这些模型是受业务模型直接驱动的。

（4）受 DTM 直接驱动。模型的"本底数据"是流水网络，当用户通过修改等高线等方式修正 DTM 时，系统能自动检测到流水网络已失效并自动更新，通过传递关系，模型也能随之被更新。

（5）洪水或泥沙数据的计算模型是可配置的。实际工作中，在洪水、泥沙计算时各地采用的方法不尽一致，此外往往需要使用不同来源的数据进行分析、比较，然后选择出较合理的一套。

（二）功能创新

坝系仿真模拟系统可同时支持三维环境下小流域淤地坝坝系规划设计阶段和评审阶段工作。全面支持三维虚拟环境中的交互式规划、设计，流域级别、单坝级别的模块都采用了三维窗口作为主视图。

1. 可在三维仿真模拟环境下布坝

系统提供能对坝址进行"虚拟考察"的三维仿真环境，可以模拟真实布坝方法快速找到理想的布坝位置，可对坝址处的汇水范围、淹没范围、沟道比降、特征曲线、沟道断面等五项内容进行分析；还能结合现场考察对建坝条件进行记录结果以图形、表格等方式展现给用户。

在初定坝址时，系统能立即概要地提供汇水范围、淹没范围、沟道比降的信息，用户可选择进一步对五个项目进行细致分析；在调整坝址时，用户上次设定的分析条件，如扣除的上游坝、淹水深度等参数，将被自动用于进行新的分析，这使得用户通过调整坝址来调整一个或多个指标的过程将会很省时省力。对每个坝址，系统还提供"现场考察"笔记模板，用户可以在现场考察时记录岩性、沟道形状、交通、取土、群众意见等建坝条件。

2. 同一个布坝点可包含于多个规划方案

坝系仿真模拟系统不仅能够管理多个规划方案，而且在同一个布坝地点能够容纳多个"建坝方式"，因而对某个规划方案而言，在某个布坝地点可以不建坝，也可以选择按某种方式建坝；对两个规划方案而言，在该布坝地点可以使用同样的方式建坝，也可以使用不同的方式建坝，或者其中一个建坝而另一个不建坝，或者都不建坝。总之，这为用户提供了一种在单个点上调整规划方案的极大便利，加快了用户对方案进行设计、优化的过程。

3. 典型设计可在三维环境进行

坝系仿真模拟系统支持"典型设计"，即能够在三维虚拟环境中对淤地坝单坝进行部件设计。系统能够对坝体、放水建筑物、泄水建筑物等"大件"进行设计。这些设计是"组合式"的设计,即用户可首先选择"大件"的各个功能构件的形式,如溢洪道的引水渠可选用梯形断面,也可选用矩形断面,或不设引水渠,然后进行构件设计和布置,最后各个构件再组成"大件"。"典型设计"模块中构件的设计和布置是在三维虚拟环境中交互完成的,即用户首先在三维虚拟环境中添加并摆放构件的"参考轴线",然后给定其他参数,由系统进行计算并在计算完成后生成构件的三维实体部件显示在三维虚拟环境中,用户再对照计算结果和显示的图形作进一步检查、调整。

(三)应用创新

坝系仿真模拟系统综合应用了流域地质地貌学、流体力学、结构力学、土力学、工程水文学、生态经济学、技术经济学、水利工程设计技术、"3S"技术、CAD 技术和三维模拟仿真技术、软件工程技术等原理和技术方法,在上述技术应用中形成了自己的技术特点。

1. 设计开发思路与技术方案的先进性

(1)软件开发是 GIS、RS、GPS、CAD 与水土保持业务有机的结合,目标是把传统的坝系规划业务借助计算机来完成,显著提高了水土保持行业的工作效率和质量。

(2)软件开发以实际业务需要为根本出发点,结合实际,方便应用。

2. 开发过程的科学严谨性

软件开发是在前期深入理论研究的基础上进行的。黄河上中游管理局已持续多年对坝系规划及淤地坝设计的理论、技术规范和工作动态进行紧密跟踪,同时深入实地开展软件研发。因此,作为其研究成果,坝系仿真模拟系统不仅在技术上实现了多项突破,而且具有强大、丰富的功能和实用、方便的特点。

为使软件达到实用化、科学化的目的,并使软件在黄土高原坝系建设项目区顺利推广,在软件总体设计时广泛征求多年从事黄土高原坝系建设的管理、设计、施工专家及业务人员的意见和建议,并充分征求水土保持行业的管理者、各层技术工作者的意见,经反复论证,确定了系统的总体结构和功能。它是在 GIS 技术、计算机技术、网络技术、水土保持技术迅猛发展的形势下,为了适应淤地坝项目建设的需要而设计开发的。因此,软件开发目的明确、针对性强、适用性强,软件在试推广和测试应用中已得到了初步验证。

在坝系规划业务中推广"3S"技术不是这三种技术本身,而是水土保持管理工作的信息化、自动化、智能化、高效化的"四化"进程。"3S"技术发展在水土保持领域的热点:一是集成,二是网络,三是智能。

软件开发过程严格按 ISO 质量管理体系进行,同时正在导入 CMM 开发管理模式,使软件的质量、性能得到保证。

软件开发过程中,组织研发人员多次进入黄土高原坝系建设区进行实地考察与经验交流,确保设计和开发的系统功能完善、操作简单。

3. 此项成果填补了我国水土保持专业应用 GIS 的空白

小流域淤地坝项目建设是在黄土高原地区,工作环境艰苦,因此基层工作人员计算机水平普遍不高。淤地坝工程设计本身就涉及多学科、多部门,其专业技术很复杂,需要考虑的因素较多。

在这种背景下开发这样的软件必须考虑以下问题:软件销售价格应该适中,相关业务部门及设计单位能够承受软件的费用,以保证经济上具有可行性;软件所需的硬件设备较低,在一般计算机上即可使用;软件应用运行成本较低,在持续使用过程中不需要太多的投入;软件操作简单,一般的水土保持专业人员可以很快熟练使用;软件实用性强,能够解决生产中的实际问题,以保证软件的生命力;软件中的模型及参数必须有较大的灵活性和通用性,以满足黄土高原不同地区的需要;水土保持技术不断发展,软件升级周期较短,必须在软件开发技术上深入研究,降低升级成本。因此,开发该类业务针对性强的 GIS 软件,不仅需要对"3S"技术、计算机技术、网络技术进行研究,还需要对淤地坝坝系建设进行深入研究。软件开发的难度较大。

坝系仿真模拟系统基于"3S"技术和三维模拟仿真技术等高新技术和手段开发,实现了"3S"技术、CAD 与水土保持专业的系统集成,实现了水土保持业务智能化、标准化、规范化。无需借助任何第三方软件即可完成小流域淤地坝坝系规划设计阶段和评审阶段的工作。这一成果填补了我国水土保持专业应用 GIS 的空白。

第二节　坝系仿真模拟系统建立流程

三维实体模拟的建立是整个虚拟场景建立的基础,模型的建立主要分三维地形的建模和其他三维实体,如建筑物、动植物、交通工具等的建模工作。这些模型建立的合适与否将直接影响虚拟场景的可视化效果和系统的运行速度,而建模工作自动化程度的高低也将和整个系统的开发周期与工作量紧密相关。

虚拟现实技术强调的是具有"沉浸感"的逼真显示和实时互动的效果,而逼真显示与实时互动两者对计算机硬件提出了很高的要求。特别在流域信息系统应用方面,许多情况下都需要处理大面积地形,众多地物的显示问题,庞大的数据量对硬件的要求是无止境的,因此对所有实体都逼真显示的想法是不现实的,也不必要。在现有硬件水平的基础上,这一对矛盾聚焦于建模技术,而解决的方法便归结于模型的多重细节技术(LOD)和三维景观数据库技术。

在虚拟现实大范围的场景内,三维模型的数量很多,但大部分离视点很远,实际观察到的细节比较粗,可以用粗略模型代替,以减少总的计算量。在小范围的场景内,三维模型的数量会很少,虽要求很精细,但总的计算量不多,这就解决了视点在不同范围内模型计算量不平衡的问题。这种模型替代和切换的思想便是多重细节技术的基础。多重细节的构造包括单独的三维模型的多重细节、连续地形的多重细节、高精度影像贴图的多重细节。对于单独的三维模型,多重细节比较容易实现,它只需用不同精细程度的模型进行替换;对于连续地形的多重细节通过简单的替换是不行的,还需考虑连续地表距视点的远近而表现出来的精细程度的不同,这就需要将地形分层分块来构造多重细节,达到降低计算量的目的;为了真实再现地表景观,常常采用高精度的遥感影像作为地表贴图,这些遥感影像的数据量很大,所以对于遥感影像也要采用类似于地表模型的多重细节技术。

在本系统中,输入遥感影像和在数字地形图上已确定的坝系规划方案,自动绘制坝的集水区域,计算坝控面积。根据坝高～库容、坝高～淤地面积关系曲线和多年平均输沙模数,系统自动计算各坝在运行第 1、2、3、…、20 年后的淤积量。坝系运行到不同年时,我们可以以不同角度进行立体动态演示和观察。输入流域不同频率洪水的洪量模数和含沙量,计算出流域在不同频率洪水下各坝的来洪量和来沙量,动态演示。

该系统具有以下特点:

(1)易用性。使用全中文的用户界面,系统界面直观、简洁,使用户操作一目了然。

(2)交互性。对三维场景的全方位要素进行实时的交互式控制,用户可以直接从三维模型上选择目标进行分析和查询,还可以直接在透视图空间进行各种空间查询与决策分析。

(3)大场景漫游。采用了三维图形图像领域当中的最新成果,支持任意大图像的自动浏览显示,可进行大场景三维漫游。

(4)适用性强。通过利用先进的三维图形处理技术,使该产品在常规配置 PC 机环境下也可以实时处理复杂的三维场景,具有极强的适用性。

数字模拟仿真系统流程见图 5-1。

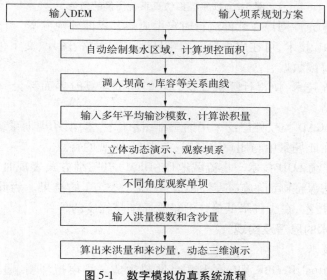

图 5-1　数字模拟仿真系统流程

第三节　坝系仿真模拟系统开发与运行环境

一、系统开发

(一)体系结构

系统采用客户端/服务器端(C/S)有机结合的体系结构,这种架构的计算技术提供了对数据库中通用数据的共享访问功能。两层体系结构工作逻辑和模块关系简单,程序容易实现,运行效率高。

(二)主要技术

本系统中主要技术涉及三维展示技术、底层支撑技术、应用支撑技术三个方面。其中,三维展示技术涵盖了虚拟现实技术、LOD 技术、多线程技术、DHTML 技术、三维渲染技术、"换肤"技术、MSAgent 技术;底层支撑技术主要包括数据库技术、CAD 技术、三维实体建模技术、"3S"技术、COM/OLE/ActiveX 技术、VBA 技术;应用支撑技术主要以黄土高原淤地坝设计理论与技术规范、淤地坝坝系规划理论与技术规范作为依据。

● Microsoft 公司的 MsAgent 技术允许软件通过"角色"(见图 5-2)向用户传递话语、表情、动作信息,以便指导用户进行操作,或帮助用户理解操作过程的成功、失败、出错等结果。

图 5-2　坝系模拟仿真系统提供的角色

● "换肤"技术允许用户在软件运行时自由更换其界面外观方案。

● 通过 DHTML 技术,可在用户界面上轻易地丰富表格、图片、文字色彩等内容,使得用户能更高效地解读数据。

● 通过多线程技术,使得计算机在执行长时间的运算时界面不会"失去响应",避免用户产生焦虑情绪。

● OpenGL 是 CAD 类软件广泛采用的三维图形库标准,坝系规划系统中使用 OpenGL 展示三维场景并在此场景中与用户交互,具有直观、美观的特点。

● 采用动态连续 LOD 技术。小流域地形(DEM)以三维方式表现时,数据量较大,常规的渲染手段无法保证画面的帧率,势必造成"无法交互"的结果。为此,在系统中实现了动态连续 LOD 技术,在少许降低最终渲染画面细腻程度的条件下,保证了帧率。

(三)关键技术的原理及实现

1.虚拟现实技术

虚拟现实(Virtual Reality,VR)是利用计算机生成一种模拟环境,通过各种传感设备使用户"投入"到该环境中,实现用户与该环境直接进行交互的技术。它有 3 个主要的特征,即:沉浸感(Iimmersion)、交互性(Iinteraction)、想象力(Imagination)。

虚拟现实系统要求随着人的活动即时生成相应的图形画面,人可以在随意变化的交互控制下感受到虚拟场景的动态特性。用户对虚拟环境的沉浸程度和效果有两种重要衡量标准:一是动态特性,自然的动态特性一般要求每秒生成和显示 30 帧图形画面,至少不能少于 10 帧,否则将会产生严重的不连续和跳动感。另一个指标是交互延迟,系统的图形生成对用户的交互动作做出反应的延迟时间一般不应大于 0.1 s,最多不能大于0.25 s。以上两种指标均依赖于系统生成图形的速度。由此可见,图形生成速度是虚拟现实的重要瓶颈。

图形生成的速度主要取决于图形处理的软硬件体系结构,特别是硬件加速器的图形处理能力以及图形生成所采用的各种加速技术。虽然现今的图形工作站得益于高速发展的 CPU 和专用图形处理器性能得到很大的提高,但距离 VR 的要求仍有很大差距。考虑到 VR 对场景复杂度的要求几乎无限制,而计算所提供的计算能力往往不能满足复杂三维场景的实时绘制的要求。在高质量图形的实时生成要求下,如何从软件着手减少图形画面的复杂度,已成为 VR 图形生成的主要目标。

2. LOD(细节层次)技术

细节层次技术(Levers of Detail,简称 LOD 技术)是在实时显示系统中采取的细节省略(Detail Elision)技术,是目前较为主流的图形生成加速技术。这项技术首先由 Clark 于 1976 年提出,最初是为简化采样密集的多面体网格物体的数据结构而设计的一种算法。其基本思想是:如果用具有多层次结构的物体集合描述一个场景,即场景中的物体具有多个模型,其模型间的区别在于细节的描述程度。实时显示时,细节较简单的物体模型就可以用来提高显示速度。模型的选择取决于物体的重要程度,而物体的重要程度由物体在图像空间所占面积等多种因素确定。LOD 技术在不影响画面视觉效果的条件下,通过逐次简化景物的细节来减少场景的几何复杂性,从而提高算法的效率。该技术通常对每一原始多面体模型建立几个不同逼近精度的几何模型。与原模型相比,每个模型均保留了一定层次的细节。在绘制时,根据不同的标准选择适当的层次模型来表示物体。目前,LOD 技术在实时图像通信、交互式可视化、虚拟现实、地形表示、飞行模拟、碰撞检测、限时图形绘制等领域都得到了应用,已经成为一项关键技术。很多造型软件和虚拟现实开发系统都开始支持 LOD 模型表示。世界上对 LOD 技术进行了很多的研究,并取得了很多有意义的研究成果。LOD 技术在虚拟场景生成中具有非常关键的作用,下面就 LOD 模型的选择、LOD 简化模型实现的基本原理、LOD 细节模型的实现方式、虚拟场景生成中LOD 模型的生成算法等方面做一个简要的论述。

1)LOD 模型的选择

恰当地选择细节层次模型能在不损失图形细节的条件下加速场景生成,提高系统的响应能力。选择的方法大致可分为以下四类:

(1)基于物体的空间位置关系。在一些特定的情况下,场景中一部分几何形体是不被观察者所看到的,图形系统在这种情况下不再绘制这部分物体;物体到观察者的欧式距离越远,能被观察到的精细的细节部分就越少,这就意味着选择较粗糙的细节层次来表示物体不会对显示的逼真度产生大的影响。因此,可以去掉这些细节的绘制。

(2)基于人眼的视觉特性。人眼辨识物体的能力随着物体尺寸的减小而减弱。因此,可以根据物体的大小选择不同的细节层次。而且,人眼辨识物体的能力随着物体远离视域中心而减弱,视网膜对中心的物体细节的分辨能力较强,因此可将显示的场景分为具有较精细细节层次的中心部分和外围部分;还可以根据眼睛的焦距来为焦距区域前面或后面的物体选择不同的细节层次。

(3)基于物体的运动特性。运动物体相对观察者的速度决定了人观察到的清晰程度,因此可以根据运动速度的不同来选用不同的细节层次。

(4)基于帧率、保证恒定、稳定的帧率对于良好的交互性能是非常重要的,一旦选定帧率,就要保持恒定,不能随场景复杂度的变化而变化。

2)LOD 简化模型实现的基本原理

(1)光照模型:利用光照技术得到物体不同细节层次,可以利用较少的多边形和改进的光照算法得到与较多多边形表示相似的效果。

（2）纹理影射：即用一些纹理来表示不同的细节层次。具有精细层次细节的区域可以用一个带有纹理的多边形来代替。这个多边形的纹理是从某个特定的视点和距离得到的这个区域的一幅图像。

（3）多边形简化：其算法的目的是输入一个由很多多边形构成的精细模型，得到一个跟原模型很相似，但包含较少数多边形的简化模型，并保持原模型重要的视觉特征。

3）LOD 细节模型的实现方式

（1）静态 LOD：在预处理过程中产生一个物体的几个离散的不同细节层次模型，实时绘制时根据特定的标准选择合适的细节层次模型来表示物体。

（2）动态 LOD：在动态 LOD 算法中生成一个数据结构，在实时绘制时可以从这个数据结构中抽取出所需要的细节层次模型，从这个数据结构中可以得到大量不同分辨率的细节层次模型，而且分辨率是可以连续变化的。

4）虚拟场景生成中 LOD 模型的生成算法

（1）LOD 模型生成算法的分类。

通常用多边形网格（特例为三角形网格）来描述场景中的图形物体，因而 LOD 模型的生成转换为多边形网格简化问题。网格简化的目的是把一个用多边形网格表示的模型用一个近似的模型表示，近似模型基本保持原始模型的可视特征，但顶点数目少于原始网格的数目。目前主要有两类多边形网格简化方法：基于几何特征识别方法和基于小波变换的方法。小波变换是 20 世纪 80 年代后期发展起来的数学分支，在计算机图形学中具有广阔的应用前景，其中多尺度分析（Multiresolution Analysis，MRA）是小波的一个非常重要的特性。基于 MRA 的简化网格是对原始网格的简单近似，可以通过小波分析和重构来获得这个简化网格。尽管小波计算的复杂性影响了这类方法的应用，但这类方法具有明显的优势，利用经过处理的小波基序列，只需要很少的面片就可以逼近原始网格，在构造多分辨率模型、三维几何数据压缩、模型的分级传输和 LOD 控制等应用中有着无可比拟的实用价值，因此逐渐成为模型简化的研究热点。基于几何特征识别的模型简化方法根据对原始模型的逼近精度要求，识别并保留模型中的几何特征信息、消除冗余信息，从而达到模型简化目的。有了快速、可靠的模型简化方法，只要给出不同的逼近精度要求，即可构造出层次化模型。多边形网格简化算法可以按如下几种方式进行分类：

● 按拓扑结构分类

——拓扑结构保持型具有较好的视觉逼真度，但限制了简化的程度，并且要求初始模型是流形。

——拓扑结构非保持型，可实现大幅度地简化，但逼真度较差。

● 按简化机制不同分类

——自适应细分型，要求首先建立原始模型的最简化形式，然后根据一定的规则，通过细分把细节信息增加到简化模型中，从而得到较细的 LOD 表示。

——采样，类似于图像处理中的滤波方法，有时不能保持拓扑结构不变。这类方法对原始模型的几何表示进行采样，其中一种方法是从模型表面选择一组点；另一种方法是把一个三维网格覆盖到模型上，并对每个 3D 网格单元进行采样。

——几何元素删除型，通过重复地把几何元素（点、边或面）从三角形中移去，从而得到简化模型。有三种形式的删除：直接删除；通过合并两个或多个面来删除边或面；对边或三角形进行折叠。移去或删除操作反复进行，直到模型不能被简化或达到了用户指定的近似误差为止。在进行几何元素删除时，绝大多数算法要求不能破坏模型的拓扑结构。大多数模型简化算法都属这一类。

● 全局算法与局部算法

——全局算法，是指对整个环境的简化过程进行优化，而不仅仅根据局部特征来确定删除哪些不重要的图形元素。有些全局算法中也使用到一些局部算法的特征。

——局部算法，是指应用一组局部规则，仅考虑物体的某个局部区域的特征对物体进行简化。

● 其他分类方法

——视点相关性，把算法分为两大类，即与视点无关的模型简化算法和与视点有关的模型简化方法。早期的算法都与视点无关，近两年出现了一些与视点相关的方法，这是一个重要的发展趋势。

——误差可控性，有两层含义，一是用户对整个模型的近似误差是否可以控制（全局）；二是指用户对局部误差是否可以控制。进一步讲，用户可以有选择地对模型的不同部分使用不同的误差度量。

——实时性，模型简化的目的就是为了加快绘制速度，达到实时图形生成。因为实时性与所使用计算机的运算速度有关，所以这种分类方法有一定的模糊性。其他方法还有：顶点簇（Vertex Clustering）方法、Hamann 的三角形删除法、Rofard 的边退化法、基于八叉树表示的模型简化方法、基于简化信封（Simp lification Envelope）的模型简化方法、基于感知系统的模型简化方法、基于超曲面（Superface）的模型简化方法、基于体素表示的模型简化方法等。此外，Renzen 提出了一种通用的非结构化网格简化方法，特别是解决了四面体网格的简化问题，即体简化（Volume Decimation）方法。体简化比面简化（Surface Decimation）难度要大，因为面简化过程中，删除一个顶点，与该顶点相连的顶点可以按逆时针排序；而体简化过程中，删除一个顶点，包围该顶点的若干三角形面片无法进行排序，因此一般的面简化方法无法直接推广到体简化。Renzen 的方法可分为两步，第一步，即对删除顶点后遗留的空壳体进行四面体剖分；第二步，即解决剖分后存在的拓扑不相容问题。

（2）典型 LOD 模型生成算法概述。

模型简化的算法很多，几种主要的模型简化算法如下：

● Rossignac 和 Borrel 的多面体简化算法。算法分 4 个主要步骤：①赋予各顶点以权值，给物体特征变化较大处的点（特征点）以较大的权值；②根据物体的复杂程度、相对大小等因素把物体所占空间划分为多个立方体单元；③计算位于立方体单元中各顶点的代表点；④把位于同一个立方体单元中的点用其代表点代替，把产生的退化多边形移去。这种算法本质上是一种信号处理方法，相当于对多面体所表示的景物重新采样。基于原多面体的拓扑结构和采样点可重建产生一新的、保持原多面体一定层次细节的模型。该算法的优点在于它适用于任意类型的输入模型，甚至可以是一些不构成网格的多边形集合。另外，它也是一种非常有效的快速简化方法。其缺点在于不保持原模型的拓扑结构，因而所产生模型的视觉效果不佳,而且,其近似误差也不可控制。

● Schroeder 的顶点删除法。其基本思路是指定一个最小的距离阈值,如果模型中某顶点到由该顶点定义的平均平面的距离小于该阈值,则删除该顶点,并采用递归循环分割法对删除顶点后遗留的空洞进行三角剖分,通过调整距离阈值大小可生成层次化模型。Schroeder 算法分为 4 个主要步骤:①计算三角形网格中每个给定顶点的局部几何和拓扑特征,并对顶点分类;②如果点到平均平面的距离小于给定的近似误差值,就删除这个顶点;③对删除顶点后留下的空洞进行局部三角化;④重复上述操作,直到三角形网格中无满足上述条件的点为止。Schroeder 算法计算量小,时间复杂度为线性,有很好的保留细节特性,能保持拓扑结构,简化模型的顶点为原始模型顶点的子集。但是,由于算法采用局部近似误差质量,无法从整体上对简化后的模型与原始模型间的误差进行度量,在多次迭代后误差会积累,从而影响简化模型的质量。此算法仅适用于流形物体。

● Cohen 的基于包络网格的模型简化算法。该方法的主要特点在于并不使用误差度量,而是通过几何结构(内外两层包络网格)来控制简化过程。该算法的基本步骤为:①构造内外两层包络网格(通过偏移顶点来完成);②对于初始网格中的每个顶点,完成以下步骤:移去该顶点以及相邻的面片,如果可行,对形成的空洞进行三角化,并保证形成的面片不与内外包络网格相交,否则放弃删除。该算法的优点在于能够保护拓扑结构,有效地保持基本特征,对棱角也能很好地保持,它能有效地约束全局误差,支持自适应的近似。该算法的最大缺点在于仅适用于二维流形,不适用于任意多边形网格模型(如面片有自交情况),而且包络网格难于构造。

● Turk 的重新布点法。其基本思路是指定一个新模型所包含的顶点数,第一步将这些点布置在曲面上,原则是面积大的多边形内多布一些点,曲率变化大的多边形内多布一些点,新点集合中可以包含原模型中的点;第二步生成由新旧顶点共存的网格,即将新点插入到原模型中,修改原模型网格;第三步删除模型中不在新点集中的顶点,得到由新布点集合中的顶点组成的简化模型。通过调整新模型中的顶点数,可以生成层次化模型。这种方法仅适用于光滑曲面,且简化模型中引入了新点,涉及平面旋转或投影,计算量和误差都较大。

● Hoppe 的渐进网格的简化算法。它包含基于边折叠的网格方法、新多分辨率表示和能量函数。能量函数由三部分组成:距离能量、表示能量及弹簧能量。其中距离能量反映原始顶点集与简化模型的距离偏差。该能量越小,表明简化模型对原始模型的逼近精度越高。表示能量定义为表示因子 Crep 与模型顶点数 m 的乘积, Crep 值越大,表明模型表示的简洁性越重要;Crep 值越小,表明对原模型的逼近精度要求越高,因此通过指定不同的 Crep 值,可以控制模型的复杂度,构造层次化模型。这种方法的特点是用能量函数的变化指导网格简化,通过在能量函数中加入一项表示能量将网格简化视作一个网格优化过程,通过能量函数中的距离能量变化反映出简化后的模型对原始模型的逼近程度。Hoppe 算法分为以下几个步骤:①使用基于能量方程表示的最小简化代价对边进行排序,并放入一个表中;②对表中前面的边进行边收缩操作,记录下对应的顶点分裂操作;③新顶点可选在边的两个端点或中点;④重新计算那些受简化元操作影响的边的代价函数;⑤重复②~④步,直到表为空,或者简化代价超过给定值。该算法的优点在于可以生成连续细节层次,支持模型的累进传送和有选择精化,并且还考虑到面片上彩色和纹理信息的处理,多个细节层次所占用的存储空间很小,仅能处理二维流形。虽然采用全局误差度量,但算法的执行效率很低。

● Garland、Hoppe、Lindstrom 等的基于顶点对的迭代收缩算法。该算法的主要优点是通过收缩产生的层次结构可有效地生成多分辨率表面模型,能用于实时"视"相关的 LOD 模型简化。顶点对收缩可描述为(v_i,v_j)→v,采用 3 步简化表面:①移动顶点对 v_i,v_j 到 v;②用 v_i 代替所有出现的 v_j 顶点;③移去顶点 v_j 和所有退化的面。Garland 通过顶点对收缩简化模型,利用二次曲面误差估计来度量简化模型的近似度,它用一种更有效的平面集来隐含表示近似误差。尽管该算法牺牲了近似模型的准确性,但它能迅速地产生高质量的近似效果,是目前简化速度最快的模型简化算法。Lindstrom 算法与大多数算法不同之处在于它不需要初始模型的形状信息,直接根据近似度简化模型,采用基于体保留的线性约束法来选择边收缩和目标顶点位置。该算法主要优点是内存消耗少,解决了多层次 LOD 模型的存储问题。

● Eck 的基于小波变换的多分辨率模型。使用了带有修正项的基本网格,修正项称为小波系数,用来表示模型在不同分辨率情况下的细节特征。算法的 3 个主要步骤是:分割,输入网格 M 被分成一些(数目较少)三角形的区域 T_1,T_2,…,T_n,由此构成的低分辨率三角网格称为基本网格 K_0;参数化,对于每个三角形区域 T_i,根据它在基本网格 K_0 上相应的表面进行局部参数化;重新采样,对基本网格进行 j 次递归细分就得到网格 K_j,并且通过使用参数化过程中建立的参数将 K_j 的顶点映射到三维空间中得到网格 K_j 的坐标。此算法可以处理任意拓扑结构的网格,而且可以提供:有界误差、紧凑的多分辨率表示和多分辨率尺度下的网格编辑。

● 视点依赖的场景简化算法。对实时绘制来说,一个好的场景简化算法应实时地随着摄像机取景的不同而简化场景几何。视点依赖的场景简化算法的基本步骤一般是:①将景物空间剖分成一系列子空间,按每一子空间对顶点的包含关系将传统的场景几何组织成一个庞大的顶点树;②通过动态查询树节点生成简化场景模型;③加入场景简化标准,通过两个操作(收缩节点到一个代表顶点以及展开代表顶点恢复原来几何)完成场景简化。视点依赖的场景简化算法则具备以下特点:①一般性,能处理任意类型模型,如流形、非流形、边界封闭和开放的多面体网格等;②自动性,场景模型简化是全自动的,无需人工干预;③动态性,根据当前摄像机的取景方位及摄像参数,自动决定是否对景物进行简化,并生成简化模型。

为了建立大范围、大比例尺的实时、可交互的虚拟地形环境,提高地形场景的绘制速度是一个关键环节。为物体提供不同的 LOD 细节层次描述是控制场景复杂度和加速图形绘制速度的一个非常有效的方法。但大多数模型简化算法只能生成场景模型的多个独立的细节层次模型,相邻细节层次 LOD 模型在转换时会产生比较明显的"跳跃"现象。因此,连续 LOD 地形模型的快速自动生成是近年来在虚拟地形环境中研究的一个热门领域。基于规则格网 RSG 数据的动态 LOD 形模型的建立首先得到较好的解决,而基于不规则三角网 TIN 数据的动态 LOD 地形模型的建立仍然比较困难。当前模型的连续过渡方法研究主要分为两类:Fading 和 Morphing。Fading 利用图形硬件的透明绘制效果来解决模型间的突变问题但该方法必须同时绘制多个不同细节层次的模型对系统资源的耗费较大。而 Morphing 通过建立不同层次模型间物体的对应关系进行插值得到中间物体的描述相对 Fadin 而言效率较高但算法的难度较大。此研究所用算法采用第二种方法来实现模型间的过渡。

LOD 模型的建立首先要面对模型简化的问题。为了得到模型中每个顶点对模型几何特征表现的价值,在模型简化时吸收了 Hoppe H 的累进网格 Progressive Mesh 算法思想。这种方法通过重复应用简单的边的折叠(顶点到顶点的合并)操作来简化一个复杂的模型。如果相邻的 LOD 模型之间相差仅一个或两个多边形,则转化的过程本身就可近似得到 LOD 模型的视觉连续性。另外,为了实现不规则三角网模型的实时动态构网,预先将所有可以事先完成的浮点计算任务提前做完并将结果存储下来,在显示时根据存储的结果迅速恢复当前条件下的不规则三角网结构,达到实时动态构网的目的。在两个不同层次 LOD 模型进行过渡时进行线性插值,实现模型连续变换。算法的总体思路是:①读入地形模型数据,建立三角形拓扑关系,将数据保存在一个顶点和三角形的列表中;②计算模型中每个顶点的"合并"价值,按照顶点合并价值,将原始三角形和顶点列表进行重新排序,使最重要的点,即最能保留地形模型特征的点排在最前面,并将数据处理结果存储起来;③在视景显示过程中,根据显示精度或显示要求,自适应地推算出所要显示的顶点和三角形个数,按照存储的三角形和顶点列表的顺序,直接进行动态构网及显示。在两个 LOD 模型过渡时进行线性插值,实现连续平滑的过渡显示。算法的特点是通过预先对地形模型进行累进网格建立,并将该过程中所有处理结果诸如三角形的拓扑关系、边的折叠代价、处理后重新进行排序的结果等都保存在数据结构中,供实时显示时进行各种分辨率模型的直接提取调用,从而在显示时避免复杂的浮点计算,提高模型显示速度。

3. Visual C + + 6.0 中的多线程技术

目前的主流操作系统均支持多任务的操作系统。多任务是指系统可以运行多个进程,而每个进程又可以同时执行多个线程。一个进程是应用程序的一个执行实例,是由私有的虚拟地址空间、代码、数据和其他系统资源组成,每个进程拥有一个主线程。当执行一个应用程序时,操作系统便建立一个进程并开始执行这个进程的主线程,随着主线程的终止,进程也就结束了。在主线程执行的同时还可以建立其他线程。线程是指进程内的一条执行路径,在宏观上,这些线程处于并行执行状态,提高了程序执行的效率。

用 Visual C + + 6.0 开发多线程应用程序有两种方法,一种是利用 Win32 API 函数,它的特点是代码小巧,执行效率高,但开发难度大;另一种是利用 MFC(Microsoft Foundation Classes)类库,它的特点是开发方便,但代码庞大。

4. DHTML 技术

随着超文本标记语言的发展,DHTML 主要在两个方面扩展了静态 HTML:一是控制样式的全新语言;另一个是给文档增加了对象模型。DHTML 向开发人员提供了以下新特性:一是对文档结构的完全访问,文档里所有的元素都通过 DHTML 对象模型提供;任何元素的样式和内容都可以动态地改变,并将这些变化立即反映在文档里;二是样式的动态修改,文档中的 CSS 样式底稿可以在任何时候修改,不需要从高速缓存中重载或与服务器通信文档就可以立即显示修改的效果;三是内容动态更新,对象模型允许文档内容被访问和修改，而且不需要服务器通信的介入，这些变化的响应是即时的；四是提供即时用户响应，DHTML 提供一种功能强大的能向页面展示所有用户行为的新事件模型；五是客户机、服务器模型的 We 页面，增加了对 HTML 元素的扩展以创建数据绑定表和单个记录的表格及报告；六是多媒体和动画效果。目前，DHTML 应用主要涉及以下关键技术。

1）模拟对话框

用 DHTML 可以创建对话框，但对于复杂信息的对话框需要嵌入另外的 HTML 文档。为了使整个系统在一个页面文档内完成，决定使用"层"来模拟一个对话框。

对话框的特点是不选择"确定"或"取消"时，焦点便一直在对话框上。因此，考虑在程序中设置标志表示该虚拟对话框是否存在，所有功能函数都要在该对话框不存在的情况下才执行操作。

2）接收对话框的信息

对话框中输入框和按钮都用表单中的元素 < input > 来实现。由于是客户端程序，不能真的提交表单，因此获知信息的操作必须用 JavaScript 来控制获得。

将结束输入获取输入信息的函数绑定在"确定"按钮的 on click 事件上，这样，当鼠标点击"确定"按钮的时候，就会调用这个函数。可以用下面方法绑定事件：

< input type ="button"value ="确定"onclick ="get value( );" >

输入的信息可以通过访问输入框元素的 value 属性得到。DHTML 中允许脚本语言访问所有的 HTML 页面上的元素，最直接的方法就是在声明一个元素时定义该元素的 id（指针标号）属性，然后通过集成来访问。例如定义一个输入框对象：

< input id ="myinput"type ="text" >

所谓集合，指的是页面上的同一类对象。DHTML 有一套内部集合，其中 all 集合中包含了页面上的所有元素，本例中全部使用 all 集合来访问元素。

用集合访问元素可以采用如下方法：

document. all ["myinput"]. value

上面语句访问了刚才定义的输入框中的 value 属性，也就是输入框的当前内容，这样就可以用程序来获取输入框的内容。

还可以使用与上面方法等同的方法：

document. all. myinput. value

3）生成窗口代码并插入页面

创建新的窗口需要用脚本语言，即时生成表示窗口的 HTML 代码。因此，整套所需要的代码都存在一个变量中。实际上每个窗口的代码都不一样，因为需要有窗口的唯一标识。

将代码插入文档的操作通过访问区域元素 < div > 的 innerHTML 属性来实现。< div >表示页面上的一块区域，在这里并没有实际作用，只是一个位置的标识，指出窗口的代码应当插入在哪里。与 innerHTML 相类似的属性还有 innerText，outerHTML 和 outer-Text。innerHTML 和 outerHTML，可读可写，描述元素标记内（不包含该元素的标记）的内容，按 HTML 代码处理；innerText 和 outerText，也可读可写，但描述元素标记内（不包含该元素的标记）的内容，按一般文本处理。

修改这些属性就等于直接修改页面，DHTML 的动态回流技术可以将每次修改的结果马上显示在页面上。程序中先在窗口区域中插入一个新的区域,并按照该窗口的序号设定其 ID 号,然后再在这个新的区域内部插入新生成的代码,形成一个新的窗口。这样作是为了将来关闭窗口时可以方便地获得要关闭的特定窗口的全部代码,否则将很难从所有窗口的代码中将某个窗口的代码区分开来。

4)新窗口的初始化

窗口在被创建出来之后需要按照用户输入的信息来初始化,包括位置、大小、内容的连接,背景颜色等。这些信息的设定都通过调用前面所说的 all 集合来进行。

建一个新窗口,程序需要给其分配一个序号,而和该窗口相关的各个元素的 ID 号都利用这个序号来区分。这样,一个序号唯一标识一个窗口,知道了这个序号就可以访问关于这个窗口的所有元素的信息。

需要说明的是,窗口的初始化信息需要在窗口原代码生成之后用脚本语句设定属性,而不能在生成的窗口原代码中直接设定。因为许多直接设定的属性和用脚本语言设定的属性虽然效果相同,但实际并不互通,有的直接设定的属性值用脚本语言得不到。

二、开发环境

坝系三维仿真模拟系统开发环境见表 5-1。

表 5-1　坝系三维仿真模拟系统开发环境

项目	内容
开发机器操作系统	Windows XP ＋ SP2
开发工具	Visual C ＋ ＋
通用组件	DXFLib、Skin、MSChart、GISOCX
三维组件	OpenCASCADE、OpenGL
数据库	Access 2003

三、运行环境

(一)软件环境

操作系统:

Windows 2000;

Windows NT4.0 Service Pack 6a;

Windows XP;

Microsoft Internet Explorer 5.0 (或更高)。

系统平台:

无平台要求。

(二)硬件环境

x86 及其兼容机,处理器 1.2 GB 以上;

内存:256 MB,推荐 1 GB 及以上;

显存:32 MB,推荐 128 MB 及以上;

硬盘空间至少 1 GB。

第四节　坝系仿真系统核心计算模型的实现

一、三维的坝系仿真系统实现的重点和难点

相对于二维的 GIS 系统,三维的坝系仿真系统在其实现过程中有着明显的特点和实现难点,主要表现在以下几个方面:

(1)在三维 GIS 中,无论是基于矢量结构还是基于栅格结构,对于不规则地学对象的精确表达都会遇到大数据量的存储与处理问题。在坝系仿真系统中,一条坝系往往要包括几十个水土保持工程,加上众多的河流、道路、居民区等地表特征物模型,导致整个三维场景结构复杂。如果没有较好的数据模型和管理策略,系统难以达到预定的显示效果,更谈不上良好的交互式界面。

(2)在二维坝系规划中,一般用抽象符号表示水保工程,无法直观地显示工程本身的结构和相互间的关联;在三维的坝系仿真系统中,模拟真实的水保工程是虚拟现实的基本要求,这使得模型本身会变得比较复杂,甚至要进行组合构造。因此,选用合理的设计模式和组织方法来处理水保工程也是实现坝系仿真系统的一个重点。

(3)三维坝系仿真系统是一个集数字地表模型、水保工程模型和各类相关地理信息数据的综合管理平台,如何将这几类数据有机的结合在一起,以提供良好的交互式查询和维护功能,是系统整体性的要求。

方案结果指标包括坝高、坝长、坝位置,构造三维坝体,系统根据规划成果文件自动在坝系相应位置植坝,坝的大小和形状亦以规划成果数据建模。对整个布坝后的三维场景进行显示、漫游浏览。系统根据坝系方案中计算成果和输入的不同频率的洪量模数及年份,对来洪、淤积进行动态模拟演示,三维反映不同洪水频率下坝系的淹没情况。实现对三维实体模型(骨干坝、淤地坝等实体)的查询,实现水保工程信息(坝高、库容、淤地面积等)实时浏览显示 、制表输出。

二、"坝系时空拓扑模型"的实现

在模型中使用两个基本的类来登记拓扑关系,一是代表"布坝地点"的类,C＋＋代码如下:

```
class CDamNode
{
        CDam * pDownstreamDamNode;//下游布坝地点(指针为空时表示不存在)
        //坝节点的其他数据(如坐标等)
        ……

}
```

二是代表"坝"的类,C＋＋代码如下:

```
class CDam
{
```

CDamNode * pDamNode; //对应的布坝地点
CDam * pDownstreamDam; //下游坝(指针为空时表示不存在)
int iType; //坝的类型
int iBuildedYear; //坝的建成年份
//坝的其他数据(如坝高、设计频率、校核频率等)
......

    }

    由这两个类的对象所组成的集合登记了所有的下游拓扑关系。专业分析时还需要用到上游拓扑关系,但此关系是根据下游拓扑关系动态计算出来的而非事先维护好的,这主要是为了避免在编码实现时可能导致两种关系发生混乱。

    模型数据的生命周期仅存在于专业分析过程中,即只在专业分析时才生成并使用,在分析结束时则将其销毁。此生命周期包括以下 4 个阶段。

    阶段 1:准备布坝地点的拓扑

    (1)生成一个包含所有布坝地点的数组 ArrayOfDamNodes;

    (2)检查 DTM 是否发生过变更,若发生过变更,则自动重新进行水文分析,更新流水方向、汇流累积数据;

    (3)根据水文分析的数据,对 ArrayOfDamNodes 中的每个元素建立拓扑,即对每个"布坝地点"对象,找到其下游"布坝地点",并以成员变量 pDownstreamDamNode 记录;

    阶段 2:准备各个年度的拓扑坝系

    (1)以分析所用的坝系(即某规划方案,或现状坝系)和坝型(即只可含有骨干坝,或可含有任意类型的坝)作为条件,挑选符合要求的坝,生成一个包含了此坝系中所有坝的数组 ArrayOfDams(但还未对 CDam 对象建立拓扑关系);

    (2)结合建坝时序和布坝地点的拓扑,生成各个年度的坝系拓扑(为每个 CDam 对象的 pDownstreamDam 赋值)。

    阶段 3:在分析推演中更新各个年度的拓扑坝系

    从对现状坝系的调查年开始逐年进行分析,在分析过程中,根据需要建立上游拓扑关系,或根据分析结果作拓扑修正(例如发生垮坝时,将去除该坝,并调整当年的拓扑坝系,并有可能进一步对以后各年的拓扑坝系也进行调整)。

    阶段 4:销毁

    专业分析结束时,模型数据被随之销毁。

三、"区间水文分析模型"的实现

(一)模型使用的基础数据

    (1)基于 DTM 的水文"背景"数据。基于 DTM 的水文"背景"数据是指 DEM、水流方向、汇流累积数据,这三者皆为栅格数据。其中 DEM 由地形图转换而来,水流方向、汇流累积是在 DEM 上按照最大坡度原理分析而得到的数据。

    (2)用户配置的数据:含泥沙计算方法及其使用的参数,洪水计算方法及其使用的参数,提取沟谷线时限制的最小汇流面积值、最小沟谷线长度等。

(二)模型实现几个算法后,进一步产生的数据

(1)淹没区。在 DEM 上分析淹没范围,然后提取出被淹没栅格的边界作为淹没区多边形(可含有岛);对被淹没的栅格的面积或淹没深度进行加和,计算出淹没区面积、库容。

(2)汇水范围。根据水流方向数据分析任意点的汇流范围,并可用特定地点的汇流范围作"布尔"减除,得到"区间"汇水范围,然后提取出此范围的边界(多边形)。

(3)沟谷线。按照用户配置的"提取沟谷线时限制的最小汇流面积值",对水流方向数据、汇流累积数据作分析,追踪栅格汇流路径,在沟谷交汇处中断,逐段转换为空间多线段,然后再根据用户配置的"最小沟谷线长度"作删减,得到所有沟谷线的集合。

将以上算法和数据组合运用,就可实现"坝系规划"所需的基本查询和分析功能,如流域划分、沟道特征分析、对布坝地点的"虚拟考察"(淹没情况、沟道比降、汇水范围、特征曲线)、按汇水面积标示可布坝沟段等。

当需要对坝系(即某规划方案或现状坝系)进行防洪能力分析、生产保收能力分析或单坝关键指标设计时,需要将"区间水文模型"与"坝系时空拓扑模型"进行综合运用。在运算过程中,"区间水文模型"使用的数据是"逆向"传递的,即专业分析过程中对"区间水文模型"提出计算某个坝的某种区间的产洪或产沙数据的请求时,其所用的"区间"是以"坝"表达的,但在下一步骤,用"坝"表达的区间被与"拓扑坝系"做综合处理,转变为用下游地点及扣除的上游地点表达的"区间";在又下一个步骤中,"区间"则被基于水流方向、汇流累积数据的算法转变为以范围的边界(多边形)表达"区间",直到此时,才能使用用户配置的计算方法、计算参数来进行分析,得到最终需要的数据。

第五节　坝系模拟仿真及其平台优势

一、模拟仿真

系统提供以平行投影技术为基础的"设计模式"和以透视投影技术为基础的"虚拟模式"两种视图模式(见图 5-3),通过对地形、实体进行不同模式的渲染,可进行三维坝体生成、坝系三维显示、电子勘查等操作(见图 5-4、图 5-5)。

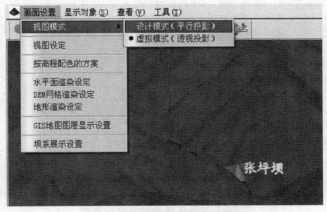

图 5-3　视图模式选择菜单界面

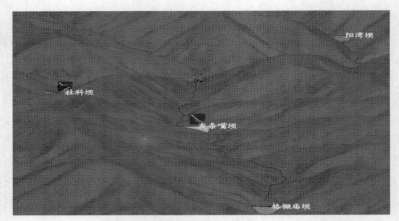

图 5-4 三维模拟仿真显示

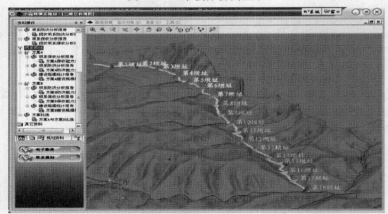

图 5-5 三维设计模式下电子勘查显示

二、信息查询

在三维沙盘显示界面下,系统可以帮助用户轻松完成任意点高程、某地点的地理坐标、汇水区间、沟道比降、淹没范围、坝高~淤积面积曲线、坝高~库容曲线、沟道断面曲线等多种条件下的数据查询(见图5-6~图5-9)。相关的曲线自动绘制见图5-10和5-11。

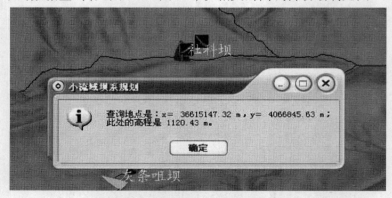

图 5-6 社科坝地理信息查询界面

图 5-7　汇水区间查询界面

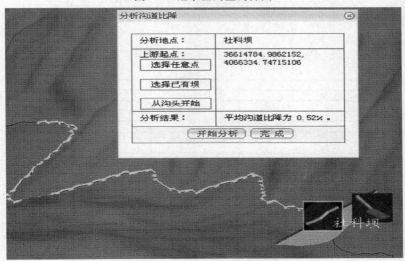

图 5-8　沟道比降分析界面

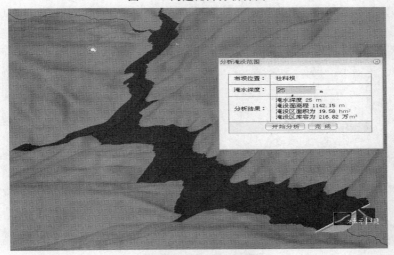

图 5-9　淹没范围分析界面

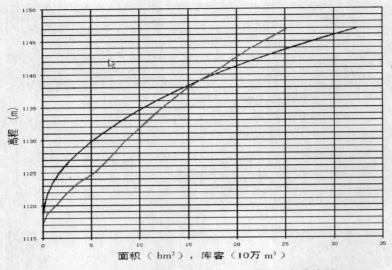

图 5-10　坝高~淤积面积、坝高~库容曲线自动绘制

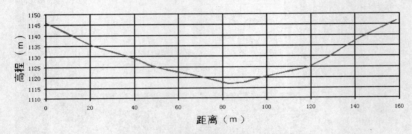

图 5-11　沟道断面曲线自动绘制

三、来沙模拟及洪水淹没模拟

(一)三维模拟单坝不同年份的来沙变化

通过单坝管理器定位某单坝,选择确定要模拟的坝后,系统对选定的坝进行单坝来沙模拟(见图 5-12)。模拟方式有动画演示和手动演示两种,按年度的变化为基本条件,

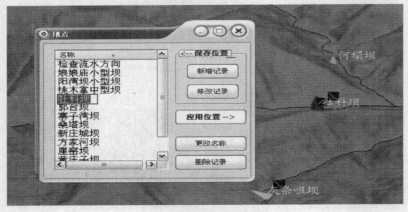

图 5-12　单坝定位管理器

图 5-13～图 5-15 是以社科坝为例展示 2005 年、2015 年、2025 年 3 个年度的泥沙淤积的情况。

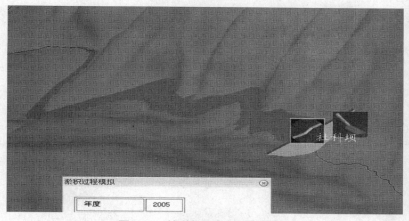

图 5-13　社科坝 2005 年淤积情况

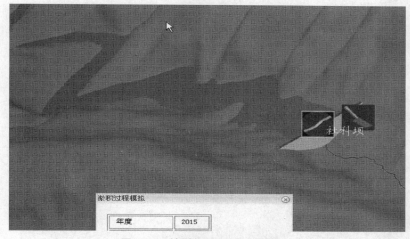

图 5-14　社科坝 2015 年淤积情况

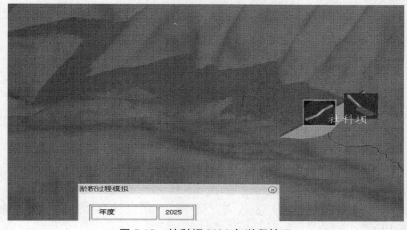

图 5-15　社科坝 2025 年淤积情况

（二）三维模拟坝系不同年份的来沙变化

系统提供了整个坝系在不同坝系规划方案中不同年份来沙情况的三维模拟功能（见图 5-16、图 5-17）。

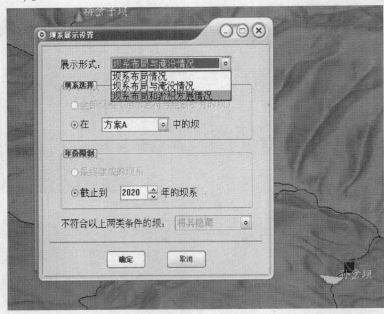

图 5-16　坝系分年度淤积演示菜单

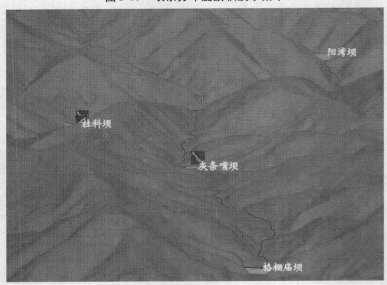

图 5-17　坝系分年度来沙三维模拟

（三）三维模拟坝系达到滞洪坝高时的淹没

系统提供了整个坝系在不同坝系规划方案中达到滞洪坝高时的洪水淹没的三维模拟功能（见图 5-18、图 5-19）。

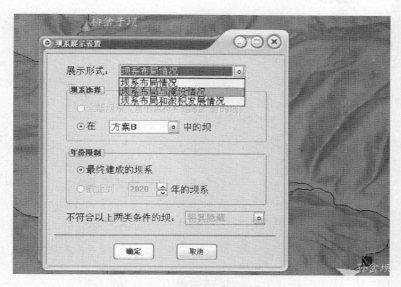

图 5-18　坝系达到滞洪坝高时淹没演示菜单

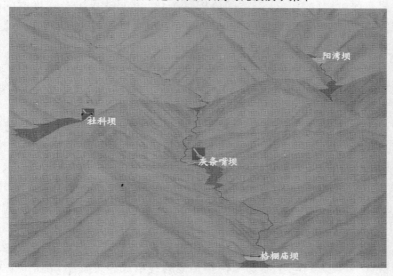

图 5-19　坝系洪水淹没三维模拟

四、坝系仿真模拟系统的平台优势

坝系仿真模拟系统除了具备二维 GIS 的传统功能以外,还具有如下独有的功能。

(一) 包容一维、二维对象

坝系仿真模拟系统不仅要表达三维对象,而且要研究一维、二维对象在三维空间中的表达。三维空间中的一维、二维对象与传统 GIS 的二维空间中的一维、二维对象在表达上是不一样的。传统的二维 GIS 将一维、二维对象垂直投影到二维平面上,存储它们投影结果的几何形态与相互间的位置关系。而坝系仿真模拟系统将一维、二维对象置于三维立体空间中考虑,存储的是它们真实的几何位置与空间拓扑关系,这样表达的结果就能区分出一维、二维对象在垂直方向上的变化。二维 GIS 也能通过附加属性信息等方式体现这种变化,但存储、管理的效率就显得较低,输出的结果也不直观。

(二)可视化 2.5 维、三维对象

坝系仿真模拟系统的首要特色是要能对 2.5 维、三维对象进行可视化表现。在建立和维护坝系仿真模拟系统的各个阶段中,不论是对三维对象的输入、编辑、存储、管理,还是对它们进行空间操作与分析或是输出结果,只要涉及三维对象,就存在三维可视化问题。三维对象的几何建模与可视表达是坝系仿真模拟系统的一项基本功能。

(三)三维空间 DBMS 管理

坝系仿真模拟系统的核心是三维空间数据库。三维空间数据库对空间对象的存储与管理使得坝系仿真模拟系统既不同于 CAD、商用数据库与科学计算可视化,也不同于传统的二维 GIS。它可能由扩展的关系数据库系统也可能由面向对象的空间数据库系统存储管理三维空间对象。

(四)三维空间分析

在二维 GIS 中,空间分析是 GIS 区别于三维 CAD 与科学计算可视化的特有功能,在坝系仿真模拟系统中也同样如此。空间分析三维化,也就是直接在三维空间中进行空间操作与分析,连同上文述及的对空间对象进行三维表达与管理,使得坝系仿真模拟系统明显不同于二维 GIS,同时在功能上也更加强大。

(五)交互式动态模拟与查询

如上所述,虚拟现实系统的特征之一便是交互性和构想性,即按照自己的设想模拟一些事件的发生发展过程,并通过用户与系统的交互改变环境条件而进行实时动态模拟,这就超越了普通动画演示的固定模式,具有更大的灵活性和实用性。在坝系仿真模拟系统中,这一功能将应用于库区或洪水淹没等方面的模拟仿真。在本系统的动态模拟方面,主要针对三峡坝区探索了两种类型的动态模拟:柔性体流体的模拟和刚体模拟,同时也探讨了 VR 与 GIS 结合点之一的三维虚拟场景动态查询功能的实现方法。

系统通过检验视点与鼠标选择点之间相交信息的方法,确定当前鼠标选中的是哪个实体,返回相交实体的标识名,如数据库连接部分所述,通过该标识名,就可以运用数据库查询操作实现相应实体的各类信息查询,并通过对话框之类的形式显示出来。由于该功能是在虚拟场景中直接操作,不需要切换到其他的视角或静态画面,因此可以在场景漫游过程中随意查询,不受画面限制,更具有自然交互的效果。

第六章　应用前景展望

　　小流域坝系规划系统的应用对象是淤地坝建设,是为淤地坝建设布局提供科学、合理、快速、高效的技术手段。淤地坝是黄土高原地区特有的治理水土流失十分有效的工程措施,也是拦截进入黄河泥沙的关键措施。因此,其应用前景取决于未来黄土高原地区淤地坝建设数量的多少,建设数量多,发挥的作用就大。本章就加快淤地坝建设的重要意义、加快淤地坝建设的有利条件、淤地坝建设潜力、淤地坝建设需求等几个方面对未来淤地坝建设数量进行预测,以说明小流域坝系规划系统的应用前景。

第一节　加快淤地坝建设的重要意义

一、加快淤地坝建设是全面建设小康社会的需要

　　黄土高原地区是我国贫困人口集中、经济基础薄弱的地区,目前仍然有近1 000万贫困人口。该区人民群众能否脱贫致富,将直接影响我国全面建设小康社会总目标的如期实现。严重的水土流失是黄土高原地区人民贫困的根源。淤地坝是控制水土流失的主要措施,能就地拦截泥沙,形成高产稳产的基本农田,既改善了农业生产条件,又解决了交通困难,促进了城乡贸易;通过有效的滞洪,调节汛期洪水,使水资源得到合理利用,解决当地人畜饮水乃至发展灌溉等;淤地坝建设还可以吸收农村劳动力就业,拉动内需,实现群众的脱贫致富达小康。因此,加快黄土高原地区淤地坝建设,对促进地方经济发展和群众脱贫致富,全面建设小康社会具有重要的现实意义。

二、加快淤地坝建设是促进西部大开发的需要

　　黄土高原地区是我国重要的能源和原材料基地,在我国经济社会发展中具有重要地位。该地区严重的水土流失和极其脆弱的生态环境与其在我国经济社会发展中的重要作用极不相称,这就要求在开发建设的同时,必须同步进行水土保持生态建设。淤地坝建设是水土保持生态建设的重要措施,也是开发建设的基础工程。加快淤地坝建设,可以有效控制水土流失,提高水资源利用率,促进退耕还林及封禁保护,发挥生态的自我修复能力,加快水土流失防治步伐,实现经济社会与生态环境的协调发展,对于国家实施西部大开发的战略具有重要的保障作用。

三、加快淤地坝建设是巩固和扩大退耕还林还草成果,改善生态环境的需要

　　巩固退耕还林还草成果的关键是当地群众要有长远稳定的基本生活保证。淤地坝建设形成了旱涝保收、稳产高产的基本农田和饲料基地,使农民由过去的广种薄收改为少种

高产多收,促进了农村产业结构调整,为发展经济创造了条件,解除了群众的后顾之忧,与国家退耕政策相配合,就能够保证现有坡耕地"退得下、还得上、稳得住、能致富",为植被恢复创造条件,实现山川秀美。甘肃环县赵门沟流域依托坝系建设,累计退耕还林还草3 250亩,发展舍饲养殖1 575个羊单位,既解决了林牧矛盾,保护了植被,又增加了群众收入。

四、加快淤地坝建设是实现黄河长治久安的需要

黄河的根本问题是泥沙。黄土高原地区,特别是7.86万 km² 的多沙粗沙区是黄河粗泥沙的主要来源地。只有加快黄土高原地区,特别是多沙粗沙区的水土保持生态建设,制止该区大量的粗泥沙进入黄河,下游河道淤积才能得到根本性缓和,"河床不抬高"的黄河治理目标才能真正实现。

淤地坝能抬高侵蚀基准面,稳定沟床,有效制止沟底下切和沟岸扩张,减轻沟道侵蚀,控制水土流失,减少入黄泥沙,是水土保持生态建设的重要措施。《黄河近期重点治理开发规划》明确提出,2020年实现年均减沙7亿 t。根据现有淤地坝的拦沙效益,通过骨干坝和中小型淤地坝合理配置的沟道坝系建设,辅以其他水土保持治理措施,就完全能够实现上述减沙目标。因此,加快黄土高原地区的淤地坝建设是实现黄河长治久安的关键措施。

第二节　加快淤地坝建设的有利条件

一、筑坝材料丰富,劳动力资源充足

黄土高原地区土层深厚,黄土广布,具有质地均匀、结构疏松、透水性强、易崩解、脱水固结快等特点,是良好的筑坝材料,可以就地取材。同时,当地有大量的富余劳动力,可保证淤地坝建设需要。

二、群众要求迫切,打坝积极性高

淤地坝建设,改变了农业基本条件,促进了当地经济发展和生态环境的改善,群众从中确实得到了实惠、尝到了甜头。他们形象地把淤地坝称为"命根子"、"粮屯子"、"钱袋子"。黄土高原所到之处,都能听到干部群众要求打坝的呼声,迫切需要加快淤地坝建设。各级人大、政协代表也多次提案建议,加大投入力度。如甘肃省环县演武乡有一位村支书曾骑着毛驴,赶几十里山路找到县水土保持局,代表全村群众极力要求给自己村先建坝。

三、地方政府重视,组织推动力度大

多年来,地方各级政府十分重视淤地坝建设,把其作为改善当地农业生产条件的大事来抓,组织、发动、带领广大人民群众,坚持长期不懈地开展淤地坝建设,取得了一定成效。特别是在财政十分困难的情况下,采取多种形式,积极筹措资金,并结合当地实际情况,制

定出台了有利于淤地坝建设的优惠政策,鼓励社会各方面力量积极参与。陕西、甘肃等省人民政府专门制定颁发了《淤地坝建设管理办法》,对淤地坝建设管理、管护的责、权、利都作了明确规定,为淤地坝的建设和安全运用提供了可靠的政策与制度保证。

四、探索了建管机制,积累了改革经验

近年来,通过积极探索、大力推行淤地坝承包、拍卖、租赁、股份合作等形式的产权制度改革,大大调动了当地群众和社会各界参与建坝、管坝、使用坝地的积极性,为建立健全责、权、利明晰的良性建管机制,积累了一定的经验,奠定了基础。如延安市宝塔区姚店镇胡家沟村通过各种形式集资与投劳,修建小型淤地坝、谷坊 49 座,淤地 32 hm²,结合其他措施,使流域内人均基本农田增加 0.12 hm²。

五、建坝潜力巨大,效益显著

黄土高原淤地坝建设具有广阔的发展前景。据调查测算,该区长度大于 0.5 km 的沟道有 27 万多条,其中多沙粗沙区约 8 万条。这些沟道一般都有建坝条件,可以大规模开展淤地坝建设。据分析论证,黄土高原地区共可修建淤地坝 33 万多座,其中骨干坝 6 万多座。这些淤地坝工程建成后,将会在黄土高原区形成以小流域为单元,以水土保持骨干坝为骨架,中、小淤地坝相配套,拦、排、蓄相结合的完整的沟道坝系。据预测,可新增淤地能力 50 多万 hm²(见表 6-1)。

表 6-1 黄土高原地区典型县淤地坝淤地面积调查情况

省(区)	县(旗)名	数量(座)	已淤面积(亩)	平均单坝淤地面积(亩/座)
青海	湟中	101	1 200	11.85
甘肃	榆中	28	840	30
	景泰	109	6 645	60.9
宁夏	盐池	10	165	16.5
内蒙古	伊金霍洛	10	975	97.5
	准格尔	91	8 880	97.65
陕西	子洲	2 232	77 160	34.5
	吴起	275	16 605	60.3
	乾县	36	1 680	46.65
	潼关	4	150	37.5
山西	离石	514	20 880	40.65
	吉县	324	15 345	47.4
	平陆	45	1 800	40.05
河南	栾川	79	3 375	42.75
	渑池	53	1 815	34.2
合计	15	3 911	157 515	40.2

注:①子洲、吴起资料摘自陕北淤地坝调查技术总结报告附件一《陕北淤地坝建设在农业经济中的地位和作用》表 10,陕西省水土保持局、陕西省水土保持勘测规划研究所,1993 年 3 月;其余资料依据《黄河流域水土保持基本资料》,黄河上中游管理局,2001.12。

②表中面积数据换算 15 亩 = 1 hm²。

第三节　淤地坝建设潜力分析

淤地坝建设潜力分析技术路线见图 6-1。

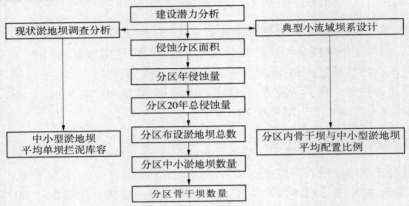

图 6-1　淤地坝建设潜力分析技术路线

一、确定多年平均侵蚀量

根据各侵蚀分区的面积和多年平均侵蚀模数,计算出黄土高原多年平均总侵蚀量为 25 亿 t。其中剧烈侵蚀区面积为 3.67 万 km^2,年侵蚀量为 7.3 亿 t;极强度侵蚀区面积为 4.84 万 km^2,年侵蚀量为 5.8 亿 t;强度侵蚀区面积为 6.09 万 km^2,年侵蚀量为 4.3 亿 t;中轻度侵蚀区面积为 19.1 万 km^2,年侵蚀量为 7.6 亿 t。

二、计算淤地坝设计年限内的总侵蚀量

按照技术规范,淤地坝设计淤积年限取 20 年。据此,计算出 20 年内各侵蚀分区的侵蚀量,得出 20 年总侵蚀量为 501 亿 t。

三、确定骨干坝控制面积和中小型淤地坝单坝淤积库容

根据不同侵蚀区 111 座中小型淤地坝的现状调查结果(见表 6-2),分别确定了各侵蚀地区中小型淤地坝的平均单坝淤积库容。各侵蚀分区的中小型淤地坝平均单坝淤积库容换算为淤积量后分别为 13 万 ~17 万 t,经分析取为 15 万 t。

表 6-2　不同侵蚀区中小型淤地坝调查成果

侵蚀强度分区	所属县(旗、区)	中小型淤地坝	
		座	平均单坝淤积量(万 t)
剧烈侵蚀区	东胜	5	18.4
	伊金霍洛	4	14.6
	绥德	15	16.3
	米脂	10	14.6
	分析采用值		15

侵蚀强度分区	所属县(旗、区)	中小型淤地坝	
		座	平均单坝淤积量(万 t)
极强度侵蚀区	庆阳	5	13.9
	固阳	4	11.7
	环县	9	14.4
	吴起	4	13.4
	分析采用值		13
强度侵蚀区	庄浪	3	17.1
	镇原	5	13.6
	彭阳	4	15.9
	乡宁	8	14.2
	分析采用值		15
中轻度侵蚀区	盐池	11	20.2
	西吉	12	14.1
	大通	7	15.8
	湟池	5	13.5
	分析采用值		17

利用 35 条小流域淤地坝系查勘规划成果资料,分析出不同侵蚀强度分区中骨干坝布坝密度、骨干坝与中小型淤地坝的配置比例。剧烈侵蚀地区骨干坝单坝控制面积 $3 \sim 3.5 \ km^2$,骨干坝与中小型淤地坝的配置比例为 1:6.4 ~ 1:8.3;极强度侵蚀地区骨干坝单坝控制面积 $3.5 \sim 5 \ km^2$,骨干坝与中小型淤地坝的配置比例为 1:3.7 ~ 1:5.5;强度侵蚀地区骨干坝单坝控制面积 $4 \sim 7 \ km^2$,骨干坝与中小型淤地坝的配置比例为 1:3 ~ 1:5;中轻度侵蚀地区骨干坝单坝控制面积 $6 \sim 9 \ km^2$,骨干坝与中小型淤地坝的配置比例为 1:2.8 ~ 1:4.1(见表6-3)。

表 6-3 黄土高原地区典型小流域坝系配置

类型区	流域名称	县(旗)	流域面积 (km^2)	侵蚀模数 ($t/(km^2 \cdot a)$)	骨干坝		中小型淤地坝(座)	骨干坝:中小型淤地坝
					座	单坝控制面积(km^2)		
剧烈侵蚀区	韭园沟	绥德	70.7	18 300	24	3.0	192	1:8.0
	榆林沟	米脂	51.5	18 000	16	3.3	125	1:7.8
	南辛沟	吴堡	58.0	20 000	17	3.4	141	1:8.3
	贺嘴	志丹	20.0	15 400	6	3.1	38	1:6.4
	李家河	安塞	24.2	17 000	7	3.3	48	1:6.8
极强度侵蚀区	刘家沟	中阳	14.1	12 000	4	3.5	22	1:5.4
	碾庄沟	宝塔	54.2	11 000	16	3.3	66	1:4.1
	西则	离石	59.6	13 300	16	3.8	82	1:5.1
	川口	吴堡	13.3	20 000	3	4.0	14	1:4.5
	双堡子	庄浪	55.0	9 520	14	3.8	56	1:4.0
	鱼家峡	陇西	48.6	8 300	13	3.7	55	1:4.2
	固城下	合水	122.8	8 500	31	4.0	143	1:4.6
	程家河	庆阳	128.0	8 200	32	4.0	125	1:3.9

类型区	流域名称	县（旗）	流域面积（km²）	侵蚀模数（t/(m²·a)）	骨干坝		中小型淤地坝（座）	骨干坝:中小型淤地坝
					座	单坝控制面积（km²）		
极强度侵蚀区	南候沟	平陆	130.0	8 900	32	4.1	118	1:3.7
	树儿梁	河曲	65.0	9 200	17	3.8	94	1:5.5
	南曲沟	河曲	27.0	8 400	7	4.1	35	1:5.0
	洪沟	河曲	25.4	8 100	6	4.0	32	1:5.3
强度侵蚀区	万安沟	临县	53.0	7 000	10	5.2	30	1:3.0
	雁子沟	兴县	45.0	6 500	9	4.9	32	1:3.5
	兴龙沟	离石	23.8	7 800	5	5.2	24	1:4.8
	大架河	陕县	83.2	5 310	14	5.8	70	1:5.0
	南那沟	孟州	48.0	5 990	8	5.7	36	1:4.5
	七里沟	环县	46.6	5 800	8	4.6	32	1:4.0
	舍家岔	定西	49.9	5 500	8	4.5	31	1:3.9
中轻度侵蚀区	贺龙沟	柳林	75.6	4 900	12	6.1	24	1:2.0
	十里沟	神池	96.5	4 800	15	6.4	59	1:3.9
	砚瓦河	济源	89.9	4 600	13	6.7	36	1:2.8
	洪水沟	大通	68.5	4 800	10	7.0	41	1:4.1
	羊嘶川	临洮	41.7	4 200	6	7.3	16	1:2.7
	大申号	富县	133.0	2 900	17	7.9	58	1:3.4
	丈八沟	富县	56.0	2 500	7	8.1	28	1:4.0
	老虎沟	宁县	190.0	4 700	21	9.0	76	1:3.6
	南河	静宁	96.0	4 200	12	8.0	55	1:4.6
	铁匠沟	固阳	98.0	3 800	13	7.7	40	1:3.1
	顺阳河	伊川	110.0	3 100	13	8.3	53	1:4.1

四、确定淤地坝建设总量

根据建设坝系的要求，骨干坝的主要作用是上拦下保，这就要求在淤地坝设计淤积年限中，骨干坝必须保持较大的剩余库容，以满足上拦下保的要求。在上游不垮坝的情况下，骨干坝在 20 年的设计淤积年限内，只考虑拦蓄骨干坝与控制区域内的中小型淤地坝之间的区间来沙量，骨干坝在 20 年中的正常拦泥量按中小淤地坝的拦泥库容计算。据此，按照各侵蚀分区的 20 年侵蚀量和中小型淤地坝平均单坝淤积库容，计算出各分区应布设的淤地坝（含骨干坝）数量，得出淤地坝建设潜力为 33.4 万座。

五、确定骨干坝和中小型淤地坝的数量

根据各侵蚀分区的淤地坝数量和骨干坝与中小型淤地坝平均配置比例，计算出各分区的中小型淤地坝数量和骨干坝数量，得出骨干坝数量为 6.2 万座，中小型淤地坝数量为 27.2 万座。

六、淤地坝建设潜力

根据上述分析,黄土高原地区淤地坝建设潜力为33.4万座,其中骨干坝为6.2万座,中小型淤地坝为27.2万座(见表6-4)。

表6-4 淤地坝建设潜力分析计算结果

侵蚀强度	总面积(万km²)	平均侵蚀模数(万t/(km²·a))	20年侵蚀量(亿t)	淤地坝平均单坝拦泥库容(万m³)	需淤地坝总数(万座)	骨干坝与中小型淤地坝配置比例	骨干坝平均单坝控制面积(km²)	骨干坝数量(万座)	中小型淤地坝数量(万座)
剧烈	3.7	2	147	15	9.8	1:7	3	1.2	8.6
极强度	4.8	1.2	116	15	7.7	1:4.6	3.5	1.4	6.3
强度	6.1	0.7	85	15	5.7	1:3.7	5	1.2	4.5
中轻度	19.1	0.4	153	15	10.2	1:3.3	8	2.4	7.8
合计	33.7		501		33.4	1:4.4		6.2	27.2

第四节　到2020年淤地坝建设需求分析

一、黄河流域黄土高原地区水土保持淤地坝规划确定的目标

根据《全国生态环境建设规划》和《黄河近期重点治理开发规划》,黄土高原地区淤地坝建设的目标如下:

到2010年,建设淤地坝6万座。初步建成以多沙粗沙区25条支流(片)为重点的较为完善的沟道坝系。工程实施区水土流失综合治理程度达到60%,黄土高原水土流失严重的状况得到基本遏制。农村土地利用和产业结构趋于合理,农民稳定增收。年减少入黄泥沙2亿t。

工程发挥效益后,可形成拦截泥沙能力140亿t、新增坝地18万hm²、促进退耕80万hm²,封育保护133.33万hm²。

到2015年,建设淤地坝10.7万座。在多沙区的33条支流(片)建成较为完善的沟道坝系。整个黄土高原地区淤地坝建设全面展开。工程实施区水土流失综合治理程度达到70%,黄土高原地区水土流失防治大见成效,生态环境显著改善。区内农业生产能力、农民生活水平大幅度提高。淤地坝年减少入黄泥沙达到3亿t。

工程发挥效益后,可形成拦截泥沙能力达到250亿t、新增坝地面积达到31.33万hm²、促进退耕面积可达140万hm²,封育保护面积可达266.67万hm²。

到2020年,建设淤地坝16.3万座。黄土高原地区主要入黄支流基本建成较为完善的沟道坝系。工程实施区水土流失综合治理程度达到80%,以坝地为主的基本农田大幅度增加,农村可持续发展能力显著提高,基本实现"林草上山,米粮下川"。淤地坝年减少入黄泥沙达到4亿t,为实现黄河长治久安、区域经济社会可持续发展,全面建设小康社会作出贡献。

工程发挥效益后,可形成拦截泥沙能力达到 400 亿 t、新增坝地面积达到 50 万 hm²、促进退耕面积可达 220 万 hm²、封育保护面积可达 400 万 hm²。

二、以减沙目标分析建设需要

根据规划目标,到 2020 年每年新增减少入黄泥沙 4 亿 t,加上现状年减沙 3 亿 t,累计要达到年减沙 7 亿 t。由于到 2020 年,现有的淤地坝基本已失去拦沙能力,因此按照达到年减沙 7 亿 t 的目标来确定新建淤地坝的建设需求。

技术路线见图 6-2。

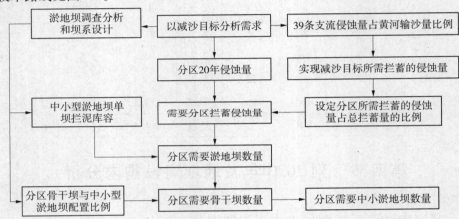

图 6-2 以减沙目标分析建设需求的技术路线

(1) 33.7 万 km² 的水土流失面积中总侵蚀量为 25 亿 t,输入黄河泥沙约 16 亿 t。按年减沙需达到 7 亿 t 计算,必须拦蓄 11 亿 t 侵蚀量。

(2)根据各侵蚀分区建坝条件和减沙的需要,设定各侵蚀分区所需拦蓄侵蚀量占所需拦蓄侵蚀总量 11 亿 t 的比例,推求出各侵蚀分区需要拦蓄的侵蚀量。剧烈和极强度侵蚀地区,侵蚀模数高,主要是多沙粗沙区,而且建坝潜力较大,确定分别减少需拦蓄侵蚀总量的 40% 和 30%,经计算剧烈侵蚀区需拦蓄侵蚀量 4.4 亿 t,极强度侵蚀地区需拦蓄侵蚀量 3.3 亿 t;强度和中轻度侵蚀地区侵蚀模数较低,建坝潜力较小,分别减少需拦蓄侵蚀总量的 20% 和 10%,强度侵蚀区需拦蓄侵蚀量 2.2 亿 t,中轻度侵蚀地区需拦蓄侵蚀量 1.1 亿 t。

(3)按照与淤地坝潜力分析相同的方法,根据各侵蚀分区 20 年需拦蓄的侵蚀量和中小型淤地坝平均单坝淤积库容,计算出各分区应建设的淤地坝(含骨干坝)数量,得出共需建设淤地坝 14.7 万座。

(4)根据各侵蚀分区多年平均侵蚀模数和骨干坝平均单坝控制面积,计算出骨干坝平均单坝控制面积中的 20 年侵蚀量,据此计算出各分区的骨干坝建设规模,再根据各分区的淤地坝总数,计算出中小型淤地坝的规模,得出骨干坝规模为 2.48 万座,中小型淤地坝为 12.24 万座。

(5)根据上述分析,按照减少入黄泥沙的目标,黄土高原地区共需建设淤地坝 14.7 万座,其中骨干坝为 2.48 万座,中小型淤地坝为 12.24 万座(见表 6-5)。

表 6-5　以减沙目标分析淤地坝建设需求

侵蚀强度	平均侵蚀模数（万t/(km²·a)）	年需减少侵蚀量（亿t）	20年需减少侵蚀量（亿t）	淤地坝平均单坝拦泥库容（万t）	需淤地坝总数（万座）	骨干坝平均单坝控制面积（km²）	骨干坝平均单坝控制面积20年侵蚀量（万t）	骨干坝数量（万座）	中小型淤地坝数量（万座）
剧烈	2.0	4.4	87.7	15	5.9	3.0	120	0.73	5.12
极强度	1.2	3.3	65.8	15	4.4	3.5	84	0.78	3.60
强度	0.7	2.2	43.8	15	2.9	5.0	70	0.63	2.32
中轻度	0.4	1.1	21.9	15	1.5	8.0	64	0.34	1.20
合计		11	219.2		14.7			2.48	12.24

三、以淤地目标分析建设需要

主要通过多沙粗沙区分析,确定满足淤地目标的建设需求。

(一)多沙粗沙区建坝需求分析

分析论证技术路线见图 6-3。

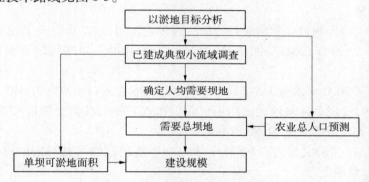

图 6-3　以淤地目标分析的技术路线

(1)通过调查分析多沙粗沙区现状及淤地坝有关指标。

多沙粗沙区截至 2000 年总人口为 610 万,其中农业人口 520 万;梯田 37.93 万 hm²,坝地 5.02 万 hm²,水地 6.93 万 hm²;人均坝地 0.009 7 hm²,人均水地 0.013 hm²。根据多沙粗沙区典型小流域坝系调查结果,人均坝地 0.050～0.095 hm²,人均收入在 2 000 元左右(见表 6-6)。

表 6-6　多沙粗沙区典型小流域坝地生产现状

流域	县(市、区)	流域面积（km²）	坝地面积（hm²）	坝地单产（kg/hm²）	人口（人）	人均坝地（hm²）	人均收入（元）
范四窑	内蒙古清水河县	42.5	121.2	4 725	1 734	0.070	2 500
阿不亥	内蒙古东胜区	121.6	245.8	5 040	2 578	0.095	2 200
碾庄沟	陕西省宝塔区	54.2	225.0	5 775	4 500	0.050	2 160
任家沟	山西省离石市	24.8	66.4	5 505	967	0.068	1 570
艾好峁	陕西省横山县	40.9	21.1	5 970	368	0.057	1 730

根据多沙粗沙区基本建成坝系的小流域调查,骨干坝数量占总坝数的14%,中小型淤地坝占总坝数的86%,平均单坝可淤地3 hm²。骨干坝、中小型淤地坝数量占总量的比例为1:6.1(见表6-7)。

表6-7 多沙粗沙区典型小流域坝系结构

流域	县	淤地坝	骨干坝		中小型淤地坝		已淤地	
							总面积	平均单坝
		(座)	座	%	座	%	(hm²)	(hm²/座)
碾庄沟	陕西延安	169	12	7.1	157	92.9	462.3	2.733
榆林沟	陕西米脂	121	16	13.2	105	86.8	327.3	2.707
王家沟	山西离石	29	7	24.1	22	75.9	84.1	2.90
园坪沟	陕西横山	145	30	20.7	115	79.3	520.4	3.587
合计(平均)		464	65	14	399	86	1 394.1	3.004 5

(2)预测多沙粗沙区2020年的农业人口数;根据典型调查的人均坝地面积,推算各区坝地面积总数。

根据全国人口控制目标和国家有关部门的研究预测,结合黄土高原地区的实际情况和调查,2001~2010年、2011~2015年、2016~2020年的人口平均增长率分别取12‰、10‰和8‰。

多沙粗沙区2000年农业人口520万,2020年的农业人口预测数为640万。

到2020年,实现多沙粗沙区人均坝地面积0.067 hm²,共需要坝地42.88万hm²,在现有基础上共需要新增坝地37.86万hm²。

(3)根据单坝可淤成坝地面积、骨干坝与中小型淤地坝占总坝数的比例,推算骨干坝、中小型淤地坝数量。

根据典型调查结果,淤地坝平均单坝可淤地3 hm²左右。到2020年要实现新增坝地37.86万hm²,多沙粗沙区共需布设淤地坝12.6万座。

(二)黄土高原地区建坝规模分析

多沙粗沙区以外地区,现有基本农田数量较大。根据规划目标到2020年新增淤地能力50万hm²,除多沙粗沙区新增坝地37.86万hm²外,本区建设12.14万hm²坝地,配合其他措施,可以满足区域粮食安全要求。根据本区淤地坝现状调查大中型淤地坝建设比例较大,平均单坝淤地面积在3.33 hm²左右。按此估算需要安排3.65万座淤地坝。

(三)总体建设需求

淤地坝建设潜力论证和以减沙、淤地为目标的需求分析的结果见表6-8。

表6-8 淤地坝建设潜力和以减沙、淤地为目标的需求分析的结果

分析论证方法	骨干坝(万座)	中小型淤地坝(万座)	总数(万座)
建设潜力	6.2	27.2	33.4
减沙目标	2.5	12.2	14.7
淤地目标			16.3

按照坝系建设的要求,需要将现有的部分中小型淤地坝改建为骨干坝。由于改建工程量较大,技术要求高,故列入本次骨干坝规划的建设中。根据典型小流域坝系调查,现有中小型淤地坝中有3%左右需要改建为骨干坝,据此确定改建骨干坝3 000座。

综合以上各个方面的分析论证结果,建设潜力能够满足减沙和淤地的需求。考虑不同侵蚀强度分区中地形地貌、人口及耕地分布特点、建坝条件、现状淤地坝等因素,结合当地农村产业结构调整、退耕还林还草和农业可持续发展的要求,以及旧坝改建,确定建设淤地坝16.3万座,其中骨干坝3万座(新建2.7万座,改建0.3万座),中小型淤地坝13.3万座。

第五节　坝系规划系统应用前景综述

一、水土保持信息化系统建设的必然要求

地理信息是水利工作的重要基础信息之一, 85% 以上的信息都跟地理信息相关。传统的对地理信息的手工处理方式已经被科学技术的进步所淘汰,水土保持行业需要运用先进的信息管理手段来提高工作效率,推进信息化建设进程。地理信息系统(GIS)技术为水土保持行业信息管理的标准化、网络化、空间化提供了有效的工具。

由于国家政策上的引导,加上国内水土保持用户的技术储备和技术需求都达到了一定的层次,同时又借助世界上最先进和成熟的 GIS 技术,所以 GIS 技术在国内水土保持行业的应用虽然起步较晚,但是发展势头迅猛,应用水平正在不断提高。

GIS 在水利水土保持行业的应用非常广泛,包括:防汛抗旱决策支持、水资源规划与管理、水环境保护、水土保持监测、流域规划、水利设施管理、水利工程规划、农田水利等多个方面。

二、"3S"技术在水土保持领域被广泛应用

我国七大江河流域的水土流失和土壤侵蚀问题是关系着流域生态环境、经济发展,甚至是七大江河流域实现可持续发展的大问题。水土流失的类型复杂多样,包括水蚀、风蚀、冰川侵蚀、冻融侵蚀、重力侵蚀等各种类型,并且有大量的滑坡、泥石流、崩岗等山地灾害。可见,流域的水土保持工作是一个长期而艰巨的任务。20 世纪 80 年代以来,日趋严重的水土流失问题引起了中共中央和政府以及全社会的高度重视,先后在主要江河流域实施了多个水土流失综合治理工程,并在重点防治区建成了水土保持监测站网,同时利用遥感技术(RS)的周期性和视域广的特点、地理信息系统(GIS)强大的信息管理和分析功能以及全球卫星定位系统(GPS)的高精度定位的特点,使流域内的有关水土流失的大量信息得到统一管理,并应用 GIS 技术来管理动态监测数据、进行水土流失预测、生态环境效益分析,从而提供及时可靠的决策依据。

三、黄土高原地区淤地坝建设为坝系规划系统的应用提供了广阔的空间

在我国进入全面建设小康社会的新的发展阶段,淤地坝建设得到了中共中央、国务院

的高度重视,中共中央《关于做好 2003 年农业和农村工作的意见》中明确提出,"加强封山育林和小流域综合治理,采取'淤地坝'等多种工程措施,搞好水土保持。"2003 年,水利部党组把淤地坝建设列为水利建设的"三大亮点"工程之一,国家安排专项资金启动实施黄土高原地区水土保持淤地坝工程,这是黄土高原地区水土保持生态建设的一件大事,必将对黄土高原乃至我国经济社会的发展产生深远影响。

淤地坝建设是贯彻落实中共中央的十六大和十六届三中全会精神,全面建设小康社会,积极推进西部大开发战略的重大措施。代表了黄土高原地区广大人民群众的迫切愿望和要求。淤地坝工程的建设,对加快黄河上中游地区水土保持生态建设步伐,促进区域经济社会可持续发展具有重大意义。

根据分析,黄土高原地区具有丰富的淤地坝建设资源和建设潜力,共可建设淤地坝33.4 万座(骨干坝 6.2 万座)。同时按照《黄河流域黄土高原地区水土保持淤地坝规划》确定的目标,今后 15 年将是黄土高原地区淤地坝大发展时期,到 2020 年,黄土高原地区将建设淤地坝 16.3 万座(骨干坝 3 万座),主要入黄支流将基本建成较为完善的沟道坝系。在今后的淤地坝建设中,必须改变过去工程布局分散、规模效益低的状况,以小流域为单元,按坝系进行建设。根据目前的经验,一条坝系一般布设 5~15 座骨干坝,按此推算,黄土高原地区将有 0.41 万~1.2 万条小流域坝系需要建设(到 2020 年将有 2 000~6 000 条小流域坝系需要建设),而每条坝系的建设都需要进行科学的坝系规划,坝系规划系统的开发,为多快好省地开展坝系规划等前期工作提供了有力的武器。坝系规划系统的应用前景十分广阔。

下　篇

小流域坝系规划及数字仿真
模拟系统用户手册

第一章 使用指南

本篇共分十六章,读者请根据自己的需要选择相关章节进行阅读。

第一章,对本手册的使用方法进行说明。

第二章,坝系规划系统简介。对系统架构设计的原则、系统结构设计、业务流程设计、系统的组成与支撑技术、系统对计算机软件和硬件的要求以及系统特色进行了介绍,最后介绍了系统的安装与卸载以及系统更新版本的升级。如果您已经对坝系规划系统有比较全面的了解,可以跳过本章;本系统的安装与卸载同 Windows 环境下的其他软件安装方法一致,如果您对其他软件的安装比较了解或者软件已经成功安装,可不必阅读本章内容。

第三章,介绍本系统软件涉及的基本术语和操作约定,包括坝系规划系统涉及的专业术语,以便更好地理解其他各章内容。

第四章,介绍在坝系规划辅助模块"3S"模块中如何进行等高线的矢量化以及在坝系规划系统如何进行等高线的相关操作。

第五章,介绍在坝系规划系统生成数字高程模型(DEM)的原理及具体的操作。

第六章,介绍沟谷线的提取原理及在坝系规划系统自动提取沟谷线的详细操作步骤。

第七章,介绍坝系规划系统中要用到的水文泥沙资料及水文泥沙的相关设置。

第八章,介绍对流域现状坝系的相关操作,包括现状坝的布设、现状坝的防洪保收能力分析等相关操作。

第九章,详细介绍如何在坝系规划主模块进行坝系规划,包括坝址的选择、坝高参数的确定、防洪保收的原理及其相关操作的步骤。

第十章,详细介绍单坝设计模块。介绍了如何在坝系规划系统采用分层法计算坝体土方量及依据单坝设计模块来进行各部件的设计,从而求出工程量为投资概(估)算模块准备数据。

第十一章,详细介绍投资概(估)算模块的操作过程及实际工作中几种特殊定额在软件中是如何实现的。

第十二章,详细介绍效益的基本原理及在坝系规划效益分析模块中进行效益分析的详细操作步骤。

第十三章,介绍了经济评价的基本原理及各评价指标的意义,详细介绍了经济评价模块的操作步骤。

第十四章,介绍方案比选的操作流程。

第十五章,介绍坝系规划系统的成果输出及这些成果在坝系规划工作中所起的作用。

第十六章,介绍如何运用坝系规划系统进行项目的评审汇报工作。

第二章　坝系规划系统简介

本系统是面向黄土高原地区"小流域淤地坝坝系规划"的系统,同时支持设计阶段和评审阶段的工作。在设计阶段,能够支持前期调研、小流域自然条件分析、建坝潜力分析、现状坝系分析、布坝、规划方案设计、规划方案分析、典型设计、投资概算、效益分析、经济评价、方案比较等环节的工作;能辅助用于编写报告和 CAD 制图。不仅能极大地提高工作效率,还有助于获得更科学、合理的规划方案。在评审阶段,系统便于设计单位对规划成果进行展示、陈述;便于评审专家进行检查、审核。

2.1　系统架构设计

2.1.1　系统设计原则

系统在设计时遵从如下原则:

(1)标准性。系统既符合软件开发标准,也严格按照水土保持的坝系规划行业标准进行设计与开发。

(2)规范化。数据的处理、技术性能等严格遵循现有的国家标准、行业标准,软件投入使用不仅解决生产问题,也普及了行业和国家标准。

(3)科学性与先进性。系统确保在技术上的领先地位和面向未来的良好的可扩充性,采用分层的体系结构,面向对象的 GIS 技术、CAD 技术、COM 技术,OLE 技术、DHTML技术、三维建模技术等与坝系规划理论技术有机结合。

(4)开放性与灵活性。系统的结构模块化、组件化、可插拔,具有很强的灵活性。

(5)可靠性与稳定性。系统具有较高的可靠性与稳定性,有故障自诊断能力,有一定的容错能力与自恢复能力。

2.1.2　系统结构设计

系统是按照分层构架的,分别为数据层、业务逻辑层、表示层(用户操作界面),如图 2-1 所示。

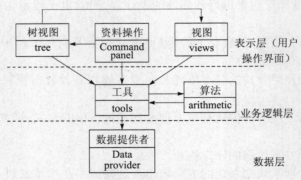

图 2-1　坝系规划系统结构设计示意图

2.1.2.1 数据层(数据的输入输出)

设计一个被称为"数据提供者"的结构来存放系统中用到的所有数据。"数据提供者"是一个树状结构,树的每个节点都设计为"数据提供者"类或其子类,与其对应的是表示层的树状控件。数据层为业务逻辑层提供基础数据,同时用于存放业务逻辑层生成的结果数据,通过访问"数据提供者"的指定节点取得需要的数据。"数据提供者"通过序列化输出以文件的形式存储。

2.1.2.2 业务逻辑层(具体算法)

业务逻辑层的主要功能是:通过接口控制数据层数据的输入输出;算法及业务逻辑处理;为表示层提供接口。设计了一个较为庞大的工具系统对业务逻辑层进行控制,工具也是为表示层提供的接口,表示层的所有设计数据和业务逻辑的操作都通过调用工具实现。

2.1.2.3 表示层(用户操作界面)

为用户提供输入输出接口,响应用户操作。

2.1.3 系统业务流程设计

本系统流程设计是依据坝系规划的业务流程而得到的(见图2-2)。

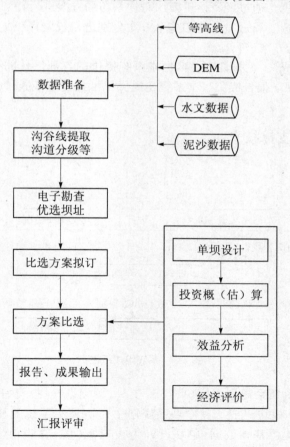

图2-2 系统业务流程设计

第一步：数据准备。运用本系统进行坝系规划首先要准备等高线、水文数据和泥沙数据。通过等高线生成 DEM，系统自动提取沟谷线、自动对沟道进行分级等操作。

第二步：现状坝调查。将外业调查的现状坝布设到数字流域地形图上。

第三步：电子勘查选择最佳坝址。通过电子勘查功能，在数字流域地形图上，依据设置的电子勘查相关参数，沿沟道考察得出库容/工程量考察报告和曲线。库容/工程量值大的为最佳坝址。

第四步：依据电子勘查的坝址，结合外业调查，确定坝系布局方案。

第五步：依据水文计算确定坝系方案中新建坝或现状坝改造的拦泥坝高、滞洪坝高以及安全超高，从而确定总坝高。

第六步：工程设计。对确定方案中的坝进行工程设计，估算其工程量，为投资概（估）算提供基础数据。

第七步：投资概（估）算。依据工程设计估算的工程量，运用投资概（估）算模块进行方案的投资概（估）算。

第八步：效益分析。通过效益分析模块对坝系布局方案进行效益分析。

第九步：经济评价。通过经济评价模块对坝系布局方案进行经济评价。

第十步：方案比选。通过对比选的多个方案分别进行投资概（估）算、效益分析、经济评价后就可以对拟选方案进行比选。

第十一步：报告成文，汇报评审。依据本系统提供的各部操作的报告，可以直接复制到 Word 文档里面，便于报告成文。本系统还提供了汇报评审模式，便于对项目进行汇报评审。

2.2 系统组成及支撑技术

2.2.1 系统组成

系统组成见图 2-3。

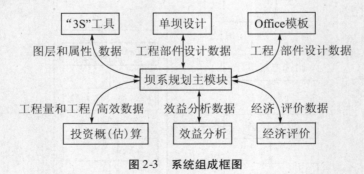

图 2-3 系统组成框图

本系统的组成由坝系规划主模块、"3S"工具、单坝设计、投资概（估）算、效益分析、经济评价以及 Office 模块组成。其中坝系规划主模块是本系统的核心模块；"3S"工具为坝系规划主模块提供基础数据；单坝设计为投资概（估）算提供工程量数据；坝系规划主模块以及投资概（估）算模块为效益分析提供基础数据；效益分析为经济评价提供数据。

坝系规划主模块主要涉及坝系数据的管理、坝系三维演示、电子勘查初选最佳坝址，能快速找到理想的布坝位置；同时还能结合现场考察对建坝条件进行记录；在同一个布坝地点，可同时假设多个"建坝方式"供选用、比较，因而增加了调整规划方案的灵活性，提高了对规划方案的关键指标进行优化的效率；在坝高和溢洪道断面尺寸设计、坝系防洪能力分析、坝系生产保收能力分析等过程中全面贯彻坝系规划理论；在对现状坝系或规划方案进行运算、分析过程中全面考虑了建坝时序、坝系运行发展的综合影响，内部自动根据分析的前提条件而进行时空拓扑处理，运算结果准确可信；各种计算、分析工具都能产生详细的报告，报告中包含图、表、公式等，设计人员可完全了解计算过程，并进行检查、验算；数据能方便地复制或直接插入到 Office 文档中，规划、设计结果能输出到 DXF 格式文件中，或存为 GIS 地图。

"3S"工具提供了地图数据的编辑工作，特别是等高线的矢量化，在该模块里面可以依据 1∶10 000 的扫描图进行扫描图的投影变化，扫描图的 RGB 转灰阶，二值化、细化、短枝去除等交互式矢量化的准备工作。通过交互式矢量化或手工矢量化可以完成等高线的矢量化工作，并提供对等高线图层的编辑、属性数据库的操作等功能。通过该模块可以完成流域土地利用现状图的制作以及属性数据库的建立、编辑，为小流域坝系规划提供基础数据。另外，该模块还可以将主流软件的格式转换成自身的格式，从而进行编辑，为坝系规划系统提供基础数据，支持的其他软件的格式主要包括 AutoCAD DXF、Arc/Info（Arc GIS）E00、Arc View Shapefile、MapInfo MIF 等多种图形数据格式以及 BMP、TIF、GIF、JPG 等多种图像数据格式。该模块与坝系规划主模块之间提供了数据的传输接口，可以实现数据的相互导入导出，可以对坝系规划主模块导出的数据进行后期处理，如坝系规划布局图等。

单坝设计模块对各个坝中涉及的部件进行设计如坝体、溢洪道、放水建筑物等，该模块能生成部件的三维效果并制定渲染方式，同时该模块还通过三维实体来计算各部件的工程量，计算更加科学、准确。针对单坝设计与坝系规划所需地形图比例尺不同的要求，该模块提供可单独的等高线数据的接口，可以在该模块下面依据等高线生成更精细的 DEM 以便更真实的反映实际地形。

投资概（估）算模块以水土保持生态建设工程和开发建设项目水土保持工程投资概（估）算编制的相关规定以及相应配套的建筑、安装定额为编制依据而开发的。软件目前采用的定额为水利部 2003 年的定额，软件提供了让用户自定义材料、自定义机械以及自定义定额的接口，可以实现定额的扩充。本软件相关文件编制为一体，基于水土保持投资概（估）算管理平台化，功能模块化、系统集成化、操作个性化、智能化分析、自动化处理、灵活方便的自定义处理能力，最大程度满足水土保持投资概（估）算的业务需求。

效益分析模块的设计是完全依据小流域坝系规划效益分析的相关规范，紧密结合实际应用而开发的。本模块通过编制相关计算公式来实现坝系的效益分析。该模块自动调用坝系规划系统主模块里面的相关数据，设置相关参数后可以自动计算出坝系经济效益成果表和坝系效益费用流量表。

经济评价模块以技术经济学为基础，充分考虑生态环境项目的特点，能够满足多种项目的需要。根据效益分析模块的分析结果,自动计算动态回收期,静态回收期、净现值,益本比、内部收益率等经济评价的指标,自动生成敏感性分析结果表,与传统手工计算相比大大提高了工作效率。

2.2.2　支撑技术

支撑技术框架如图 2-4 所示。

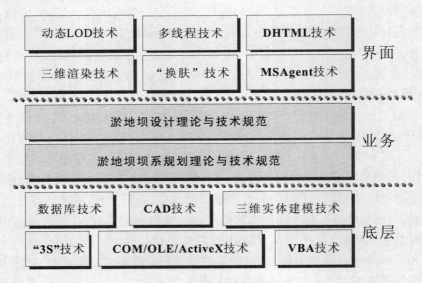

| 动态LOD技术 | 多线程技术 | DHTML技术 |

界面

| 三维渲染技术 | "换肤"技术 | MSAgent技术 |

淤地坝设计理论与技术规范

业务

淤地坝坝系规划理论与技术规范

| 数据库技术 | CAD技术 | 三维实体建模技术 |

底层

| "3S"技术 | COM/OLE/ActiveX技术 | VBA技术 |

图 2-4　支撑技术框架

本系统的支撑技术随不同的层次而不同。底层的支撑技术主要有数据库技术、"3S"技术、三维实体建模技术、COM/OLE/ActiveX 技术、CAD 技术以及 VBA 技术,业务层的支撑技术为淤地坝设计理论、技术规范以及坝系规划理论和技术规范等;界面层所采用的技术主要包括动态 LOD 技术、多线程技术、DHTML 技术、三维渲染技术等。

2.3　系统软硬件要求

本系统需要在以下环境下运行。

最低使用配置

　　主机选择 IBM‒PC 系列及其兼容机,其中:

　　CPU:P4 1.7

　　内存:256 MB

　　硬盘:20 GB

　　CD‒ROM 或 DVD 等,如需多媒体应加声卡

　　显示卡:32 MB

推荐使用配置

　　主机选择 IBM‒PC 系列及其兼容机,其中:

　　CPU:P4 2.4

内存：512 MB

硬盘：40 GB

CD – ROM 或 DVD 等,如需多媒体应加声卡

显示卡:128 MB

软件运行平台:Windows9x/me/2000/ NT /XP

2.4 系统特色

2.4.1 实现 GIS 地图、CAD 图纸、文档、规划设计数据等资料的集中管理

数据分为"地图"、"文档"、"规划资料"三大类,每大类中各自进行分项、分层次管理。可容纳多种类型的资料,层次清晰,易于用户自己整理和组织。"地图"是小流域坝系规划项目涉及的各类地理相关要素的图层集合,可包含的图层有等高线、DEM、遥感影像、行政区划、道路、地块、居民点等。"文档"是操作系统中文件夹和文件的映射,用户可自由操作、管理文件夹和文件。"规划资料"是以 DEM、沟道、泥沙资料、水文资料、现状坝系、规划方案等作为主纲而组织管理的数据资料,每一项数据资料称为一个"对象";"对象"及其"子对象"是按照规划设计的逻辑层次组织的,例如在添加一个"布坝地点"对象时,系统将自动生成"特征曲线"、"沟道断面"等子对象(见图2-5)。

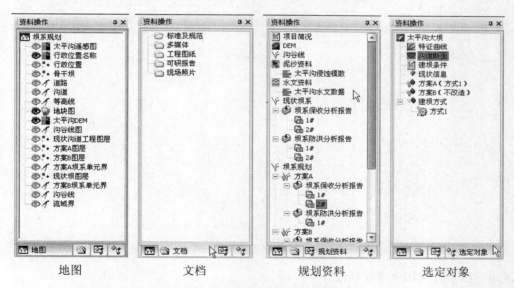

地图   文档   规划资料   选定对象

图 2-5   坝系规划系统资料管理界面

2.4.2 自动提取沟谷线、沟道分级和流域划分

本系统可以在 DEM 的基础上依据特定的算法,自动提取出流域的沟谷线(见图2-6),并对所提取的沟谷线进行自动分级,还可以进行流域的划分(见图2-7)。其中,沟道分级是依据国际上通用的"从小到大"惯例,确定一级至更高级沟道。沟道特征分析表依据《黄河水利委员会坝系可行性研究编制暂行规定(正式版)》格式自动生成,"集水面积"、"沟长"、"平均比降"数值从 DEM 上自动提取。

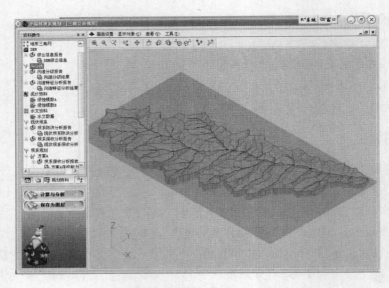

图 2-6   自动提取沟谷线、划分流域

图 2-7   自动进行沟道分级

2.4.3   电子勘查初选最佳坝址

通过沿沟道按照一定的勘查距离布设坝址,自动计算库容/工程量的比值,比值最大者为较优坝址,可以初步选定最佳坝址,结合人工野外调查就可以确定最终坝址,这大大节省了外业的盲目性,使得坝址的拟定更加科学合理。

2.4.4   自动绘制图纸

当确认坝址、坝高时,本系统可以根据 DEM 特征自动绘制坝的坝高～库容和坝高～面积曲线(见图 2-8),自动绘制沟道断面图(见图 2-9),且其成果可以直接导成 AutoCAD 的 DXF 通用格式,方便用户在特定情况下出成果图。

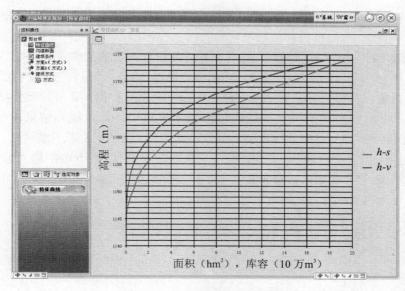

图 2-8　自动绘制特征曲线

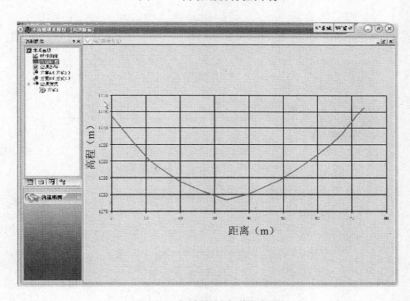

图 2-9　自动绘制沟道断面图

2.4.5　计算洪水、泥沙的过程中应用时空拓扑技术,计算结果更科学

坝系建设、运行是一个动态过程,而且建设和运行是相互作用的两个方面,因此坝系的时间、空间演变是复杂、耦合的过程。以前后两年相比较,就整个坝系而言,其布局和淤积情况会动态改变;就单座坝而言,其上游坝会发生改变(如有新建成的上游坝、有新改造的现状坝等),由于上游坝的改变会导致控制范围/汇水范围发生改变,上游来洪、区间来洪、区间泥沙随之发生改变,淤积情况会发生改变,下泄洪水情况会发生改变……。因此,手工计算时很难全面、准确地进行分析和处理。本系统开发的设计、分析工具在计算

过程中,自动将布局和所有相关参数进行逐年分析,保证运算结果能完全跟随时间、空间的变化。

2.4.6 计算过程产生详细的计算报告,极大地提高设计人员的工作效率

各种计算、分析工具可以将产生的结果生成"报告"对象。"报告"对象一般作为被操作对象的子对象而管理,一份"报告"可包含图、表、公式、文字结果和若干分项报告(见图2-10~图2-13)。这些详尽的、关联的信息便于用户对计算过程和结果进行检验、分析,对不同条件下得到的结果进行比较。报告中含图、表、公式、结果、计算说明,从一个报告附带的"枝叶"报告,可追溯到每个数据的来源。通常表现为:下游的输入数据来自对上游运算的结果;当年的输入数据来自对上一年运算的结果;综合的数量来自分项运算的结果。报告可保留以供比较、分析,或供专家审查。

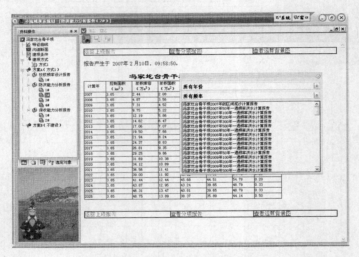

图 2-10　单坝防洪能力分析报告

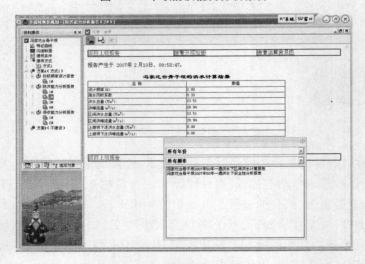

图 2-11　单坝洪水分析报告

图 2-12　单坝保收能力分析报告

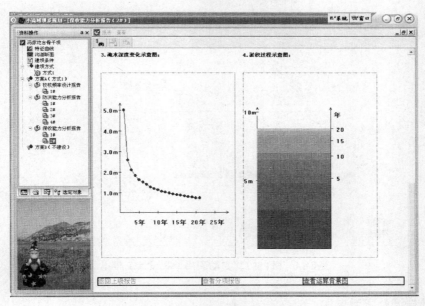

图 2-13　单坝保收能力逐年动态分析

2.4.7　业务流程一体化,简单高效

进行单坝设计后,系统自动计算出坝的各组成部件的工程量(见图 2-14)。在进行投资概(估)算的时候,投资概(估)算模块自动调用单坝设计工程量表里的工程量数据(见图 2-15)。进行效益分析的时候,效益分析模块自动调用投资概(估)算模块以及坝系规划主模块里面的相关数据(见图 2-16)。经济评价的时候自动调用效益分析模块里面的数据(见图 2-17)。整个业务流程一体化,简单高效。

图 2-14 单坝设计自动计算工程量

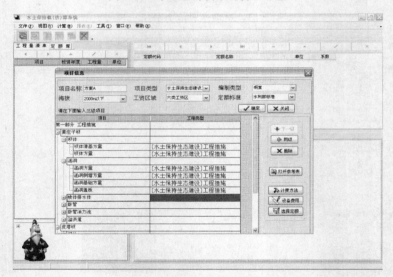

图 2-15 概(估)算自动调用单坝设计工程量

2.4.8 数据调整灵活自如

系统能够即时规划、即时设计、即时分析。例如,当任何一个规划方案的布局或其中任何一座坝的建坝方式被修改后,可即时利用查询、设计、分析工具得到新的结果报告,如果与预定目标不符,可马上作相应修改、调整。

随时可对现状坝进行增删和编辑现状信息。例如,在方案设计阶段遇到因突发洪水而冲垮了一些坝的情况下,可当即修改现状坝系,并不需要重新设定所有数据。

允许设定多个坝系规划方案;每个方案可预设为"保持现状"后再修改,或从已有的方案复制生成新的方案后再修改。

在每个可能的布坝地点(新建坝或现状坝改造),允许设定多种建坝方式以供在每个坝系规划方案中选用、比较(当然,坝系规划方案在此处还可设定为"不建坝"或"不改造")。任意两个坝系规划方案在同一个地点的设定可以相同,也可以不同。这使得规划方案中的调整十分灵活,有利于快速趋近规划目标。

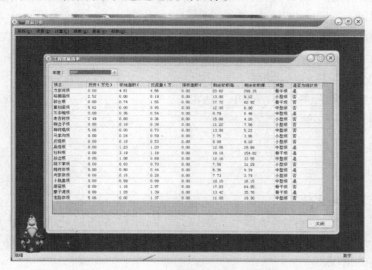

图 2-16　效益分析自动调用概(估)算和坝系数据

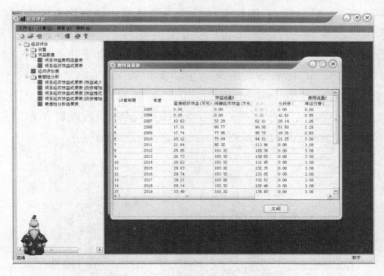

图 2-17　经济评价自动调用效益分析数据

泥沙资料、水文资料是重要的基础数据。实际工作中,各种来源得到的资料不尽相同,需要考察、比较、调整。本系统允许用户添加多套资料,允许用户对计算方法和计算所用的数据进行选配,为用户确定最恰当的资料提供方便。

方案比选所需的投资概算、效益分析、经济评价数据,可由系统调用相应的模块得到,当一个模块的数据变化后,其他模块只需要简单操作就可以完成相应的变化。

2.4.9 自如与高效兼得

采用多种计算机优化算法,可以自动缓存水流方向分析结果,自动缓存汇水区多边形计算的结果,自动缓存全部坝的拓扑结果,自动判断坝系拓扑是否发生变化;当拓扑未改变时,洪水、泥沙数据不需重算,发现前驱条件改变时,自动更新缓存的数据,大大减少了用户的等待时间。

2.4.10 完整的矢量信息

借助 GIS 技术格式存储的优势,采用完整的矢量格式,数据存储量小,应用更方便。以下操作均产生矢量格式的数据:

淹没区分析→复杂多边形→简单多边形

汇水范围分析→多边形

沟道提取→线

流域划分→多边形

坝系布局→点

坝系单元划分→多边形

淹没范围分析后提取的多边形与地块、居民点、道路等图层叠加,可用于分析淹没损失;汇水范围分析后提取的多边形与侵蚀模数分区图层叠加,可用于处理同一小流域内侵蚀程度有差别的情况。

2.4.11 三维仿真模拟坝系布局和运行动态变化

系统提供的"评审汇报模式"能像设计模式一样显示三维地形及坝系(见图 2-18),而且还能只展示现状坝系、某一方案里面的坝、方案到某一年建成的坝等。该系统能真实地展示整个坝系的淹没情况(见图 2-19),其淹没数据全部来自于设计模式,而不是简单的示意图。对于整个坝系而言,能够展示某一年的淤积状况(见图 2-20),对于坝系中的单个坝而言,能够动态显示在整个坝系的运行期间该坝的泥沙淤积动态(见图 2-21)。这些科学直观的展示能让评审专家很容易把握小流域的情况和坝系规划方案。

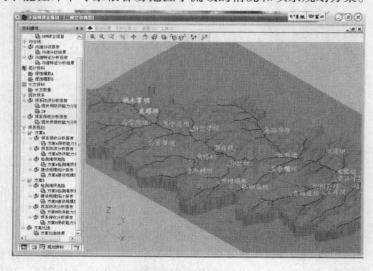

图 2-18　坝系布局展示

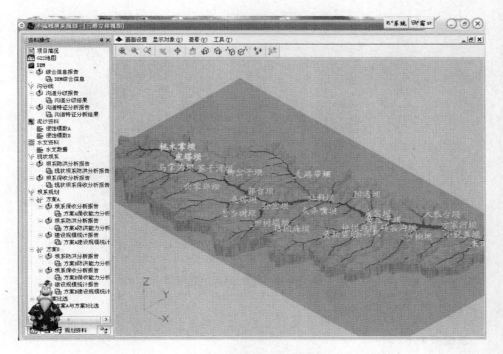

图 2-19　坝系淹没状况展示

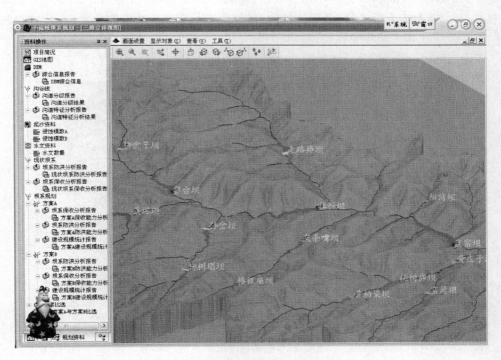

图 2-20　坝系布局和淤积发展情况展示

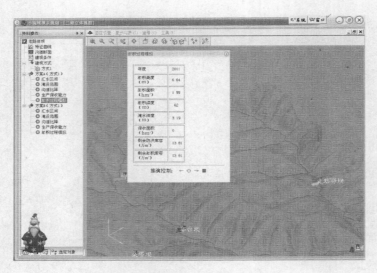

图 2-21   单个坝淤积过程动态模拟

2.5   系统安装、卸载及升级

2.5.1   系统安装

系统软件的安装简便易行。可以从光盘或硬盘的安装文件上启动安装程序,其可执行文件为 DamSysSetup V1.5.070702.exe。其路径为 G:\坝系规划 V1.5(含 3S 工具)。其中,V1.5.070702 为版本号,随着软件的升级,版本号会发生相应的变化,安装的时候只要在该路径下找到安装程序就可以进行安装。

双击"DamSysSetup V1.5.070702.exe",会弹出如图 2-22 所示界面,单击"下一步"。

图 2-22   安装程序欢迎界面

在图 2-23 所示界面中阅读软件用户协议,选择"我接受许可协议中的条款(A)",单击"下一步"。

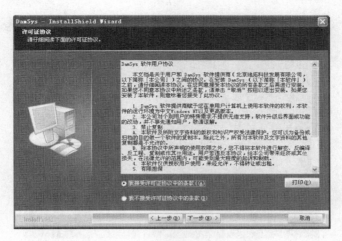

图 2-23　用户许可协议

在图 2-24 所示的界面中输入用户名和公司名称后,单击"下一步"。

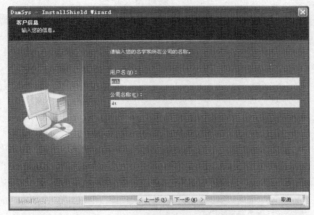

图 2-24　填写用户名与公司名称

在图 2-25 所示界面中选择"完全(C)"安装,单击"下一步"。

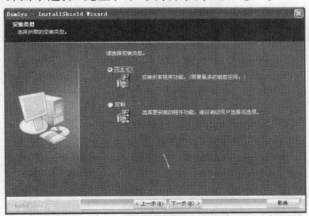

图 2-25　选择安装类型

在图 2-26 所示的界面中如果需要修改安装路径,单击"更改",如果不需要,单击"下一步"。

图 2-26　设置安装路径

在图 2-27 所示的界面中单击"安装",出现如图 2-28 所示的安装界面。

图 2-27　确定"安装"界面

图 2-28　软件安装进程

安装完后一定要重新启动计算机,否则有些控件注册不上会影响软件的使用。选择"是,立即重新启动计算机"(见图 2-29),单击"完成"按钮,计算机自动重新启动(注意:单击"完全"按钮之前务必要保证您所工作的文件已经保存了,比如 Word 文档。)。

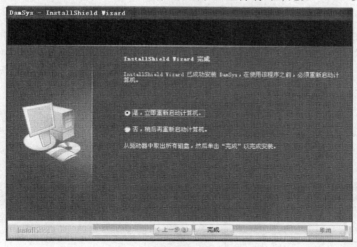

图 2-29 重新启动界面

通过"开始→所有程序→坝系规划→软件锁设置",调出如图 2-30 所示的软件锁设置界面。如果您的加密锁是单机版,选择"使用本机锁"后单击"确定"按钮,插上加密锁就可以使用软件了。

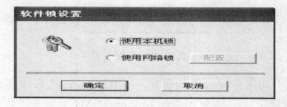

图 2-30 软件锁设置界面

如果您的加密锁是网络版,选择"使用网络锁"后,"配置"按钮处于可选状态,单击"配置",弹出如图 2-31 所示界面。搜索方式最好选择"手动搜索",在"服务器 IP 地址列表"中输入服务器的 IP 地址或主机名(见图 2-32)。

图 2-31 网络锁设置界面

图 2-32 设置服务器地址界面

在用作服务器的电脑中,插好网络版加密锁,打开安装光盘,将"加密锁服务器"文件夹复制到服务器硬盘上面,打开该文件夹,双击"Nr6Svr",就会在电脑的右下角出现一个服务器运行的标志,双击标志,弹出界面如图 2-33 所示。对于作为服务器的本机也要把软件锁设置成网络锁才能使用软件。

需要注意:如果服务器上使用了防火墙,有时候会造成客户端无法访问服务器,导致其他机器无法使用该加密锁。解决办法是:关闭防火墙或在防火墙添加服务器的访问端口。端口的查看可以通过双击"Nr6Config",在弹出的对话框(见图 2-34)里面查看,图 2-34 中显示的端口号为 4837。

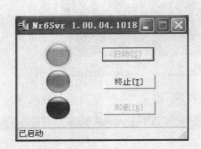

图 2-33　启动 Nr6Svr 服务器

图 2-34　查看服务器网络锁端口

如果系统自带的 Windows 防火墙处于启用状态,也需要进行关闭防火墙或添加端口的设置。具体操作过程如下,通过"控制面板"里面找到"Windows 防火墙"(见图 2-35),双击"Windows 防火墙",弹出如图 2-36 所示对话框,如果直接关闭防火墙,网络锁就使用正常了。如果不想关闭防火墙,可以通过添加端口来解决这个问题,如图 2-37 所示。

单击"添加端口",在弹出的对话框中(见图 2-38)输入要添加的端口号如 4837(该端口号与服务器网络锁的端口号设置要一致)。

图 2-35　控制面板

图 2-36　Windows 防火墙"常规"选项卡

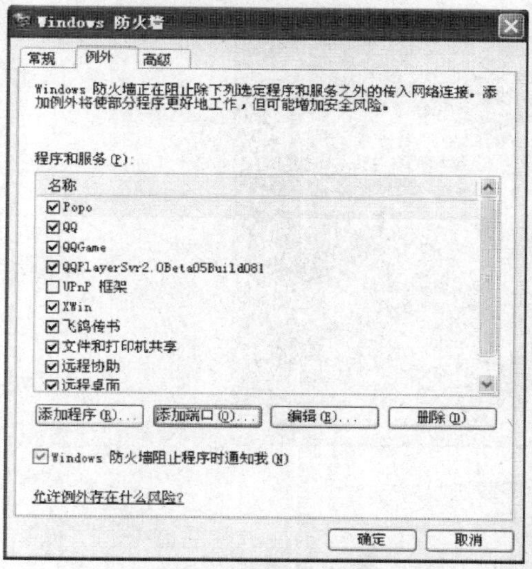

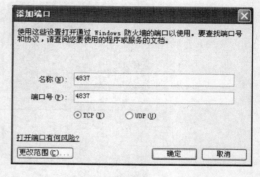

图 2-37　Windows 防火墙"例外"选项卡

图 2-38　添加端口对话框

2.5.2　系统卸载

通过双击桌面"我的电脑",选择"添加/删除程序",弹出如图 2-39 所示的界面,找到 Dam-Sys,单击"删除",弹出如图 2-40 所示对话框,单击"是",将弹出如图 2-41 所示界面。

图 2-39　添加或删除程序

图 2-40　确认是否删除软件

在如图 2-42 所示界面单击"完成"按钮就完成了坝系规划系统的卸载。

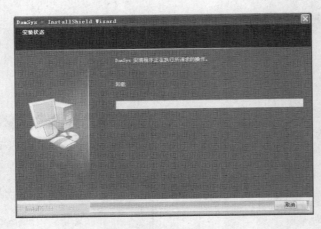

图 2-41　软件卸载进程

图 2-42　卸载完成界面

2.5.3　系统升级

登录公司网站 http://www.dtgis.com,在网站首页的右边找到"下载中心",在"下载中心"找到"坝系规划系统 V1.5 安装程序和县南沟小流域演示例子"可以下载最新的坝系规划系统,用最新的安装程序安装就可以对坝系规划系统进行升级。需要注意的是,在安装最新的坝系规划系统前一定要把以前安装的坝系规划系统进行卸载,坝系规划系统的卸载见本节 2.5.2。

第三章　操作术语与约定

3.1　基本术语

3.1.1　Windows 操作术语

单击：按下鼠标按钮，随之即刻释放。除特别说明外，"单击"指按下鼠标左按钮。

双击：快速重复两次单击操作。

拖动：按住鼠标左按钮的同时移动鼠标指针。

指向：不按鼠标按钮的情况下把鼠标指针移动到预期位置。

释放：松开按住鼠标按钮的手指。

选择：是某些操作必要的准备工作。例如，选择一个坝进行单坝设计，需要单击坝的图形，当图形发生颜色闪现时说明选中了该坝。

文件：指现实生活中的各种书面文本。文件由文字、表格、图（包括图形、图像、图片）、多媒体对象等构成。文件是 Windows 的处理对象。

3.1.2　坝系规划系统操作术语

在本"系统"中，一座现状坝是通过其"坝址"和"现状信息"结合定义的，一座新建坝或改造坝是通过其"坝址"和"建坝方式"结合定义的。

"坝址"是对坝的布置地点和坝轴线方向的规定，以一个独有的名称（例如用地名）来标识。自然，每座坝都对应有一个"坝址"，且一座改造坝的"坝址"与其现状坝的"坝址"是同一个。为了方便，"系统"规定现状坝、改造坝、新建坝的名称与"坝址"的名称相同。

在每个"坝址"处，用户可添加一个或多个"建坝方式"。"建坝方式"是一组关于坝的类型、组成部件、部件的主要尺寸、防洪标准、建成年份等参数的设置（对于存在现状坝的"坝址"，"建坝方式"实际上是对改造坝的设置）。

在本"系统"中，"坝址"和"建坝方式"是定义坝系规划方案的基础，而且每个"坝址"和其中包含的"建坝方式"是供所有坝系规划方案共同使用的。注意，并不是每个"坝址"在一个坝系规划方案中都会对应有一个新建坝或改造坝，这是因为，方案中在有的"坝址"处可以设定为"不建坝"，或对有的现状坝可以设定为"不改造"。

一个坝系规划方案的内容，是通过在每个"坝址"处的"建坝设定"来体现的。对于存在现状坝的"坝址"，"建坝设定"是指是否改造现状坝，如果改造，按哪种"建坝方式"改造；对于不存在现状坝的"坝址"，"建坝设定"是指是否在此新建坝，如果新建，按哪种"建坝方式"建设。

更具体地说，要定义现状坝系的一座坝，是先添加其"坝址"，然后给出"现状信息"；要在某方案中设定一座新建坝，首先要添加其"坝址"，然后对此"坝址"定义一个或多个"建坝方式"，最后在方案中选择一个；要在某方案中设定一座改造坝，首先要在对应于其现状坝的"坝址"处定义一个或多个"建坝方式"，然后在方案中选择一个；要在某方案中取消一座新建坝或改造坝,只需在对应的"坝址"处设定为"不建设"或"不改造"。

在实际的坝系规划工作中,两套坝系规划方案会有很多相同的改造坝或新建坝,遇到这种情况,只需要两个方案在每个具有相同坝的"坝址"处都选用同一个"建坝方式",即可确保坝是完全一样的,而且避免了重复输入数据的麻烦。

3.2　操作约定

3.2.1　Windows 基本约定

本部分介绍 Windows 系统中各窗口的组件名称及这些组件的操作方法,另外还会介绍 Windows 中鼠标及键盘的使用技巧;窗口的大小如何改变、如何移动、如何打开多个窗口等方法。这些内容对初学者的学习及操作极有帮助,如果您已经熟练应用 Windows,则跳过本节。

Windows 窗口由下列构件组成:标题栏、菜单栏、工具栏、工作区、滚动条、状态栏、角和边。各构件位置如图 3-1 所示。

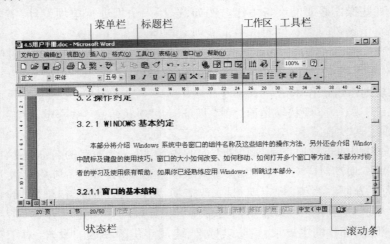

图 3-1　Windows 窗口

3.2.1.1　标题栏

位于 Windows 窗口顶端,包含如下构件。

1)标题

位于标题区左侧,显示该软件的名字和活动文件的名字,例如:4.5 用户手册.doc – Microsoft Word。

2)Windows 控制菜单按钮

位于标题区左端。按此按钮将出现控制菜单,如图 3-2 所示。

执行 Windows 窗口控制菜单中相应的命令可改变 Windows 窗口的大小,可移动、最大化、最小化或关闭 Windows 窗口,可将已最大化的 Windows 窗口还原到原来大小。

双击控制菜单按钮可将 Windows 窗口关闭。如当时还有打开的文件,则将出现如图 3-3 所示的提示信息,提示用户将打开的文件存盘。

图 3-2　控制菜单按钮

图 3-3　保存提示

3）Windows 窗口最小化、最大化(还原)和关闭按钮

位于标题区右端,自右至左分别为 Windows 窗口的"关闭"按钮、"最大化"(还原)按钮和"最小化"按钮。

可单击"最小化"按钮将 Windows 窗口收缩为图标,单击图标又可将其放大为窗口。可单击"最大化"按钮将该窗口放大到整个屏幕,此时放大按钮变形为"还原"按钮。"还原"按钮形如两个重叠的小正方形。可单击"还原"按钮将放大到整个屏幕的窗口恢复为原来大小。

"关闭"按钮与控制菜单中的"关闭"命令等效。

3.2.1.2　菜单栏

菜单分为两类,即菜单栏和快捷菜单。

菜单栏位于 Windows 窗口标题区的下方,其中水平排列着各个菜单的名称。大多数软件的菜单栏中都有"文件"、"编辑"、"帮助"这三个菜单名称。

在 Windows 中工作的任何时候,单击鼠标器右按钮都可显示一个快捷菜单。快捷菜单中有哪些命令取决于系统当时的状态。例如,在系统的文件中无选择区的情况下,单击鼠标器右按钮显示如图 3-4 所示的快捷菜单。

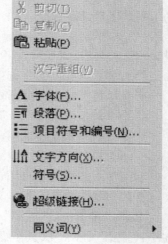

图 3-4　快捷菜单

1）菜单命令

每个菜单中都包含若干组功能类似的命令。例如,新建文件、打开文件、打印文件等都是属于文件管理性质的命令,它们共处于"文件"菜单中。每个命令都具有其特定的功能,例如,对文本进行格式化、打印文本、将文件存盘等。

用鼠标指针在下拉菜单或快捷菜单中某个命令上单击,该命令即被执行。

有些命令作用于整个文件,有些命令作用于文件中特定的部分。"特定的部分"这一术语的含义在具体操作中用"选择"表示。例如,为文本加下划线操作只对选择的文本进行。Windows 提供了多种选择对象的办法。被选择的对象呈高亮度显示。如当前没有已选择的对象,那些作用于选择对象的命令呈模糊状态。呈模糊状态的命令不能被执行。

执行某些命令时,其功能即刻生效。

执行某些命令时,先出现对话框,用户需在对话框中为该命令的执行提供所需的信息后,才能实现该命令的功能。这样的命令有后缀"..."。

2）用鼠标器执行菜单命令

所有菜单命令都可通过鼠标器单击命令名执行。将鼠标指向欲执行的命令,此时该命令将呈高亮度,标志它被选择,此时单击该命令即被执行。

某些命令有对应的工具栏按钮和开关(如"编辑"菜单中的"剪切"和"复制"命令)。对这些命令,通过单击按钮和开关执行更为快捷方便。

3）用键盘执行菜单命令、选择复选框或选择圆按钮选项

按 Alt 启动菜单栏后,即可用左、右方向键使指定的菜单成高亮度,再按下方向键或 Enter 键显示下拉菜单,然后用上、下方向键使指定的命令变成高亮度,再按 Enter 键执行该命令。

所有名字中有下划线字母的菜单、命令和按钮都可用下述步骤实现其功能:

(1)按 Alt 启动菜单栏。

(2)按箭头键将高亮度块移动到执行的菜单名字上,再按 Enter 键;或键入菜单对应的下划线字母,即显示对应的下拉菜单。

(3)按方向键将高亮度块移动到拟执行的命令名上,再按 Enter 键;或键入命令名中的下划线字母,即执行该命令。

(4)如果显示了对话框,则按 Tab 键在命令对话框中的选项间移动。可按上、下方向键显示选项列表,或在列表中选择。

(5)最后,按 Tab 键将选择框移动到"确定"按钮上,再按 Enter 键即可执行该命令。

所有其名字右侧有快捷键的命令都可通过该快捷键执行。

4）命令效果的作废与作废效果的恢复

执行"编辑"菜单中的"撤销"命令可将最近执行命令的效果作废。例如,不小心删除了不应删除的对象,执行"撤销"命令,可将删除的对象恢复。

利用常用工具栏上的"撤销"按钮可将此前所进行的多次操作撤销。

有些命令的效果不能作废。例如,"保存"(存盘)命令的效果就不能作废。

"编辑"菜单中的"撤销"命令与常用工具栏上的"撤销"按钮的功能基本相同,区别在于:"撤销"命令一次只作废上一次操作,为作废此前的多次操作,需连续执行多次"撤销"命令。

按 Ctrl + Z 键亦可撤销刚执行过的操作。

每当利用"撤销"按钮进行过撤销操作后,撤销按钮右侧的"重复"按钮即成为可用按钮。单击该按钮则最近一次操作的效果被恢复。

执行"编辑"菜单中的"撤销"命令,"重复"命令成为可用命令。"重复"命令与"重复"按钮的功能基本相同,区别在于:"重复"命令只恢复上一次的"撤销"操作,为恢复刚被作废的多次操作,需连续执行多次"重复"命令。

按 Ctrl + Y 键亦可将刚执行过的命令的效果恢复。

3.2.1.3 工具栏

工具栏提供编制文件所需的大量工具,用户可根据自己的需要选择显示哪些工具栏,还可自定义工具栏。

默认情况下,工具栏位于菜单栏下方、工作窗口上方。

1）工具栏显示或隐藏

为显示或隐藏工具栏,在"视图"菜单中执行"工具栏"命令,此时出现"工具栏"对话框,如图3-5所示。

在该对话框中,每个工具栏名称左端有一个复选框。复选框为方框,按开关的方式工作,单击一次复选框使其中出现√符号,则该复选框生效,再次单击复选框,则其中的√符号消失,标志该复选框失效。某复选框生效的情况下,单击"确定"按钮退出"工具栏"对话框后,对应的"工具栏"即显示在Windows窗口中,某复选框失效的情况下,单击"确定"按钮退出"工具栏"对话框后,对应的"工具栏"即从Windows窗口消失。

2）工具栏的移动

可用鼠标拖动工具栏上非按钮的空白位置,将工具栏拖动到文件窗口中任意位置。将工具栏拖动到文件窗口顶部、底部、左侧和右侧时,工具栏仍呈长条状显示,拖动到文件窗口中部区域时,工具栏变为浮动工具栏（见图3-6）。

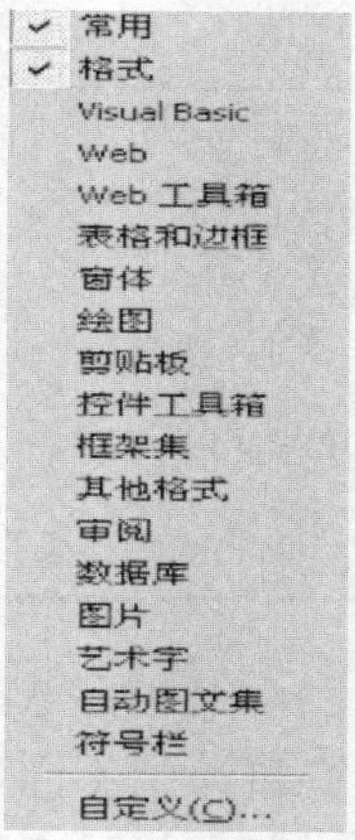

图3-5 "工具栏"菜单

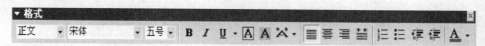

图3-6 浮动工具栏示例

3.2.1.4 状态栏

状态栏主要显示当前操作的一些状态,也显示某些键(如Ins—改写方式和非改写方式)的状态,还显示应用软件的某些特征。

3.2.1.5 角和边

拖动Windows窗口的角和边可改变Windows窗口大小。将鼠标指针置于角或边上(此时指针变为双向箭头),然后拖动即可改变Windows窗口大小,释放后Windows窗口大小即定形。

3.2.1.6 滚动条

当窗口中的文件内容太长,无法一次阅读完毕时,可利用垂直滚动条将文件内容上下滚动或翻页,以便阅览。

水平滚动条的功用与垂直滚动条相同,在内容太宽时适用。

3.2.1.7 鼠标光标

如果您使用鼠标操作,则在画面上经常会看见鼠标光标,它按不同功能有多种形状。

1）鼠标的操作技巧

鼠标在Windows中可以有放大缩小窗口、执行指令、绘图、设定某块操作区域及控制光标等多种功能,而且只靠它的两个按键即可完成(一般三键式鼠标的中间键在Windows中均不需使用),所以建议各位尽量使用鼠标来学习Windows,效果会比较好。

功能如此强大的鼠标,操作起来并不如想像中那么困难,事实上在Windows中只要了解鼠标的4种基本操作方式,即可运用自如(见表3-1)。

表 3-1　鼠标操作方式

操作方式	意　　义
移动（Move）	画面上的光标会随着您移动鼠标而移动
拖拽（Drag）	按住鼠标左键不放，然后移动
单击（Click）	将鼠标停在某一指定目标上，然后按一下左键。有选择某对象的功能
双击（Double－Click）	将鼠标停在某一指定目标上，然后按两下左键。可结束或启动某项功能

2）鼠标的形状及其功能

在屏幕上不同位置，鼠标有不同形状、不同的功能，完成不同的任务。

关于鼠标的各种形状及其功能见表 3-2。

表 3-2　鼠标形状及其功能

鼠标形状	所在位置及其功能
I	等待用户输入文字等信息，常出现在文本框或对话框等应用程序中
↖	菜单、非活动窗口、滚动条、格式栏或工具栏中可单击执行菜单命令，单击按钮选项，拖动制表位标记以设置制表位位置
⌛	等待任务的完成，可能需几秒钟
↖⌛	后台执行任务时
↖?	按帮助键（即 Shift＋F1）后，单击命令名或屏幕上某个区域可显示相应的帮助信息
↨	指向窗口水平边时，拖动改变窗口的水平方向大小
↔	指向窗口垂直边时，拖动改变窗口的垂直方向大小
↖↘	指向窗口的角时，可拖动沿对角线方向改变窗口大小

3.2.1.8　工作区

工作区是我们在窗口中做大部分工作的地方，例如做一般文字处理的工作，或者显示计算机与我们对话的对话框、警告信息等。

1）窗口的关闭

关闭活动窗口有如下方法：

（1）双击 Windows 窗口的控制菜单按钮。

（2）在控制菜单中执行"关闭"命令。

（3）按快捷键 Alt＋F4。

（4）按快捷键 Ctrl＋W。

（5）在"文件"菜单中执行"关闭"命令。

2）窗口的移动和缩放

在 Windows 中,屏幕上打开窗口的个数没有限制。为避免出现过多窗口而使得屏幕杂乱无章,一种方法是关闭那些近期不用的窗口,另一种方法是变更窗口大小或移动窗口的位置,使需要同时留在屏幕的几个窗口大小适当,井然有序,便于工作。这就是移动和缩放窗口的目的。

拖动文件窗口的角和边可改变文件窗口大小。

为了在屏幕上并排显示所有打开的窗口,在窗口菜单中执行"全部重排"命令即可。

为移动窗口的位置,有以下几种方法可供选择:

（1）拖动窗口标题行到预期位置释放。

（2）在窗口的控制菜单中执行"移动"命令,此时鼠标变为 4 箭头形。然后按键盘上的上、下、左、右箭头键移动窗口轮廓线,到预期位置后按 Enter 键。不按 Enter 键而按 Esc 键则将窗口恢复原位。但注意,已最大化的窗口不再能移动位置。

3）对话框

菜单中,带后缀…的命令将导出一个对话框。对话框形式如图 3-7 所示。

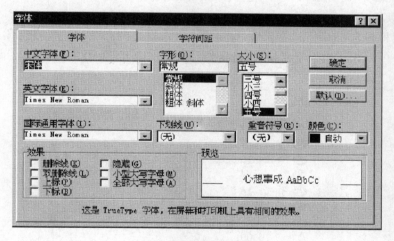

图 3-7　字体设置对话框

对话框为命令的执行提供必要的信息,或为用户显示警告信息,或显示某项任务未能成功执行的原因。

对话框通常含标题、选项卡、选项(如复选框、圆按钮、扩展方框、文本框等)、"确定"按钮、"取消"或"关闭"按钮、附加按钮(即后缀…的按钮)、预览方框、滚动条等。

部分选项清晰,是当时可用的选项;部分选项模糊,是当时不可用的选项。

3.2.2　坝系规划系统基本约定

本部分主要介绍坝系规划系统中各窗口的组件名称及这些组件的操作方法,对使用者的学习及使用极有帮助,建议使用者仔细阅读。

坝系规划系统的窗口,由"标题栏"、"系统菜单"、"菜单栏"、"工具栏"、"数据面板"、"命令面板"、"视窗"组成,其中"数据面板"由"地图"、"文档"、"规划资料"、"选定对象"4 个子面板组成,如图 3-8 所示。

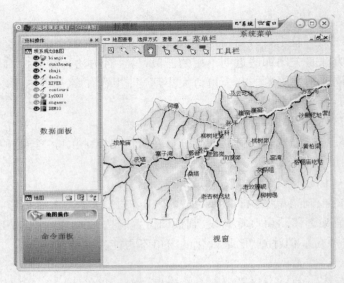

图 3-8　坝系规划窗口

3.2.2.1　数据面板

数据面板包含"地图"、"文档"、"规划资料"、"选定对象"4 个子面板,体现了面向对象的思想。可以在子面板间切换,以显示相对应数据内容(见图 3-9)。

图 3-9　数据面板

1)地图面板

地图面板数据窗口用于显示地图中的图层(见图 3-10)。地图来源于 RegionManager 中"3S"工具生成的数据。"地图"是小流域坝系规划项目涉及的各类地理相关要素的图层集合,可包含的图层有等高线、DEM、遥感影像、行政区划、道路、地块、居民点等。

可以控制"地图窗口"的图层显示、隐藏状态及图层次序。具体操作详见本篇第五章。

2）文档面板

如图 3-11 所示，文档面板专用于显示、操作项目文档（实际上对应操作系统的文件夹和文件）。用户可自由操作、管理文件夹和文件。

其使用方法与 Windows 资源管理器相同。具体操作详见本篇第六章。

图 3-10　地图面板

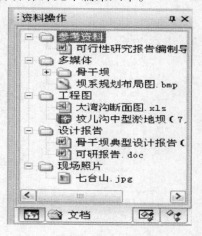

图 3-11　文档面板

3）规划资料面板

规划资料面板如图 3-12 所示，显示"规划资料"中的数据资料对象。

"规划资料"面板管理了坝系规划用到的大部数据及其资料，如 DEM、沟道、泥沙资料、水文资料、现状坝系、规划方案等作为主纲而组织管理的数据资料，有固定项，也有用户添加的项，同时也有分析计算的结果项，每一项都对应有常规的右键菜单功能，同时每一项都对应有命令面板上的专业操作功能。具体操作详见本篇第七章。

4）选定对象面板

选定对象面板如图 3-13 所示，用于显示用户在三维立体视图中选择的某个对象（如一个"布坝地点"）。

图 3-12　规划资料面板

图 3-13　选定对象面板

3.2.2.2 命令面板

显示数据资料面板对应的数据项的操作命令。显示内容自动根据当前数据资料面板或根据选择的项目进行切换,如图 3-14。关于命令面板的相关命令功能将在以后各章中作详细介绍。

图 3-14 资料操作面板

3.2.2.3 视窗

视窗界面如图 3-15 所示。

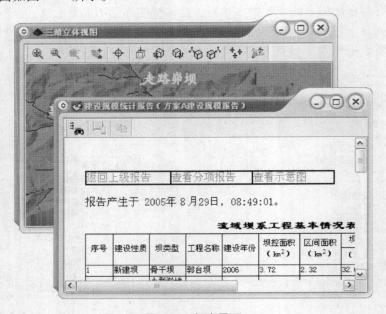

图 3-15 视窗界面

（1）视窗提供了直观的显示，体现了"所见即所得"的效果。

（2）可直观地观察小流域内的地形、沟道、坝系等对象；通过鼠标、键盘和工具栏命令，可实现基本的平移、旋转、缩放等视图操作；同时还能够选取地形上的点、选取坝等选择对象的功能，供布坝、查询等工具使用。

（3）支持"设计模式"和"虚拟模式"两种视图，并可以随时切换。在"设计模式"下，提供坐标系指示，并能快速变换到常用的几种观察角度；在"虚拟模式下"，可以自动模拟出天空效果。

（4）DEM、地形、沟道、坝系等显示对象可独立切换显示/隐藏状态，并可独立配置显示效果。

（5）DEM 可按照高程配色显示，或以单一颜色显示。

（6）地形可按照高程配色显示，或叠加贴图显示，并可根据需要对显示的细节和速度进行平衡控制。

（7）可显示一个水平面，并能控制其颜色、高程、透明度。该"水平面"可用于快速观察淹没情况，或辅助判断某些地点的高程。

（8）可以按照所属坝系和建设年份条件对现状坝系或不同坝系规划方案中的坝进行筛选显示，例如，可以只显示现状坝系，或显示坝系规划方案 A 最终建成的坝系，或只显示坝系规划方案 B 在 2008 年前建成的坝系。显示结果与规划资料是同步的，如果对规划资料进行了更改（如在规划方案中取消或增加了坝、更改了坝的组成部件等），显示结果会随之更新。

（9）提供记录和恢复"地点"的功能。使用这个功能可以快速定位到之前保存的一个观察位置，有利于提高操作软件的效率。

（10）提供将视图区输出为图像文件的功能。

（11）系统内部实现了动态 LOD 技术，可支持大范围地形的漫游。

（12）系统内部实现了地形画面缓存技术，在地形显示过一次后，自动缓存了画面数据，此后如再打开视图窗口时，不需要重新计算，有效地缩短了画面初始化的时间。

（13）支持多种视窗的叠合显示。

（14）不同的视窗具有不同的功能菜单和快捷的工具栏。

3.2.2.4 标题栏

标题栏显示当前打开的工程名称和当前正在操作或显示的内容。

3.2.2.5 菜单栏

菜单栏随当前打开内容的不同而动态改变，集中罗列了对当前项的有效操作命令。具体操作详见以下各章节。

3.2.2.6 工具栏

工具栏随当前打开内容的不同而动态改变，集中罗列了对当前项的有效快捷操作命令。具体操作详见以后各章节。

3.2.2.7 系统菜单

系统菜单位于坝系规划系统的标题栏右侧。系统菜单提供了方便实用的操作。其窗口如图 3-16 和图 3-17 所示。

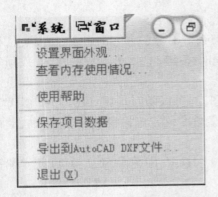

图 3-16　系统菜单界面

图 3-17　窗口菜单界面

1) 系统

（1）设置界面外观。系统支持丰富的界面库，用户可以选择所喜爱的界面外观（见图 3-18 ~ 图 3-22），同时不同的界面外观还支持不同的附带操作功能，如图 3-21 中的界面 3，在标题栏和菜单栏之间以及状态栏上就附带有丰富的系统操作快捷方式，用户可以尽情地发掘和设置具有个性的外观主题。

图 3-18　更改界面外观

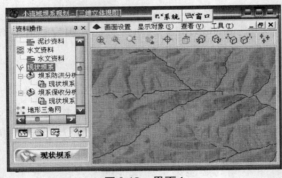

图 3-19　界面 1

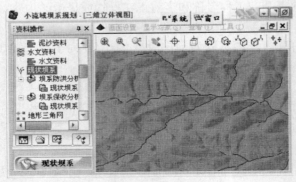

图 3-20　界面 2

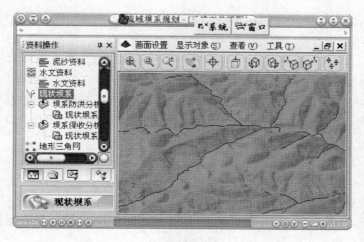

图 3-21　界面 3

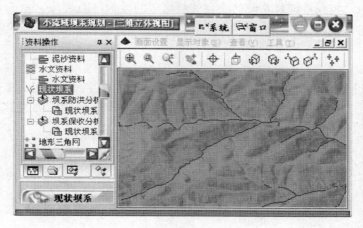

图 3-22　界面 4

（2）查看内存使用情况。系统实时监控计算机的内存使用状况，为了保证程序的执行效能，应保证可用的物理内存大于 100 MB，如图 3-23 所示。

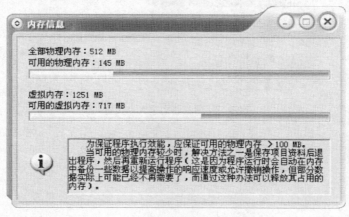

图 3-23　内存信息窗口

（3）使用帮助。提供翔实的坝系规划系统用户手册。如果你在操作中遇到问题,可快速地从联机帮助中查找。

（4）保存项目数据。系统提供快速保存项目数据的功能,你可用在对每一项操作后单击"保存项目数据"进行保存,也可以所有项操作完成后单击"保存项目数据"保存所有的操作。推荐用户实时保存数据,防止计算机或者程序意外终止给你造成的不便。

（5）导出到 AutoCAD DXF 文件。对坝系规划的结果保存为 CAD DXF 格式的文件,主要是坝系的平面布置图。

（6）退出。单击"退出",退出系统。

2）窗 口

（1）三维立体视图。打开已正确配置了 DEM 的数据。具体操作详见三维立体视图。

（2）资料回收站。存储用户在对坝系操作过程中删除的内容,可以恢复到相关的位置,永久删除的内容不可恢复。其具体操作等同于 Windows 的回收站。

（3）控制栏。控制系统最左侧的项目资料窗口的显示与隐藏。

（4）层叠窗口、水平平铺、垂直平铺窗口。当打开多个视窗是,可以控制视窗的显示模式。

3）其 他

文字大小设置:文字大小设置是指在 IE 浏览器中的文字显示大小,推荐大小设置为"中"。具体操作为:打开 Internet Explorer,选择"查看—文字大小—中",如图3-24所示。

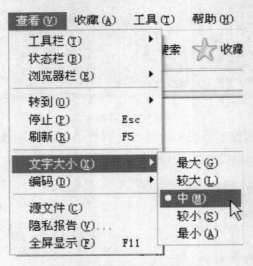

图3-24　浏览器文字大小设置

第四章　等高线

4.1　等高线的来源

由于使用的软件不同,在进行坝系规划设计的时候可能会见到各种格式的等高线,比如 AutoCAD 格式的 ∗.dxf 文件、ESRI 公司系列产品的 ∗.shp 、∗.E00 格式的文件以及 Mapinfo 的 ∗.mif 格式的文件。对于其他软件的格式,如 MAPGIS 软件矢量化的等高线数据,可以通过其自带的文件转换功能将数据格式转换成本软件支持的格式。目前坝系规划主模块可以直接引入 ∗.dxf 格式的文件,对于其他格式的文件,可以通过"3S"模块的地图引入到坝系规划主模块中。对于其他格式的数据在"3S"模块里面进行相关处理后可以完全兼容地引入到坝系规划主模块。下面分别介绍这些数据的处理方式。

4.1.1　对于 CAD 格式数据的处理

对于 CAD 的 ∗.dwg 格式的文件,"3S"模块无法直接使用,可以在 CAD 软件里面将这种格式的文件另存为 ∗.dxf 格式的文件就可以引入了。但对于其一些特殊的格式有时候要进行一些相关处理。

如果等高线在 CAD 里面是多段线的格式或二维多段线格式,可以直接另存为 ∗.dxf 格式的文件后直接引入到坝系规划,其"标高"字段用来存放高程信息。但二维多段线直接另存为 dxf 格式后引入"3S"模块里面高程信息会丢失,因此如果想通过"3S"模块的地图来引入二维多段线,需要进行一些处理。可以通过选择等高线,右击在弹出的快捷菜单里面选择"特性"就可查看该等高线是不是二维多段线(见图 4-1)。如果是二维多段线,

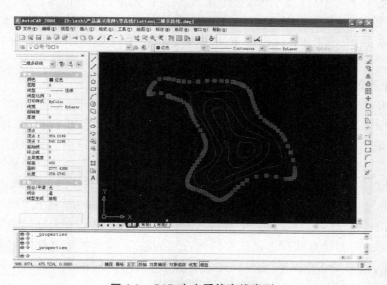

图 4-1　CAD 中查看等高线类型

需要将其转换成多段线后,再另存为 dxf 格式,才能引入到"3S"模块。也可以在 CAD 里面通过 convertpoly 命令实现转换。输入该命令后,如果提示的是未知命令,需要在 Auto-CAD 的安装光盘中找到/bin/ACADFEUI/SUPPORT/EXPRESS/Setup,进行安装,安装后就可以使用该命令来完成二维多段线到多段线之间的转换(见图 4-2)。将所有的二维多段线格式的等高线转换为多段线后,再另存为 *.dxf 即可。

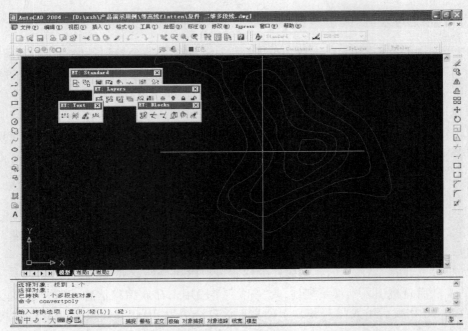

图 4-2　CAD 中转换多段线

有些数据是在 CAD 里面引入光栅图层然后进行矢量化得到的等高线,矢量化时采用的是样条曲线,样条曲线本身没有"标高"字段,无法存放高程值,且将样条曲线转换成 dxf 格式后,无法引入到"3S"模块里面,因此需要在 CAD 里面使用 flatten 命令将其转换成多段线。

4.1.2　对于其他矢量数据的处理

对于其他格式的矢量数据,如 *.shp、*.E00 等格式的数据,无法直接引入到坝系规划主模块,但可以引入到"3S"模块里面。这些数据引入到"3S"模块里后,需要把存放高程信息的字段名称修改为"高程",字段类型修改为"双精度浮点型"。具体操作如下。

第一步:新建工程。通过"开始→所有程序→坝系规划→3S 工具"启动"3S"模块,单击菜单"文件→新建工程"输入工程名以及工程存放路径后单击"确定"按钮,完成新建工程。

第二步:导入等高线。可以引入 *.dxf、*.E00、*.mif 等格式的数据。下面以 *.shp 格式为例。通过"导入外部数据→Arcview shapefile(s)"(见图 4-3)在弹出的"转换 Shapefile 文件"对话框找到等高线文件所存放的路径,文件类型选择"线",双击文件名和单击文件名后再单击"转换"按钮,完成转换后,关闭该对话框(见图 4-4),就可以将 *.shp 格式的等高线导入到"3S"模块里面了(见图 4-5)。

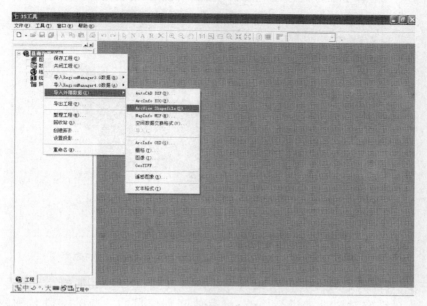

图 4-3　导入外部数据

图 4-4　转换 Shapefile 文件

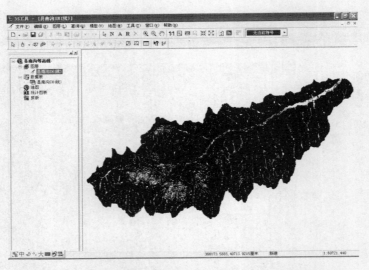

图 4-5　将 ＊.shp 格式的等高线导入到"3S"模块后的效果

第三步:等高线后期处理。可以对导入的等高线进行相关编辑(具体内容见本章
4.2.2)。最后需要对属性表进行修改,将存放高程信息的字段的字段名称修改为"高
程",字段类型修改为"双精度浮点"。单击等高线对应的属性表,右击选择"修改表结构"
(见图4-6),修改存放高程信息的字段名,检查其类型即可。

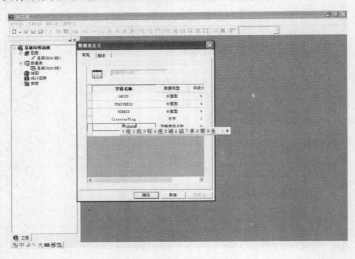

图 4-6　添加"高程"字段

第四步:新建地图便于坝系规划主模块引用。坝系规划主模块和"3S"模块之间的数
据交换是通过地图来进行连接的,因此需要把相关图层引入到地图里面。首先要做的就
是新建地图。单击地图,右击选择"新建"输入地图名后单击"确定"(见图4-7)。单击新
建地图的名称,右击选择"加入和移去…"(见图4-8)将等高线引入到地图里。保存后关
闭窗口即可。

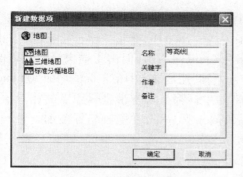

图 4-7　新建地图对话框

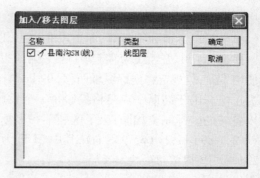

图 4-8　加入或移去图层界面

4.2　等高线矢量化

4.2.1　投影变换

地图投影是将地图从球面转换到平面的数字变换。地图投影的实质是建立球面和平面之间的函数关系,是球面上的点对应到平面上或可展示的平面上。由于球面的不可展示性,为了用平面坐标来表示球面上目标的空间位置,必须进行球面坐标到平面坐标的转换,这就是地图的投影变换。

4.2.1.1　高斯—克吕格投影

我国 1∶1 万 ~1∶50 万的地形图全部采用高斯—克吕格投影(Gauss – Kruger)。高斯—克吕格投影分为六度带和三度带投影。六度带自 0°子午线起每隔经差 6°自西向东分带,带号依次编为第 1、2、…、60 带。三度带是在六度带的基础上分成的,它的中央子午线与六度带的中央子午线和分带子午线重合,即自 1.5°子午线起每隔经差 3°自西向东分带,带号依次编为三度带第 1、2、…、120 带。我国的经度范围西起 73°东至 135°,可分成六度带 11 个,即 13 ~23 带。各带中央经线依次为 75°、81°、87°、…、117°、123°、129°、135°,或分成三度带 22 个,即 24 ~46 带。分带示意见图 4-9。

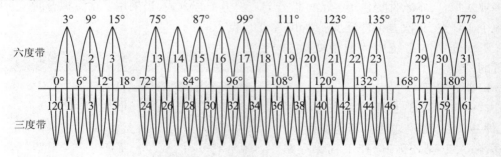

图 4-9　高斯—克吕格投影分带示意图

可根据地图比例尺来分辨地图采用三度分带或六度分带,若地形图比例尺为 1∶2.5 万 ~1∶50 万,则采用六度分带;若比例尺为 1∶1 万,则采用三度分带。也可根据公里网来判断,若公里网间隔为 2,采用的是六度分带;若公里网间隔为 1,则采用的是三度分带。或可根据带号进行判断,分带号 13 ~23,为六度分带;分带号 24 ~46,为三度分带(分带号可在地图经线两端找到)。不同的分带方式其中央经线的计算公式不同,六度带的中央经线的计算公式为:代号×6-3,三度带的中央经线计算公式为:代号×3。

　　纵坐标以赤道为零起算,赤道以北为正,以南为负。我国位于北半球,纵坐标均为正值。横坐标以中央经线为零起算,中央经线以东为正,以西为负,但由于横坐标出现负值时使用不便,故规定将坐标纵轴西移500 km当作起始轴,凡是带内的横坐标值均加500 km,变为正值。由于高斯—克吕格投影每一个投影带的坐标都是对本带坐标原点的相对值,所以各带的坐标完全相同,为了区别某一坐标系统属于哪一带,在横轴坐标前加上带号,如(4 231 898 m,21 655 933 m),其中21即为带号。

4.2.1.2　我国常用的坐标系

　　1)北京54坐标系

　　我国参照苏联从1953年起采用克拉索夫斯基(Krassovsky)椭球体建立了我国的北京54坐标系。即:

　　高斯—克吕格投影

　　椭球参数采用克拉索夫斯基(Krassovsky)椭球体

　　2)西安80坐标系

　　1978年采用国际大地测量协会推荐的IAG 75地球椭球体建立了我国新的大地坐标系——西安80坐标系。即:

　　高斯—克吕格投影

　　椭球参数采用国际大地测量协会推荐的IAG 75地球椭球体

　　3)WGS84坐标系

　　目前GPS定位默认采用WGS84坐标系统,WGS84基准面采用WGS84椭球体,它是一地心坐标系,即以地心作为椭球体中心的坐标系。即:椭球参数采用WGS84椭球参数。

4.2.1.3　投影变换

　　在引入刚进行扫描矢量化的地图时,不知道投影类型或投影参数,通常采用TIC点进行多项式拟合,本软件提供了二次方拟合与三次方拟合方式,当采用二次方拟合时至少需要6个TIC点,三次方拟合至少需要10个TIC点。

　　下面介绍本系统中用数值变换法进行的投影。

　　1)新建工程

　　首先启动"3S工具",单击菜单栏"文件→新建工程",弹出"新建工程"对话框,输入工程名称,选择工程保存路径。界面如图4-10所示。

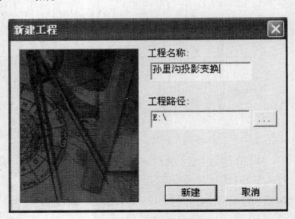

图4-10　新建工程对话框

2)导入栅格图像

成功新建工程之后,单击"文件→导入外部数据",这里可以选择需要导入的文件格式,如图 4-11 所示。

若需要导入扫描图像,则单击"图像(1)...",弹出导入图像对话框,如图 4-12 所示,更改图像参数。选择"扫描分辨率",在 windows 系统下右键单击图像文件选择"属性",点击"摘要"项,则可看到扫描分辨率(见图 4-13),输入相应数值;原图比例尺取需导入的地图的比例尺,一般在地图正下方可以看到(见图 4-14)。浏览找到需要导入的图像文件,输入新图层名称。

图 4-11　导入"图像"菜单

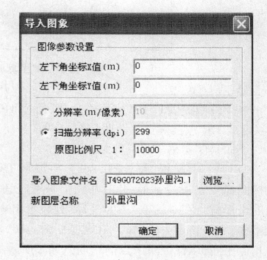

图 4-12　导入图像对话框

图 4-13　在图片属性中查看分辨率

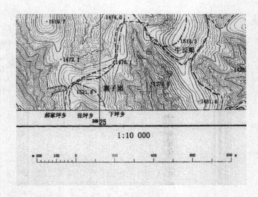

图 4-14　地图中比例尺的位置

此时导入图像成功,如图 4-15 所示。

图 4-15　"3S"工具导入图像后界面

3）编辑 TIC 点

本软件中提供了 TIC 点操作功能，通过 TIC 点来确定用户坐标系和投影坐标系的转换关系。TIC 点实际上是一些控制点，即用户已知其经纬度的点。

下面具体介绍 TIC 点的编辑操作。

（1）选择菜单栏"预处理→投影→编辑 TIC 点（T）…"，将鼠标移动至对话框外时，鼠标图标变成"十"字形，此时在图上带有经纬度信息的左上角边框角点处打点，相应点处的坐标就会在对话框"图面坐标"处显示出来，同时屏幕采点处会画上一个红色正方形十字框，表示该点为所采的 TIC 点（见图 4-16）。采点时注意使鼠标十字中心尽量位于边框角点中间，以保证所采点的精度。如果所采的点不够精确，可以在对话框上图面坐标处修改该值或重新采点。采点完成后在对话框中地理坐标处输入所采点的经纬度。

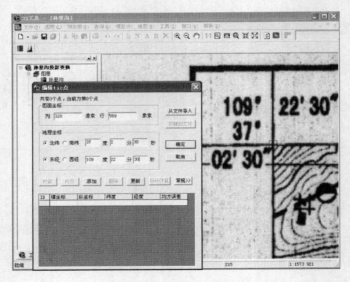

图 4-16　编辑 TIC 点

输入完毕单击"添加"按钮,否则该点将丢失。

(2)以相同方法依次采集剩余的边框角点。在采集完 4 个角点之后,用户可以选择使用"自动计算"完成更多 TIC 点的编辑。

TIC 点拟合投影有两种方式:第一种是 2 次拟合,需要 6 个以上 TIC 点;第二种为 3 次拟合,需要 10 个以上 TIC 点。当输入的 TIC 点不够时,可以采用自动计算来获得更多的 TIC 点(见图 4-17)。自动计算有两种方式可以选择:①指定方式,可以在两个 TIC 点之间的任意处获得新的 TIC 点,但一次只能获得一个;②自动方式,可以在每两个 TIC 点之间获得一个新的 TIC 点,获得的 TIC 点的多少依赖于已有的 TIC 点数目。

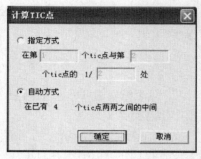

图 4-17　自动计算 TIC 点

通常做法是对底图 4 个角点采点后,使用自动方式计算获得 5 个新的 TIC 点,这样一共有了 9 个 TIC 点,可以做 2 次拟合,查看各点的均方误差(见图 4-18),删除误差大于 1 的点,保证总误差小于 1。

还可以对照误差值大小对每个点的图面坐标做修改进行微调,以减小误差。

编辑的 TIC 点要求在底图上均匀分布,这样会减小误差,提高投影变换精度。

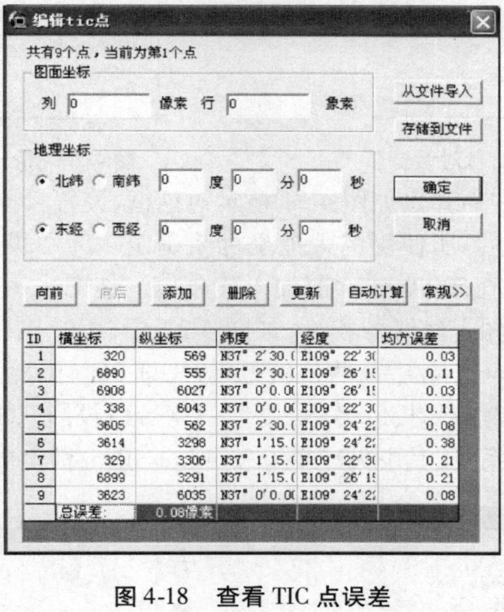

图 4-18　查看 TIC 点误差

编辑过程中菜单项仍然可用。如放大、缩小、漫游等,在采点过程中若在使用上述按钮返回后无法继续采点,可以重新点击菜单中"编辑 TIC 点"选项,出现对话框即可继续采点。

选中当前点:可以通过向前、向后按钮改变当前选中点,或用鼠标单击下方 TIC 点列表框中相应的 TIC 点处。被选中点在图层上会以红色加粗显示。

修改与删除:当想修改某一点坐标时,可以先将该点选中,然后通过键盘修改值,修改完之后切记按"更新"按钮以保存修改。按"删除"按钮可以删除当前选中点。

显示误差:当采的TIC点超过6个时,会在控制点列表框中的误差列显示该点均方误差,并在最后一行显示总误差,可供参考以作相应修改,提高TIC点精度。

从文件导入TIC点:编辑TIC点时,按"从文件导入"按钮可以把已有的TIC点文件打开,继续编辑。

保存:编辑完之后可按"保存"按钮保存文件,以后可继续编辑或者在投影变换中使用。

4)投影变换

(1)对于编辑过TIC点的栅格图层可以选择"预处理"菜单中"投影→投影变换",弹出投影信息对话框。

投影信息对话框显示包括当前图层的投影类型参数信息和TIC点信息。刚扫描进来还未设置投影的图,则需用TIC点拟合法进行投影变换,此时需要选择拟合方式。如图4-19投影对话框表明,原图还未设置投影,所以原投影未知。

(2)单击"确定"按钮后,会出现选择目标投影对话框,如图4-20所示。

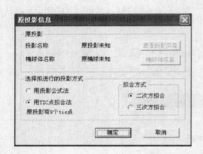

图4-19　原投影信息对话框

图4-20　选择目标投影对话框

点击"高级选项"按钮后弹出如图4-21所示对话框,设置目标投影的各种参数。投影名称与椭球体名称根据地图所使用的大地坐标系确定。为了投影后的坐标值与底图一致,最好在横坐标的平移值500 000 m前加入代号值。地图采用的坐标系通常在地图左下角找到,代号可以在地图上经线旁找到,如图4-22中,可知该图采用的是1980西安坐标系,经线左边有数字"366",数字前两位就是带号,即36。因此"投影高级选项"中参数选择1980西安坐标系相对应的投影名称"高斯—克吕格投影",椭球体名称"1975IGA推荐值(1980国家大地坐标系)",其中央经线为 $36 * 3° = 108°$,横坐标平移值为36 500 000。

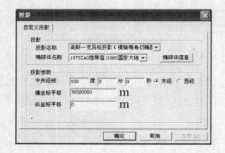

图4-21　投影高级选项

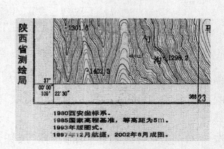

图4-22　地图中坐标系与分带号的位置

投影变换完毕后,会显示变换后图层,此时要单击"文件→保存"菜单项或者工具栏上的"保存"按钮来保存投影变换后的图层。图层名为原图层名加上"投影变换后"字样,可以在工程管理器内修改图层名。

4.2.1.4 地图拼接

对于每一幅扫描图进行投影变换后,就可以依据其所带的地理信息将其拼接在一起。具体操作步骤如下。

(1)首先对投影变换后的图像进行处理。

如果投影变换后的图像出现黑边,有开窗和图层裁剪两种方法可以去除黑边,用户可根据需要任选一种。具体方法为:

①开窗。首先放大一张图的左上角,选择需要保留的图像边缘脚点,然后记录该点的行列数(行列数在窗口底部的状态栏中)。同样,记录需要保留的图像边缘的右下点的行列数。执行菜单栏"预处理"中的"开窗...",然后将左上点的行列数输入到起始行列中,将右下点的行列数输入到终止行列。编辑图层名称即可,点击"确定",则完成了图像开窗(见图4-23)。

②图层裁剪。首先打开该图层,执行"地图→裁剪图层"命令,可以通过矩形方式及多边形方式实现。假设以矩形方式实现,选中该命令,在图层中选中所要的矩形区域,双击鼠标后,弹出裁剪图层对话框,在对话框中输入新生成的图层的名称,即可完成裁剪(见图4-24)。

图 4-23　图像开窗对话框

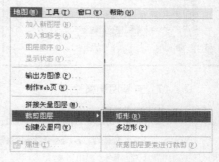

图 4-24　裁剪地图菜单

(2)新建地图。鼠标右键单击左侧"工程"管理器窗口中"地图"选项,在弹出的右键菜单中选择"新建(N)...",出现新建地图对话框,选择左侧"地图"选项,输入名称(见图4-25),按"确定"则生成并打开一幅空地图。同时,工程管理器自动切换至地图管理窗口,菜单和工具条也同步变化。

(3)右键单击新创建的地图名称,在弹出的菜单中选择"加入和移去(A)...",出现"加入/移去图层"对话框(见图4-26)。勾选需要拼接的已去除黑边的投影变换后图层,点"确定"返回地图编辑窗口。

(4)此时可见已经实现了两张图带有地理信息坐标的拼接。由于图像边缘互相重叠,需要将两个图层透明化。具体步骤为:在地图左侧窗口中右键点击图层名称,弹出的菜单中选择"属性",弹出属性对话框(见图4-27),选择"图层信息"项,在左下角"透明绘制"前打"√",点击"确定",即可使图像透明化(见图4-28)。

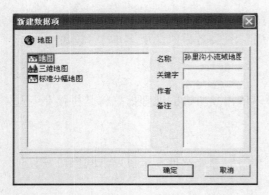

图 4-25　新建地图

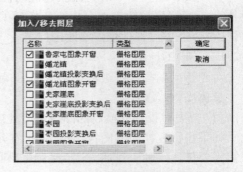

图 4-26　加入或移去图层

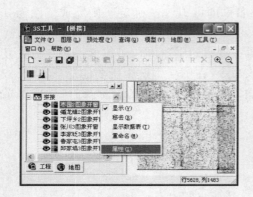

图 4-27　查看图层属性

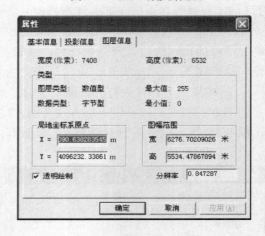

图 4-28　图层透明绘制

图 4-29 是 4 幅图在地图中拼接后透明绘制的效果。

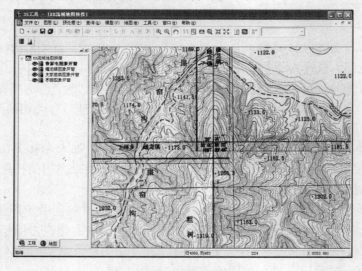

图 4-29　地图拼接效果

（5）地图跨带时的投影变换。当地图跨带时，首先必须决定影像采用哪个投影带，一般选择图像大部分所在的那个带。比如图像跨了两个带 AB，主要部分在 A 带，就选择 A 带投影参考。拼接地图时，因为 AB 两个带的投影不同，故无法直接拼在一起，因此要将 B 带的地图重投影到 A 带，即 B 带中央经线设置为 A 带中央经线。

举例来说，若 A、B 均属三度带，A 带代号 36，中央经线是 36×3° = 108°；B 带代号 37，其中央经线是 37×3° = 111°，投影时将 B 带投影到 A 带，即 B 带中央经线设置为 A 带的 108°，如此投影后再进行拼接。如图 4-30 所示，B 带投影时投影高级选项参数设置与 A 带投影时的参数相同。

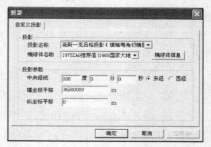

图 4-30   投影参数设置

如果 B 带图已经按照自己的带号进行了投影变换，此时的解决办法是：直接通过投影公式法把其换算到 A 带，中央经线设置成 A 的中央经线。具体操作是：在工程中右键单击 B 带图层名，在弹出的右键菜单中选择"投影变换"，出现"原投影信息"对话框（见图 4-31），如果点击"查看投影信息"，则可以看到原投影的详细信息（见图 4-32）。

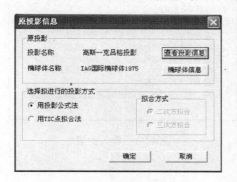

图 4-31   原投影信息

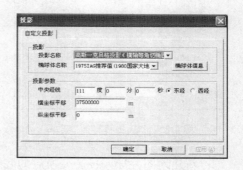

图 4-32   查看原投影详细信息

返回上一步，默认"用投影公式法"，点"确定"转到选择目标投影对话框（见图 4-33），默认"用投影公式法"，点击"高级选项"，将各参数改为 A 带投影的参数（见图 4-34），点击"确定"，生成一个新图层，即为 B 带在 A 带上的投影。

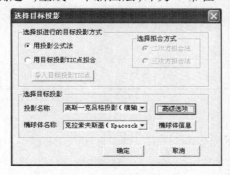

图 4-33   选择目标投影

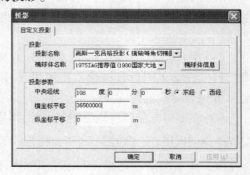

图 4-34   目标投影详细信息

4.2.2 手工矢量化

等高线矢量化通常采用手工矢量化或交互式矢量化。手工矢量化是人工手动用鼠标参照底图在新图层上描绘等高线的方法,工作量较大,但精度较高;交互式矢量化是人机交互、半自动化的绘制等高线的方法,工作量较小,但采用该方法矢量化得到的等高线节点过多,存在一些无用的数据。

进行矢量化时一般要新建一个工程,然后导入需要的图层,以免操作失误造成原数据的破坏。

(1)新建工程。启动"3S 工具",单击菜单栏"文件→新建工程",弹出"新建工程"对话框,输入工程名称,选择工程保存路径(见图 4-35)。

(2)导入图层。右键单击工程名称或单击菜单栏"文件",选择"导入RegionManager4.0数据→从工程导入(P)...",弹出导入图层对话框,选择工程和需要导入的图层,点击"确定"。需要的图层将导入到当前工程中(见图 4-36)。

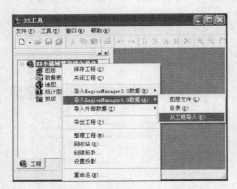

图 4-35　"从工程导入"菜单

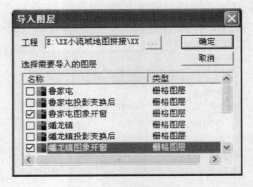

图 4-36　导入图层

(3)新建地图并导入投影变换后的底图。

(4)右键单击地图窗口中地图名称,选择"加入新图层(N)...",弹出新建数据项对话框(见图 4-37),在对话框内左侧窗口中选择"线图层",右侧填写图层名称,按"确定"即可生成线图层,我们将在此图层上手工矢量化等高线。

(5)引入已有的流域边界或点击工具栏第二行鼠标输入图标自己绘制流域边界,以确定矢量化等高线的范围。

(6)左键单击窗口左侧线图层名称,将线图

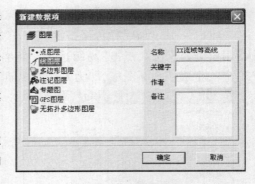

图 4-37　新建线图层

层置于当前图层,放大地图至可以方便描绘等高线,点击工具栏第二行鼠标输入图标　,用鼠标左键画线描绘等高线,单击右键结束输入,弹出线条属性对话框,点"确定"完成输入。

如果描绘的等高线颜色与地图颜色相同,不易辨认,可以改变已描绘等高线的颜色,

以方便区别,操作如下:点击"工具→系统选项(O)...",在出现的系统参数选项卡中选择"颜色"选项(见图4-38),点击"普通状态实体"右侧图标,选择需要的颜色,点"确定",则选定的颜色会成为已描绘的等高线的颜色。

等高线矢量化时,系统工具提供一些功能图标以方便用户对等高线加以编辑(见图4-39)。

图 4-38　设置系统参数

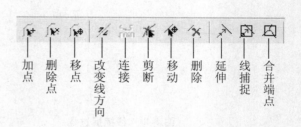

图 4-39　线编辑功能

1)线上节点编辑

当单独选中一条线时,可以对线上的节点进行添加、删除和移动操作。其操作是:选中需要编辑的线,在当前窗口内点按鼠标右键,在弹出的菜单中选择"显示选中对象节点"命令,则显示出线上的节点,此时可以对节点进行操作。

● 加点:点击加点图标,将鼠标移动到线上,鼠标前端出现一个小圆圈标记,点击左键,则在小圆圈处添加一个节点。

● 删除点:点击删除点图标,将鼠标移动到要删除的节点上,鼠标变成"×"形,点击左键,则删除此节点。

● 移点:点击移点图标,将鼠标移动到目标点上,鼠标变成手形,此时按住左键不放,直至将其移动到满意的位置。

2)线本身编辑

● 改变线方向:选中一条线,单击右键,在弹出的菜单中选择"显示选中对象节点"命令,可以看到线两端的两个端点分别呈红色和蓝色,红色端点代表此线的起始端点,蓝色端点代表此线的结束端点。点击改变线方向图标,则此线的起始端点与结束端点互换,即线的方向与原来相反。

● 连接两条线:先选中两个分离的线对象(可以按住"Ctrl"或"Shift"键不放,用鼠标左键点选多条线段),此时工具条上的连接图标被激活,点击该图标,选中的两条线将由彼此最近的两个端点相连。

● 剪断单条线:先选中一个线对象,然后点击工具条上的剪断图标,此时当鼠标移动到选中线上要进行剪断的部位时,会变成剪子形状,点按鼠标后,原选中的线对象被分割为两个线对象,其中一个的属性值需要重新设置。

● 线对象的移动或删除:与点对象的移动或删除类似,均可对选中的单个或一组线对象进行操作,点击相应的移动或删除图标,进行操作。

● 线的延伸:先选中一个线对象,点击延伸图标,结果为:在给定的阈值范围内,选中线对象的两个端点,被延伸至最近的线。

● 线捕捉:为线的自动捕捉延伸。先点击线捕捉图标,在图层中用鼠标勾选一个矩形框,将需要延伸的线端点和要延伸到的线勾画进此矩形框中,则一条线会延伸至另一条线(见图 4-40 和图 4-41)。

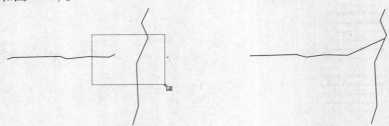

图 4-40 线捕捉过程   图 4-41 线捕捉结果

● 合并端点:点击合并端点图标,在图层中用鼠标勾选一个矩形框,将需要合并的两个端点勾画进此矩形框中,则两个端点会用直线联接起来(见图 4-42 和图 4-43)。

图 4-42 合并端点过程   图 4-43 合并端点结果

手工矢量化操作时,系统还提供了一些快捷键,可以方便地协助矢量化操作,各键的意义和使用方式如下:

● 矢量化状态参数切换 A:矢量化状态参数有"新建"和"继承"两种,显示在状态栏的第二栏。通过"A"键在两者间切换。"新建"状态下,每矢量化一条线结束时,将弹出此线的"Info"对话框,让用户加入相关属性;而在"继承"状态下,系统认为新矢量化的线对象的属性值与先前矢量化的线对象一致,不需用户指定,直接继承前一条线的属性。

● 局部缩放"＋"和"－"键:将以当前光标为中心实现局部缩放,是我们在矢量化疏密不均一的底图时最常用到的功能键。

● 回退"B"键:每按一次,将当前输入线后退一个节点,可直至线被完全删除。

● 反向"R"键:实现当前线的反向,使线的首节点和尾节点互换,实现线的反向继续输入。

● 结束"C"键:其功能等同于鼠标右键,结束当前线的输入。

● 闭合"E"键:实现当前线的首尾闭合,同时结束该线的输入。

● 删除"D"键:其功能是将当前正在编辑的线完全删除。

4.2.3 交互式矢量化

第一步：新建工程。启动"3S 工具"，单击菜单栏"文件→新建工程"，弹出"新建工程"对话框，输入工程名称，选择工程保存路径。

第二步：导入图层。右键单击工程名称或单击菜单栏"文件"，选择"导入 RegionManager4.0 数据→从工程导入（P）..."，弹出导入图层对话框，选择工程和需要导入的图层（包括投影变换后的底图和流域边界图层），点击"确定"。则需要的图层将会导入到当前工程中。

第三步：二值化。如果底图为彩色图像，则点击菜单栏"预处理→类型转换→RGB 转灰阶"，将底图转为灰阶图。若底图是黑白图片，则直接进行二值化。

点击"预处理→二值化"菜单，弹出"二值化"对话框（见图 4-44），让"预览直方图"中可移动的竖线位于接近右边峰值的渐变段较平滑部位，在"当前值"栏内可以看到此时竖线所处的域值，将此值填入"右域值"对应栏内，按确定按钮进行二值化。如果二值化效果不理想，用户可改动右域值进行调试，右域值按经验可取"180～200"，直至达到满意效果。

这样会在工程图层中生成一幅二值化过的栅格图层文件，作为后续的操作对象，对该二值化栅格图依次进行"预处理→二值图像处理"菜单下的"细化"、"短枝去除"（见图 4-45）、"断线连接"（见图 4-46）操作后，结果如图 4-47 所示。

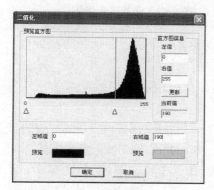

图 4-44　二值化对话框

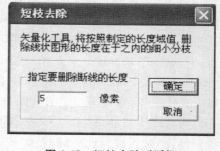

图 4-45　短枝去除对话框

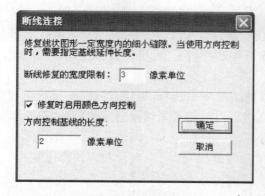

图 4-46　断线连接结果图

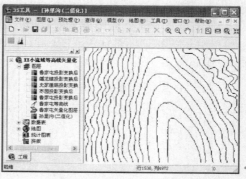

图 4-47　二值化处理结果

第四步：交互式矢量化。点击"图层→交互式矢量化"菜单命令，弹出"准备矢量化"对话框，请用户指定生成的"新地图名"、"新线图层名"、"比例尺"和"扫描矢量化图层名"等(见图4-48)，然后单击"确定"按钮，则进入交互式矢量化状态。如图4-49所示，工程中会自动新建一个名为"孙里沟等高线"的地图，其中包括三个图层，一个是"孙里沟等高线"图层，矢量化生成的等高线将保存到该图层中；一个是"孙里沟矢量化图层"，系统将其置为当前图层，并且只有在"孙里沟矢量化图层"为当前图层的情况下才能执行交互式矢量化；还有一个是二值化图层。交互式矢量化建议引入二值化前的底图以方便辨别等高线。

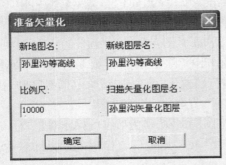

图4-48　准备矢量化对话框

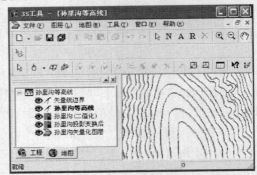

图4-49　交互式矢量化

进入交互式矢量化状态的标志是：出现工具条图标 ⟨⟩，单击之后选择等高线进行追踪矢量化。

手工式矢量化所用的功能键同样可在交互式矢量化使用。除此之外，交互式矢量化还有一些特殊的功能键以方便用户编辑。操作如下：

● 状态转换"Shift"键：按下此键，将追踪状态转换为描绘状态，用户可直接输入线的节点，当底图的局部比较模糊，使追踪比较困难时，最常用到。释放此键，则切换至跟踪状态。

● 状态转换"Tab"键：对一条已经追踪完毕的线，在选中状态下，按一下"Tab"键，则此线转换为"输入线"状态，同时，光标移至线的尾点。此时，所有上述功能键都能使用，如果再按一下"Tab"键，则结束此线的输入。

在编辑过程中需要注意以下几点：

(1)在如下情况下退格键无效：结束当前正在追踪的线；在追踪过程中又按了其他按钮；如果重新选择了一条线，也无法进行回退。在这些情况下，可以直接使用线的编辑功能来完成修改。

(2)在"孙里沟矢量化图层"为当前图层的情况下，我们就可以直接对矢量化生成的线进行编辑，就如同当前图层是"孙里沟等高线"一样，而无须切换当前图层为"孙里沟等高线"图层。

矢量化结束后，保存矢量化结果的"孙里沟等高线"图层会自动加入工程图层中，可以进行下一步的编辑修改。

(3)交互式矢量化时每追踪完一段线后，请一定要点右键或按键盘"C"键结束，这样可以保证每条线均有属性。否则会出现死线，即没有属性表的线。产生死线普遍操作是：

追踪完一段等高线后,没有按右键或"C"键结束,直接追踪另一条等高线或与此段线相隔距离较远的线,此时,前一段线由选中状态变为未选中状态(这条线有属性表),而第二次追踪的线是选中状态(呈红色),没有属性表,就是死线。用户要切记避免误操作。

查看某一条线是否有属性,可按工具栏"信息"图标"**?",然后用鼠标点取目标线,将会弹出属性表,若没有弹出属性表,则说明此线是死线。

当出现死线后,可在此线附近用鼠标画一小段线,先选中所绘制的线,再选中死线,用工具栏中的"连接"功能连接两条线,则此线将被赋予属性。

4.2.4 等高线的后期处理

4.2.4.1 多幅等高线图的拼接

如果是由多人分工完成等高线矢量化,需要把多个人分工合作的数据合并到一个图层里面。操作步骤如下:

第一步:新建工程,从其他工程中导入需要进行拼接的等高线图层、底图和流域边界图层。

第二步:新建地图,引入上述图层,并在地图中新建一个线图层,如例中"XX 小流域等高线"图层(见图 4-50)。

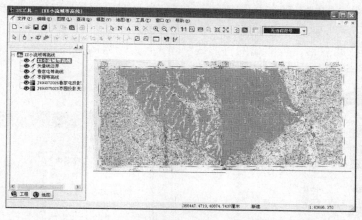

图 4-50　地图引入图层后的显示界面

在地图窗口双击"鲁家屯等高线",将其置于当前图层,点击工具栏上全选图标"**A**"或按"Ctrl + A",则当前图层所有等高线将被选定,变为红色,右键选择"复制"或按"Ctrl + C",进行复制。点击此图层名称左边的图标"👁",将此图层不显示(若此图层仍然显示,则粘贴后的等高线与原图层中等高线位置重合,致使用户无法分辨是否粘贴成功或粘贴多次)。双击"XX 小流域等高线"名称,在右侧图像窗口右键选择"粘贴"或按"Ctrl + V",则鲁家屯的等高线会被粘贴到此图层。用相同方法将其他图层的等高线全部复制粘贴到该图层。由图 4-51 可以看出,两幅图交接的地方等高线没有对齐连接,此时需要对照底图和流域边界,使用工具栏中的"合并端点"功能将断开的等高线连接(此处不建议使用"连接"功能来连接线段,会导致一条线上节点过多,致使系统计算量加大,减慢系统运行速度),并用线编辑与节点编辑功能对等高线加以处理。图 4-52 为处理后两幅图的交接处。

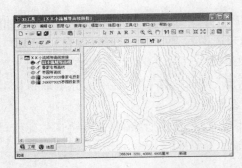

图 4-51　等高线拼接后的交接处（未处理）

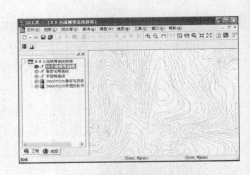

图 4-52　等高线拼接后的交接处（已处理）

4.2.4.2　等高线的赋值

（1）保存拼接后的等高线图层并关闭，在工程管理器窗口找到此图层相对应的数据表，右键单击表名称选择"修改表结构"弹出数据表定义对话框，双击字段名称的空白栏，填入"高程"，对应的数据类型选择"双精度浮点数"，如图 4-53 所示，这样就添加了一个"高程"字段用来存放高程值。

（2）打开拼接后的等高线图层，点击工具栏上的信息图标" "，然后用鼠标点击需要赋值的等高线，弹出"Info 工具"对话框，在高程对应栏内输入相应的高程值，如图 4-54 所示。点击"确定"，则此等高线就被赋予了高程值。

我们一般在此只给比较明显的首曲线（地图上比较粗的等高线）赋值，其他等高线可在坝系规划软件中进行批量赋值，以减少工作量。

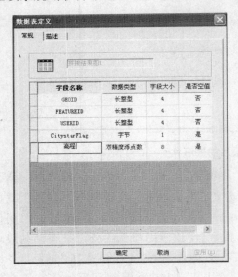

图 4-53　添加高程字段

图 4-54　修改等高线高程值

4.3　坝系软件等高线处理

4.3.1　等高线引入到坝系规划系统

等高线引入到坝系规划模块里面有两种方式，一种是对于 ∗.DXF 格式的文件可以直接引入到坝系规划主模块;另外一种是将等高线数据引入到"3S"模块里面,通过地图来引入到坝系规划主模块里面。具体操作如下述。

4.3.1.1 dxf格式直接引入到坝系规划模块

第一步:新建坝系规划工程文件。

通过"开始→所有程序→坝系规划→坝系规划系统"或者双击桌面上的快捷方式启动坝系规划系统。在如图4-55所示的界面选择"新建项目",在图4-56所示的界面输入"项目名称"以及项目存放路径后就可以完成坝系规划项目文件的新建,如图4-57所示。

图 4-55 坝系规划选择进入界面

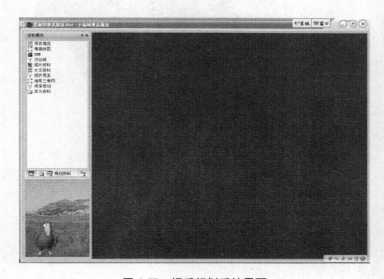

图 4-56 新建项目对话框

图 4-57 坝系规划系统界面

第二步:dxf格式的等高线引入到坝系规划系统

在坝系规划系统数据面板单击"规划资料"切换到"规划资料"子面板,单击"等高线图"在对应的命令面板单击"数据准备→从dxf文件引入",在如图4-58所示的对话框中选择等高线后单击"打开"即可将dxf格式的等高线引入到坝系规划系统。双击"等高线图"可以查看引入的等高线(见图4-59)。

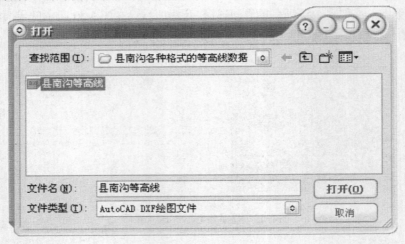

图4-58 引入等高线

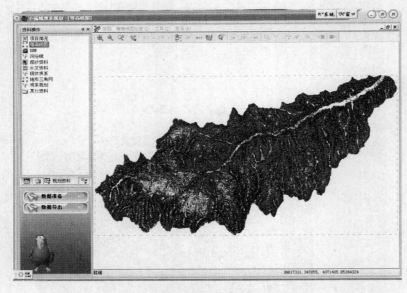

图4-59 引入等高线后系统界面

4.3.1.2 通过"3S"地图引入等高线

第一步:正确配置地图。

如果没有进行地图配置,直接在等高线图对应的命令面板单击"数据准备→从地图读入"会弹出如图4-60所示的提示界面。

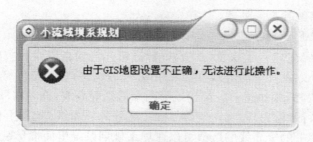

图 4-60　地图未配置

单击数据面板最左边的地图图标切换到地图子面板,在对应的命令面板单击"地图操作→设置地图"选择存放等高线地图的工程后单击"打开"(见图 4-61),在如图 4-62 所示的界面选择存放等高线图层的地图后,单击"确定",即可完成地图的设置。

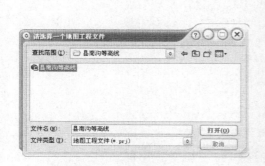

图 4-61　打开其他项目窗口

图 4-62　选择地图

第二步:通过"3S"模块地图引入等高线。

单击"规划资料"切换到"规划资料"子面板,单击"等高线图"后在对应的命令面板单击"数据准备→从地图读入",在如图 4-63 所示的对话框中选择等高线图层后单击"确定",可以把"3S"模块地图中的等高线引入到坝系规划系统。

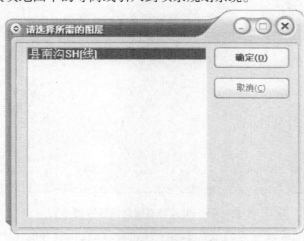

图 4-63　选择引入等高线图层

4.3.2 坝系规划系统等高线处理

4.3.2.1 等高线批量赋高程值

如果等高线图层在"3S"模块里面已经进行过错误的检查以及相关的修改,并且高程信息齐全,在坝系规划系统里面可以直接采用该等高线,可以跳过这一节。

如果是通过在"3S"模块里面矢量化地形图来得到等高线,推荐在"3S"工具里面不要对全部的等高线进行赋值,只需将比较容易确认高程的首曲线(地图上比较粗的等高线)赋上高程值即可,剩下的等高线的赋值可以在坝系规划系统里面批量赋值。

双击"等高线图"可以打开等高线编辑视图,单击菜单"工具→设置计曲线高差",在如图4-64所示的对话框中输入两条计曲线之间的高差(推荐为等高距的5倍),单击"确定"按钮后,等高线如图4-65所示,其中红色的线表示首曲线(即地形图上比较粗的线),黑色的为已经赋过值的等高线,而绿色的虚线为还没有赋值的等高线。

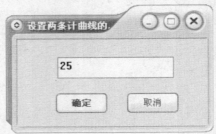

图4-64 设置两条计曲线的高差

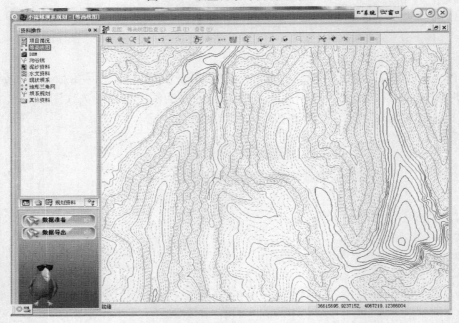

图4-65 引入等高线后系统界面

单击工具条上批量设置等高线高程值图标![icon],首先按住鼠标左键不放选中两条或多条已经赋过值的等高线(图中黑色部分(原图为彩色图,出版时变为单色图了。应用软件中图全为彩色图——编注,下文同)),并一直按住不放选中需要进行批量赋值的等高线(图中绿色部分)后放开鼠标左键,系统自动计算出"高程的初始值"以及"高程增加值"(见图4-66),依据这两个参数就可以对其他未赋值的等高线进行批量赋值,批量赋值后成果如图4-67所示。批量赋值可以在很大程度上提高工作效率,因此推荐在"3S"模块里面只对首曲线进行赋值,其他未赋值的等高线通过坝系等高线的批量赋值可以很快赋值。

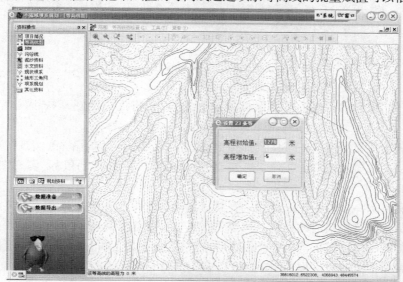

图4-66　批量赋值等高线

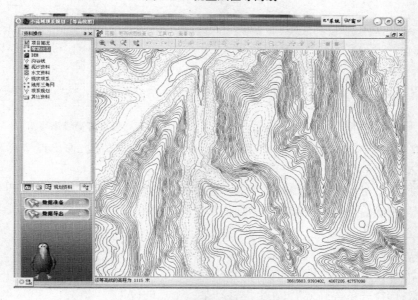

图4-67　批量赋值等高线成果图显示

4.3.2.2　其他辅助编辑功能

等高线操作视图里面还提供了其他一些对等高线进行编辑的功能,现分别作一些简单介绍,实际工作中如有需要可以查看对应的说明。

1）工具栏相关按钮对应功能

如图 4-68 所示,相关按钮如下。

| 充满显示 | 窗口缩放 | 动态缩放 | 动态拖放 | 撤销 | 重新执行 | 鼠标输入 | 查看高程 | 批量赋值 | 选择 | 添加点 | 删除点 | 移动点 | 等值线插值 | 连接线 | 剪断线 | 移动线 | 删除线 | 下一标记 | 上一标记 |

图 4-68　工具栏按钮

充满显示:自动按照视图窗口大小显示全图。

窗口缩放:在显示窗口上按照鼠标拖拉框的大小,将框内的图形按视图窗口大小显示。

动态缩放:在显示窗口上按住鼠标左键,通过向上或向下移动鼠标,实现图形的缩放。

动态拖放:在显示窗口上按住鼠标左键,通过任意方向的移动鼠标,实现图形向任意方向的移动。

撤销:撤销上一步的操作。可以选择具体撤销到某一操作时的状态。

重新执行:恢复撤销前的操作。可以选择具体恢复到某一操作时的状态。

鼠标输入:用鼠标输入等高线(见图 4-69),输入完成后单击鼠标右键将结束鼠标输入,弹出设置高程值的对话框(见图 4-70),输入正确的高程值。

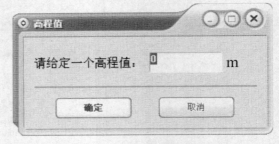

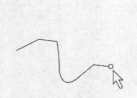

图 4-69　鼠标输入　　　　　　　　图 4-70　设置等高线高程值

查看高程:查询或修改等高线的高程值。单击某一条等高线,弹出设置高程值对话框,输入正确的高程值即可。

批量赋值:批量设置等高线的高程值。选择需要设置的等高线,弹出批量设置等高线值的对话框,正确输入初始值和高程增加值即可。

选择:选择一条等高线。

添加点:选择一条等高线后,在上面增加点。

删除点:选择一条等高线后,在上面删减点。

移动点:选择一条等高线后,在上面移动某一个点的位置。

等值线插值:可以选中两条等高线,在选中的两条等高线中插入等高线,最多可以在两条等高线之间插入 4 条等高线。可插入等高线的条数可以通过"工具→设置等高线插值条数"。

· 228 ·

连接线:选中两条等高线,执行连接操作,将两条等高线连接为一条线。

剪断线:选中一条等高线,执行剪断操作,将一条等高线剪断为两条等高线。

移动线:选择一条或多条等高线,执行移动线操作,将移动到需要的位置。

删除线:选择一条或多条等高线,执行删除线操作,将删除选中的等高线。

下一个标记:执行完等高线检查和标记可疑等高线操作后,将自动标记结果,执行下一个标记,直接定位到标记处。

上一个标记:执行完等高线检查和标记可疑等高线操作后,将自动标记结果,执行上一个标记,直接定位到标记处。

注意:执行完上一个操作后,请单击鼠标右键取消上一次操作的命令状态。

选择等高线时,按住键盘上的 shift 键,将会连续选择多条等高线。

2) 等高线图检查菜单

单击菜单栏"等高线图检查→检查是否有交叉线段",将自动检查等高线中的交叉点,并生成错误报告(见图 4-71)。单击工具栏上的"下一个标记"或"上一个标记",直接定位到交叉点处╪,执行相应的编辑即可。

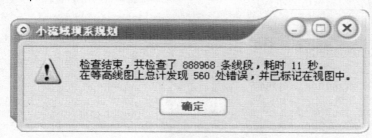

图 4-71　等高线交叉线段检查结果显示

单击菜单栏"等高线图检查—检查是否有在图内中断的等高线",将自动检查。

图内中断的等高线,并生成错误报告(见图 4-72)。单击工具栏上的"下一个标记",直接定位到交叉点处╲,执行相应的编辑即可。

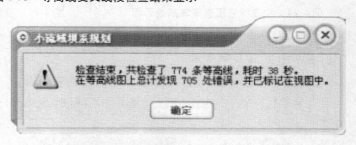

图 4-72　等高线断线检查结果图

3) 工具菜单

自动纠正重合点:单击菜单栏"工具→自动纠正重合点",将自动纠正图中的重合点。

自动连接或闭合等高线:单击菜单栏"工具→自动连接或闭合等高线",在视图的中央出现一条水平标尺,移动鼠标,选择合适的自动连接识别距离(以下几个操作相同,如图4-73 所示),将自动连接图中在有

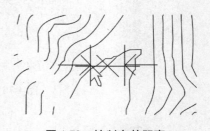

图 4-73　控制有效距离

效距离内的断线,连接时会自动识别具有相同高程值的等高线。

自动精简数据点:单击菜单栏"工具—自动精简数据点",将自动去除图中的有效选择距离内的点,达到去除线节点的目的。

自动光顺等高线:单击菜单栏"工具→自动光顺等高线",将自动增加等高线上的节点,达到平滑的目的。

标记可疑短线:单击菜单栏"工具→标记可疑短线",将自动标记在有效识别距离内的短线,单击工具栏上的"下一个标记"或"上一个标记",直接定位到可疑短线处 – ,执行相应的编辑即可。

按高程选择等高线:单击菜单栏"工具→按高程选择等高线",输入适当的高程值,将自动选取介于高程值之间的等高线(见图4-74)。

设置计曲线高差:设置两条计曲线之间的高程差,便于以不同的颜色显示等高线、以及已经赋过高程值的等高线和未赋过值的等高线。

设置等高线插值条数:进行等高线插值的时候,在选择的两条等高线之间插入 N 条等高线。最多可以设置 4 条,如图4-75所示。

图4-74　按高程范围选择等高线界面

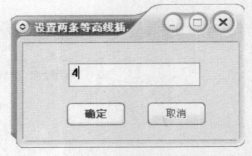

图4-75　设置两条等高线插值条数界面

保存等高线:可以在不关闭等高线编辑视图的时候保存等高线。

4)查看菜单

单击菜单"查看→工具栏"可以控制工具栏是否显示。

单击菜单栏"查看→全图信息",显示等高线的信息(见图4-76)。

图4-76　查看全图等高线信息界面

第五章　数字高程模型

5.1　数字高程模型(DEM)的表示方法

5.1.1　拟合法

拟合法是指用数学方法对地形表面进行拟合,主要是利用连续的三维函数(如傅里叶级数、高次多项式等)拟合统一的地形高程曲面。但对于复杂的表面,进行整体拟合时不可行的,所以也可以采用局部拟合法。局部拟合法将复杂的地形表面分成正方形的小块,用三维数学函数对每一小块进行拟合。

5.1.2　规则格网 DEM

规则格网模型(grid,lattice,raster)是指将地形表面划分成一系列的规则格网单元,每个格网单元对应一个地形特征值(如地面高程)。格网单元的值通过分布在格网周围的地形采样点用内插方法得到或直接由规则格网的采样数据得到。规则格网有多种布置形式如矩形、正三角形、正六边形等,但以正方形格网单元最为简单(见图5-1),同时也比较适合于计算机处理和存储。

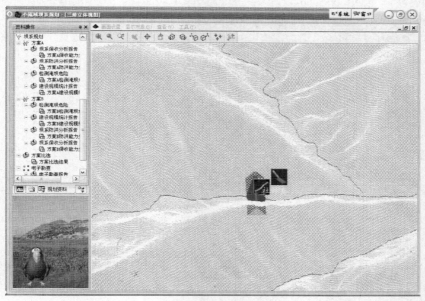

图5-1　正方形格网模型

5.1.3　不规则三角网模型

不规则三角网模型(Triangulated Irregular Network,TIN)是直接用原始数据采样点建造的一种地形表达方式,其实质是用一系列互不交叉、互不重叠的三角形面片组成的网络来近似描述地形表面,如图5-2 所示。

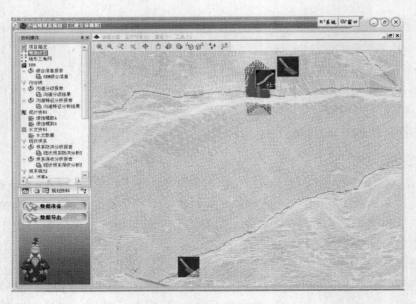

图 5-2　不规则三角网模型

5.1.4　等高线模型

　　等高线模型是一系列等高线集合,即采用类似于线状要素的矢量数据来表达 DEM,但一般需要描述等高线间的拓扑关系。等高线模型如图 5-3 所示。

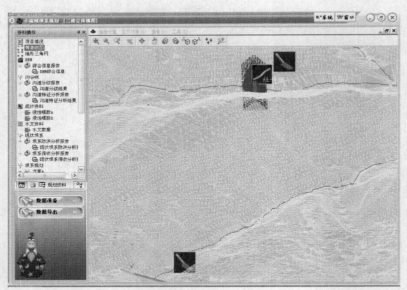

图 5-3　等高线模型

5.2　DEM 的生成

5.2.1　"3S"工具生成 DEM

　　第一步:新建一个工程,把矢量化好的等高线以及流域边界导入到新建的这个工程,新建一个地图,将这两个图层引入,界面如图5-4所示。

图5-4 "3S"工具"地图"界面

第二步:双击等高线图层,将其置为当前图层,单击菜单"模型→等值线插值"(见图5-5),弹出如图5-6所示的"等值线插值"界面,在该界面"插值字段"选择存放高程值的那个字段,本例为"高程"字段。在"分辨率"一栏设置所要生成的DEM的分辨率,该值决定了生成的DEM的一个方格的边长是多少,该值越大,生成的DEM越粗糙,同时生成的速度也越快,同理该值越小,生成的DEM越精细,但数据量也越大,所花的时间也越多。在"结果图层"里面输入要生成的DEM的名字,本例为"县南沟DEM",设置好这些参数后,单击"确定"就完成DEM的生成,如图5-7所示。

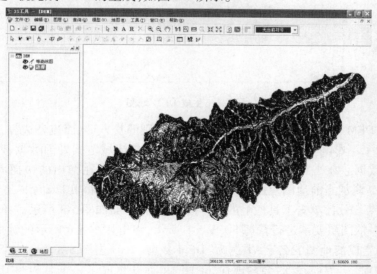

图5-5 等值线插值菜单

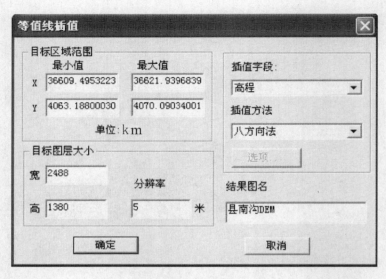

图 5-6　等值线插值对话框

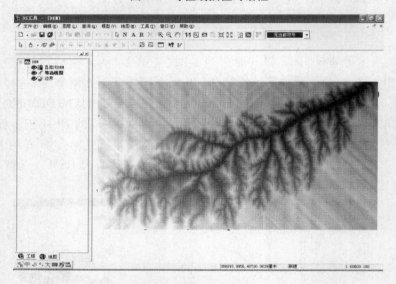

图 5-7　生成 DEM 地图

第三步:DEM 的裁剪。生成的 DEM 是一个规则的长方形,而流域边界是一个不规则的多边形,为了不影响分析处理以及美观效果,需要将流域范围外的数据裁剪掉,只保留流域范围的数据。在工程窗口单击"等高线"图层名,右击在弹出的快捷菜单里面选择"移去"把等高线从当前地图里面移走,单击"县南沟 DEM"将其移动到"边界"图层的下面,单击"边界"图层,单击工具栏上的"A"按钮,工作界面如图 5-8 所示。单击菜单"地图→裁剪地图→依图层要素进行裁剪"如图 5-8 所示,弹出如图 5-9 所示的裁剪地图名设置界面,输入新生成的地图的名字,本例为"DEM 裁剪"。单击图 5-8 界面左下角的"工程"切换到"工程窗口"界面,此时会发现在"地图"里面新生成了一个名为"DEM 裁剪"的地图,双击打开该地图,如图 5-10 所示。

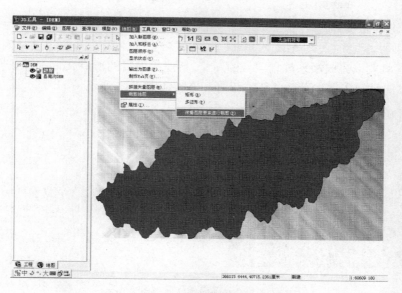

图 5-8 地图裁剪菜单

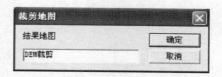

图 5-9 设置裁剪地图名称

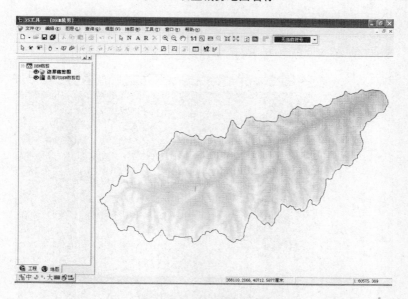

图 5-10 DEM 裁剪地图

　　第四步:DEM 引入到坝系规划系统。双击桌面上的坝系规划系统图标或通过单击"开始→所有程序→坝系规划→坝系规划系统"启动坝系规划系统,在图 5-11 所示的界面中选择"新建项目",单击"继续"按钮,在弹出的"新建项目"对话框输入"项目名称"本例为"县南沟坝系规划"(见图 5-12),单击"选择"按钮,为工程文件的存放指定一个地方,单击"创建"就可以完成坝系规划项目的新建,新建的项目的所有文件都存放在一个与工程项目名称同名的文件夹下面。新工程打开界面如图 5-13 所示。

图 5-11　坝系规划系统选择进入界面

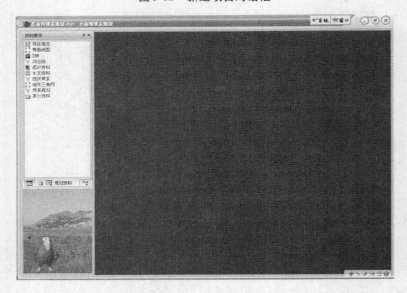

图 5-12　新建项目对话框

图 5-13　"规划资料"界面

单击图 5-13 所示界面中的地图图标,切换到地图子面板(见图 5-14),在数据面板中单击"地图操作→设置地图",弹出如图 5-15 所示的地图文件选择界面,找到存放 DEM 的文件的工程文件,选择该"3S"工程文件后,单击"打开",在弹出的"选择地图"对话框里面(见图 5-16)选择存放裁剪后的 DEM 的地图如"DEM 裁剪",单击"确定"就完成了地图的设置工作。

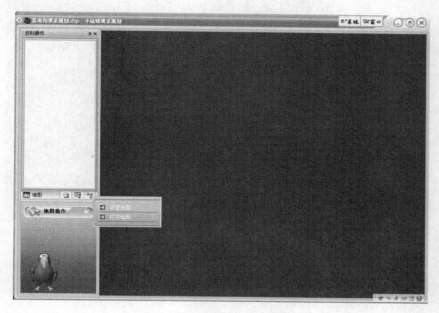

图 5-14　"地图"界面菜单

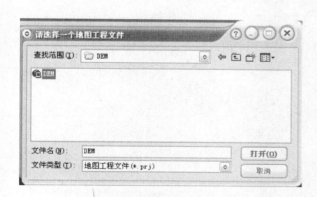

图 5-15　选择地图工程文件

图 5-16　选择地图

在如图 5-17 所示的界面单击"规划资料",切换到"规划资料"子面板,在"资料操作"界面单击"DEM",在命令面板单击"生成 DEM 数据→从地图读入",在如图 5-18 所示的界面选择要引入的 DEM 图层如"县南沟 DEM 裁剪"后,单击"确定"按钮,就可以实现将"3S"工具生成的 DEM 引入到坝系规划系统里面了。

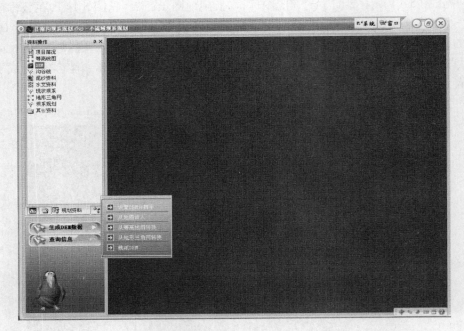

图 5-17　"规划资料"界面菜单

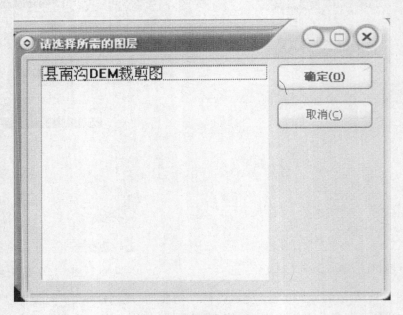

图 5-18　选择所需的图层

第五步:坝系 DEM 的显示。在如图 5-17 所示的界面,单击菜单"窗口→三维立体窗口"就可以显示引入的 DEM 数据了,如图 5-19 所示。单击菜单"画面设置→地形渲染设定"可以完成对 DEM 渲染的设定(见图 5-20),选择"使用单一颜色(增强轮廓表现)",单击"确定"按钮,可以完成对 DEM 渲染的设定,最终效果如图 5-21 所示。画面设置菜单里面还提供了其他一些显示效果的设置,在此就不进行详细的阐述。

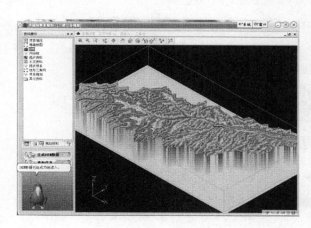

图 5-19　DEM 显示界面

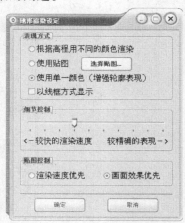

图 5-20　地图渲染设置

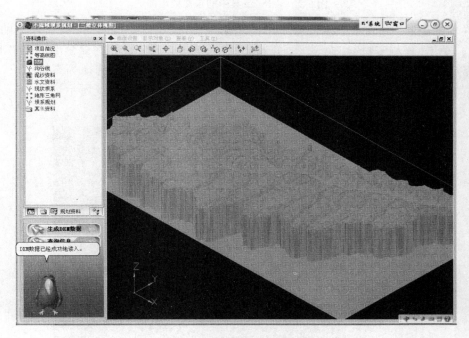

图 5-21　单一颜色渲染的 DEM

5.2.2　等高线生成 DEM

第一步:等高线引入坝系规划系统。将等高线引入到坝系规划系统可以通过两种方式来实现,一种是通过"3S"模块里面的地图将等高线引入到坝系规划系统里面,另一种

方式是直接打开 ∗.dxf 格式的等高线。如果通过"3S"模块里面的地图引入,首先需要进行地图的设置,另外等高线图层里面存放高程信息的字段名必须为"高程",字段类型必须为"双精度浮点型",如果不符合要求,需要在"3S"模块里进行相关修改。等高线地图如图 5-22 所示。

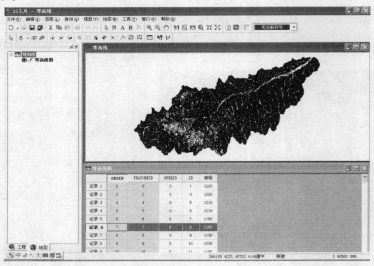

图 5-22 "3S"工具中的等高线地图

在坝系规划系统里面数据面板中单击地图子面板,设置好地图后(设置方法见本章5.2.1),单击"规划资料"切换到规划资料子面板,单击"等高线图"在命令面板中单击"数据准备→从地图读入"(见图 5-23),在如图 5-24 所示的对话框中选择等高线图层,单击"确定"后在"规划资料"子面板中双击"等高线图",等高线如图 5-25 所示。

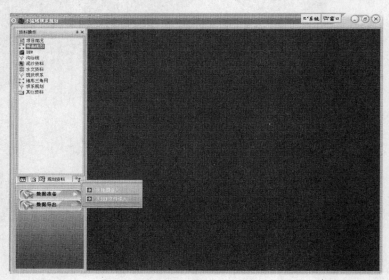

图 5-23 "从地图读入"菜单

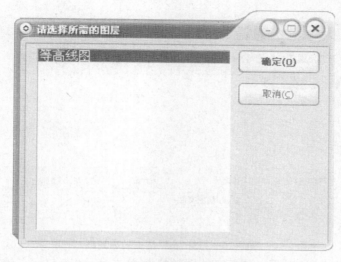

图 5-24 "请选择所需的图层"对话框

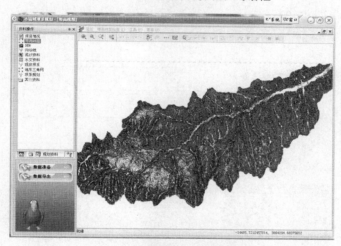

图 5-25 坝系规划系统中的等高线图

如果等高线格式是 *.dxf 格式,可以在如图 5-25 所示界面单击"数据准备→从 dxf 文件读入",在如图 5-26 所示的界面中选择 dxf 格式的等高线后,单击"打开"就可以将 dxf 格式的文件引入到坝系规划系统里面。

第二步:在坝系中对引入的等高线进行编辑。

如果需要对等高线进行编辑,则具体操作见本篇第四章4.3.2。如果不需要对等高线进行编辑,可以省略这一步。

第三步:等高线插值生成 DEM。

在"规划资料"面板单击"DEM",在命令面板单击"生成 DEM 数据→设置 DEM 分辨率",在如图 5-27 所示对话框输入 DEM 分辨率,该值越小,生成的 DEM 越精确,数据量也越大,生成的速度也越慢;反之,该值越大,生成 DEM 时的速度也越快,数据量也越小,精度也会降低。设置好 DEM 分辨率后单击"确定"按钮完成 DEM 分辨率的设置。在命令

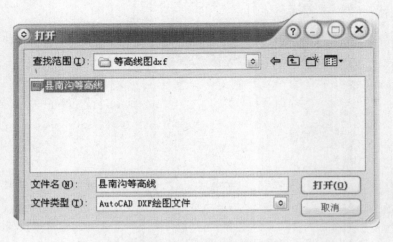

图 5-26　打开"dxf"格式的等高线

面板中单击"生成 DEM 数据→从等高线图转换",单击菜单"窗口→三维立体视图"可以查看生成 DEM(见图 5-28)。

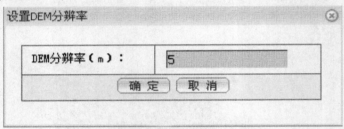

图 5-27　设置 DEM 分辨率

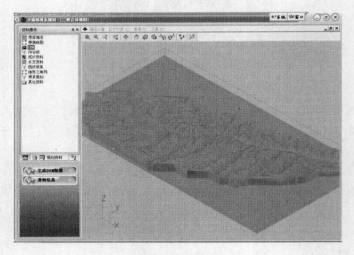

图 5-28　DEM 图

第四步:DEM 的裁剪。

如图 5-28 所示生成的 DEM 边界与流域边界不一致,多生成了一块,为了不影响后期操作及美观效果,需要将 DEM 用流域边界进行裁剪。裁剪时调用的流域图层必须是"面图层",这要保证与坝系链接的地图里面有边界图层,且边界图层与等高线有相同的地理信息,即二者能叠加在一起。

在命令面板中单击"生成DEM数据→裁剪DEM",弹出选择流域边界图层对话框(见图5-29)。选择流域边界面图层后单击"确定",在弹出的裁剪DEM确认对话框中单击"确定"按钮,就可以实现对DEM的裁剪。裁剪后的DEM如图5-31所示。需要注意的是,在裁剪DEM时DEM一定要处于关闭状态,则会弹出如图5-30所示的提示信息。另外,一定要保证"3S"模块的地图和坝系规划系统进行了正确的设置,否则裁剪没有任何反应。

图5-29 选择流域边界图层

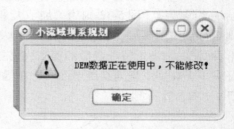

图5-30 DEM图层未关闭时不能修改

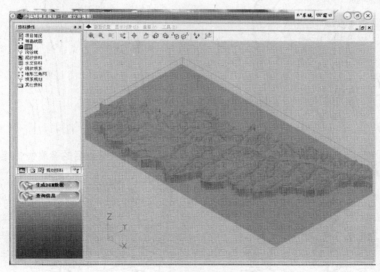

图5-31 裁剪后的DEM图

5.2.3 地形三角网生成DEM

在坝系规划系统里面通过等高线生成不规则三角网,然后通过不规则三角网生成DEM。

5.2.3.1 基于等高线构建TIN算法

从等高线生成TIN一般有三种方法,即等高线的离散点直接生成法、增加特征点TIN优化法和以等高线为特征约束的特征线法。

1）等高线的离散点直接生成 TIN 方法

等高线的离散点直接生成 TIN 方法是直接将等高线的点离散化，然后利用不规则点直接生成 TIN。这种方法只独立地考虑了数据中的每一个点，并未考虑等高线数据的特殊结构，所以导致的结果不理想，如出现三角形的三个顶点都位于同一等高线上，即所谓的"平三角网"，而这些情况按 TIN 的特性是不允许的。因此，在实际应用中，这种方法很少直接使用。

2）增加特征点 TIN 优化法

增加特征点 TIN 优化法是将等高线离散化建立 TIN，采用增加特征点的方式来消除 TIN 中的平三角形，并使用优化 TIN 的方式来消除不合理的三角形。不仅如此，对 TIN 中的三角形进行处理还可以使得 TIN 更接近理想化。图 5-32 表明了从地形图上采集的原始等高线数据。图 5-33 则为增加了大量特征点后的等高线骨架数据点。图 5-34、图 5-35 则是分别由图 5-32、图 5-33 所建立起来的 TIN。显然图 5-34 的"平三角形"扭曲了实际地形，而使用增加了特征点后的等高线建立的 TIN 并对其进行优化后，对地形表达的效果则好多了。在坝系规划系统里面可以在等高线编辑界面输入高程点来作为特征点使生成的 TIN 更符合实际地形。

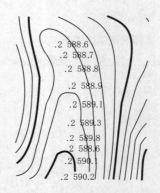

图 5-32　原始等高线数据　　　　图 5-33　拥有特征点后的等高线骨架数据点

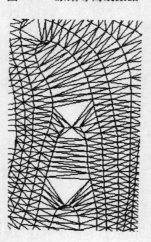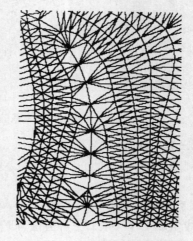

图 5-34　山脊部分区域的平三角形　　　图 5-35　地形地貌的实际表达

3）以等高线为特征约束的特征线法

以等高线为特征约束的特征线法的核心思想是每一条等高线必须当作特征线或结构线，而且线上不能有三角形生成，即三角形不能跨越等高线（见图 5-36）。无论是基于等高线图，还是基于数字化的等高线数据，以等高线为特征约束的特征线法均有一个数据预处理的过程。预处理的主要内容包括：数据数字化、离散化，离散数据点分布均匀化，地形特征点（即地面曲率变化点，如峰点、谷点、鞍点、变坡点等）与特征线（山脊线、山谷线或流水线等）的加入，以及地形突变线（断层、陡坎、悬崖等）与突变区（陷落柱、岩溶柱、孤峰、洼地等）的加入等。

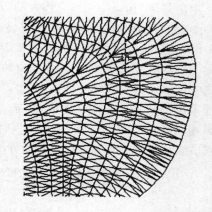

图 5-36　将等高线当作特征线构建三角网

根据是否加入地形特征点与特征线以及是否加入地形突变线与突变区等，可以将基于等高线构建 TIN 的算法分为有约束和无约束两种基本模式。显然，以等高线为特征约束的特征线法要求所构建的三角形不可跨越等高线，即等高线本身就是约束条件。因此，从本质上说以等高线为特征约束的特征线法属于约束条件下离散点的三角剖分。

5.2.3.2　通过 TIN 生成 DEM

第一步：地形三角网的生成。

生成地形三角网的前提是坝系规划系统中引入了等高线图，在"规划资料"面板单击"地形三角网"，在命令面板中单击"数据准备→从等高线图转换"，经过一系列运算后（见图 5-37）就可以依据等高线生成地形三角网。

图 5-37　依据等高线生成地形三角网

第二步：依据地形三角网生成 DEM。

在"规划资料"面板单击"DEM"，在命令面板中单击"生成 DEM 数据→设置 DEM 分辨率"完成 DEM 分辨率的设置，单击"生成 DEM 数据→从地形三角网转换"经过一系列计算后完成 DEM 的生成（见图 5-38）。

图 5-38　依据地形三角网生成 DEM

单击菜单"窗口→三维立体视图"显示生成的 DEM,在打开的三维视图界面单击菜单"显示对象→显示地形三角网"可以显示生成的地形三角网如图 5-39 所示。如需对生成的 DEM 进行裁剪还可以参照本章 5.2.2 所介绍的操作步骤对 DEM 进行裁剪。一般通过地形三角网生成的 DEM 的边界与流域边界吻合比较好,不需裁剪就可以直接使用。通过在内蒙古以及延安等地的坝系实例应用对比发现,最好使用坝系规划系统生成 DEM,不推荐采用"3S"模块里面来生成 DEM。一是"3S"模块里面生成的速度比较慢,二是通过"3S"模块生成的 DEM 计算坝地高程时与实际不一致(在沟道较宽的情况下比较明显),这对后续分析影响较大。在这 3 种方法中,推荐使用通过地形三角网来生成 DEM。

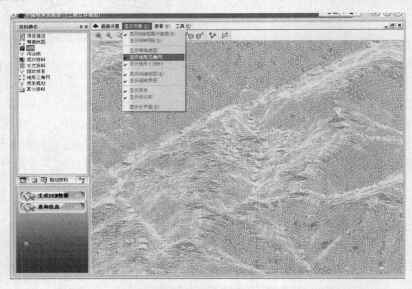

图 5-39　显示地形三角网

第六章　沟谷线

6.1　沟谷线提取原理

6.1.1　无洼地 DEM 的生成

所谓洼地是指一个栅格或空间上相互联系的栅格的集合,在水流方向栅格主题中其值不能用流向的 8 个方向值表示,当周围栅格都高于中心栅格时或者两个栅格互相流入形成循环时会发生这种情况。由于 DEM 水平分辨率和垂直分辨率的限制以及 DEM 生成过程中的系统误差,不可避免存在低洼点,造成计算水流方向及派生流域信息时出现水流逆流和断流的情况,给以后的水流追踪带来困难,并产生不连续河流线段以及其他特征信息的不准确。因此,在提取流域特征信息前对生成的 DEM 进行修整,生成无洼地的 DEM 是很重要的。

洼地可分为凹陷型洼地和阻挡型洼地,凹陷型洼地是指一组栅格单元的高程值低于四周,而阻挡型洼地是指垂直于排水路径方向有一条狭长的较高单元带,类似于横跨河道的障碍物或坝体。填平洼地的思想是:对于凹陷型洼地,将洼地内所有栅格单元垫高至洼地周围最低栅格单元高程;对于阻挡型洼地,可降低阻挡物存在处的高程,使水流穿过障碍物。填平洼地如图 6-1 所示。

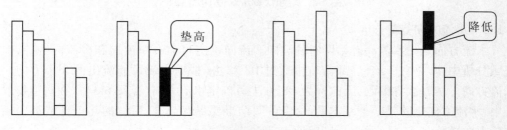

图 6-1　填平洼地示意图

对于 DEM 洼地的填平采用"水淹"法,先用 D8 算法确定出洼地区域,而后同时逐步填高洼地区域高程,如同向洼地区域注水成洼一样,当水位(填高高程)达到某一数值时,水流就会从洼地区域边界最低点泄出。这样就可用该高程垫平洼地区域。

对洼地进行填平后,就得到了原 DEM 数据相对应的无洼地区域的 DEM 数据。为了消除 DEM 中的小平原,对于洼地填平所产生的平坦区域或 DEM 原先存在的平坦区域,采用地起伏算法进一步改造 DEM 数据(见图 6-2),通过对平坦区域范围内的单元格增加一个微小增量来抬升平面,每个单元格的增量大小是不一样的,最大的增量不超过 DEM 的空间分辨率的 1/10,这样就不会影响原始 DEM 的水流方向,从而不会影响水系的提取。

1	1	3	4	5	5	7	5	4
1	2	4	4	4	4	6	5	3
4	4	3	4	3	3	6	7	5
3	3	2	3	2	2	4	6	7
1	2	2	2	2	2	3	4	5
3	3	2	2	2	2	3	6	6
2	3	3	2	2	2	5	7	8
1	2	3	3	3	3	4	8	6
1	1	2	3	3	4	5	7	8

原始 DEM 数据

1	1	3	4	5	5	7	5	4
1	2	4	4	4	4	6	5	3
4	4	3	4	3	3	6	7	5
3	3	2	3	2	2	4	6	7
1	2	2	2	2	2	3	4	5
3	3	2	1	1	2	3	6	6
2	3	3	1	1	2	5	7	8
1	2	3	3	3	3	4	8	6
1	1	2	3	3	4	5	7	8

填洼后的 DEM 数据

1	1	3	4	5	5	7	5	4
1	2	4	4	4	4	6	5	3
4	4	3	4	3	3	6	7	5
3	3	2.1	3	2.3	2.4	4	6	7
1	2	2.1	2.2	2.3	2.4	3	4	5
3	3	2.1	2.2	2.3	2.4	3	6	6
2	3	3	2.2	2.3	2.4	5	7	8
1	2	3	3	3	3	4	8	6
1	1	2	3	3	4	5	7	8

图 6-2　地起伏算法改造 DEM 数据

6.1.2　水流方向矩阵

水流方向是指水流离开格网时的流向。流向确定目前有单流向和多流向两种,但在流域分析中,常是在 3×3 局部窗口中通过 D8 算法(根据水流可能流出的 8 个方向。以水流方向 2 的幂次方编码,因此称为 D8 方法。)确定水流方向(见图6-3)。在沟道提取分析中,水流方向矩阵是一个基本量,这个中间结果要保存起来,后续的几个环节都要用到水流方向矩阵。

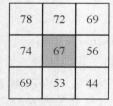

无洼地 DEM

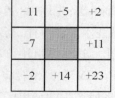

与中心格网高差

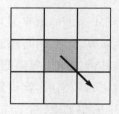

中心单元流向

图 6-3　3×3 窗口中心单元流向确定(D8 算法)

6.1.3　汇流累积矩阵

汇流累积矩阵是指流向该格网的所有上游格网单元的水流累计量(将格网单元看作

是等权的,以格网单元的数量或面积计),它是基于水流方向确定的,是沟道提取和流域划分的基础。目前系统中使用的 D8 算法(见图 6-4),汇流累计矩阵的值可以是面积,也可以是单元数,两者之间的关系是面积=格网单元数×单位格网面积。

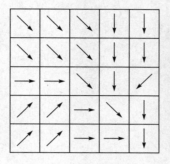
无洼地 DEM

D8 水流方向矩阵

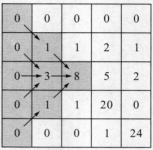
格网单元流量累积值确定

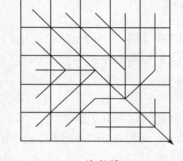
流量累积矩阵

沟谷线

图 6-4　汇流累积矩阵计算(D8 算法)

6.1.4　沟道提取

沟道提取是在汇流累计基础上形成的,它是通过所设定的阈值(一般认为沟谷具有较大的汇流量,而分水线不具备汇流能力),即沿水流方向将高于此阈值的格网连接起来,从而形成沟道网络。

在"规划资料"面板单击"沟谷线",在命令面板单击"计算与分析→从 DEM 提取",经过一系列运算过程后,会弹出沟谷线的控制参数的对话框(见图 6-5),设定"沟谷线起点的最小汇水面积",以及"自动删除长度短于×× m 的最上游沟道",单击"确定"按钮,系统将依据输入的最小汇水面积,将其换算成网格数,如果汇流累积矩阵大于该网格数的就认为其是

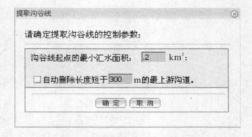
图 6-5　沟谷线控制参数输入对话框

沟谷,如果用户选择了要删除某一长度的沟道,在提取沟道的时候将自动把用户指定长度的沟谷线删除掉。提取出的沟谷线如图 6-6 所示。

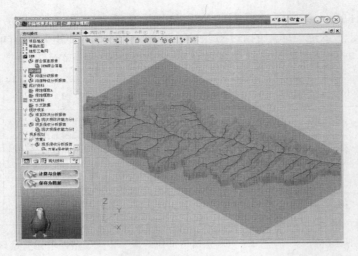

图 6-6　沟道提取成果图

6.2　沟道分级

沟道分级原理采用 A. N. Strahler 提出的水系分级原则,把最细的、位于顶端的不再有分支的细沟称为第一级水系,两个一级水系合并为二级水系,两个二级水系合并为三级水系,两个不同级别水系合并为高级别的水系。沟道分级原理示意图如图 6-7 所示。

在"规划资料"面板单击"沟谷线",在命令面板单击"计算与分析→沟道分级",将生成沟道分级报告(见图 6-8 和图 6-9)。在沟道分级报告中单击"查看示意图"可以查看沟道分级成果图,如图 6-10 所示。

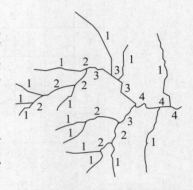

图 6-7　Strahler 沟道分级示意图

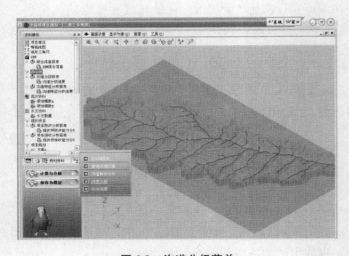

图 6-8　沟道分级菜单

图 6-9　沟道分级报告

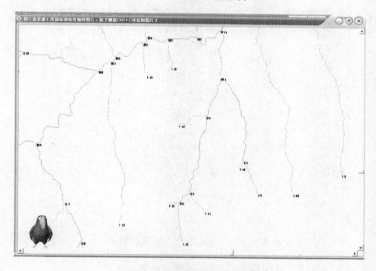

图 6-10　沟道分级成果图

第七章　水文泥沙资料

7.1　水文资料

通过在"规划资料"界面单击"水文数据",在命令面板单击"水文资料→添加水文数据",弹出"水文数据"设置对话框(见图7-1),在"水文数据名称"一栏输入水文数据的名称,依次输入10年—遇到500年一遇的洪峰模数、洪量模数、涨水历时系数。这些数据的输入便于采用三角形概化洪水过程线,便于坝高设计以及防洪能力分析时的调洪演算。

频率 (n年一遇)	洪峰模数 (m³/s·km²)	洪量模数 (万m³/km²)	涨水历时系数
10			
20			
30			
50			
100			
200			
300			
500			

水文数据名称：小流域水文数据

确定　取消

图7-1　"水文数据"设置对话框

通过在"规划资料"里面单击"水文资料"在命令面板单击"水文计算方法→配置计算方法",弹出"配置计算方法"对话框(见图7-2),目前提供的计算方法只有"按洪峰洪量模数计算",选择该方法,单击"确定"按钮,在弹出的对话框中选择计算将采用的水文数据,单击"确定"按钮返回(见图7-3)。

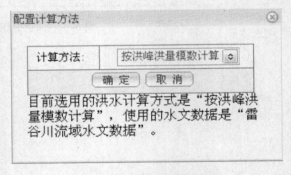

计算方法：　按洪峰洪量模数计算

确定　取消

目前选用的洪水计算方式是"按洪峰洪量模数计算",使用的水文数据是"雷谷川流域水文数据"。

图7-2　配置水文计算方法

图 7-3　选择水文数据对话框

7.2　泥沙资料

在"规划资料"子面板单击"泥沙资料"，在命令面板单击"泥沙资料→添加侵蚀模数"，弹出"侵蚀模数"输入对话框（见图 7-4），输入侵蚀模数和泥沙容重后，单击"计算"按钮，就可以完成侵蚀模数单位的换算，也可以直接在"侵蚀模数（万 $m^3/(km^2 \cdot a)$）"一栏输入与该单位对应的侵蚀模数，单击"确定"按钮就可以了。

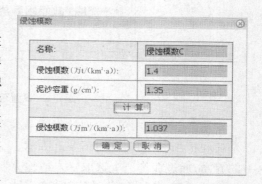

图 7-4　设置侵蚀模数对话框

在"规划资料"面板单击"泥沙资料"，在命令面板单击"泥沙计算方法→配置计算方法"，弹出"配置计算方法"对话框（见图 7-5），在"计算方法："一栏选择"按流域平均侵蚀模数计算"后单击"确定"按钮，在弹出的对话框中选择要采用的侵蚀模数后单击"确定"按钮完成泥沙资料的配置（见图 7-6）。

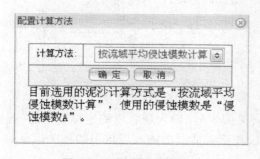

图 7-5　配置泥沙计算方法

图 7-6　选择侵蚀模数对话框

第八章　现状坝系

8.1　现状坝的布设

现状坝的布设前首先要设置调查年份，单击"规划资料"面板的"现状坝系"，在显示的命令面板单击"现状坝系→设置调查年份"，弹出如图 8-1 所示的"设置现状坝系的调查年份"对话框，输入调查年份后单击"确定"按钮完成现状坝系调查年份的设置。单击"取消"按钮可以退出该对话框，所做设置将不保存。

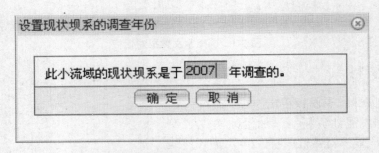

图 8-1　设置现状坝系的调查年份界面

在命令面板中单击"现状坝系→添加现状坝"，将弹出如图 8-2 所示的界面，通过在沟道上选取一点或输入外业 GPS 点的坐标，都可以确定现状坝的 X,Y 坐标。单击"确定"按钮，弹出图 8-3 所示的界面，如果需要修改坝址位置，单击"重新选择布坝点"将返回到图 8-2 界面，重新确定坝址。如果在图 8-3 所示界面单击"修正坝底高程"将出现如图 8-4 所示界面。在图 8-3 所示界面单击"调整坝轴线方向"将出现如图 8-5 所示的界面。如果不需要进行这些调整，直接在图 8-3 所示界面单击

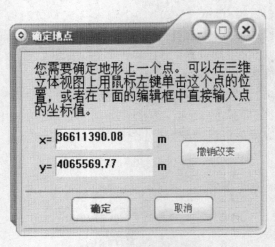

图 8-2　确定现状坝地点

"下一步"将出现输入现状坝名称的对话框（见图 8-6），输入现状坝的名称后单击"确定"按钮，弹出"现状坝信息"对话框（见图 8-7），在该对话框中输入现状坝的相关信息后，单击"确定"按钮就可以完成现状坝的布设。

图 8-3　修改布坝位置

图 8-4　修正坝底高程值界面

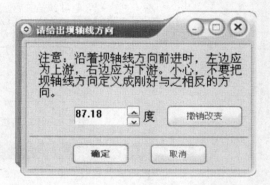

图 8-5　修改坝轴线方向界面

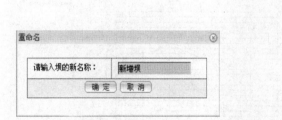

图 8-6　重命名现状坝名称界面

图 8-7　现状坝信息设置对话框

对于布设好的现状坝,如果需要修改其现状信息,可以把该现状坝选中,在"选定对象"面板,单击"现状信息"后在命令面板单击"现状坝信息→修改基本信息"就可以调出如图 8-7 所示的"现状坝信息"对话框,修改相关信息后,单击"确定"就可以实现对现状坝信息的修改。

8.2　现状坝的防洪能力分析

在计算现状坝的防洪能力之前,需要绘制现状坝的特征曲线,选定某一现状坝,在

"选定对象"面板,单击"特征曲线",在命令面板单击"特征曲线→计算特征曲线"弹出如图 8-8 所示的参数设置对话框,输入"最大淹没/淤积高度"后单击"确定"按钮,出现如图 8-9所示的进度条,计算出的特征曲线数据如图 8-10 所示。

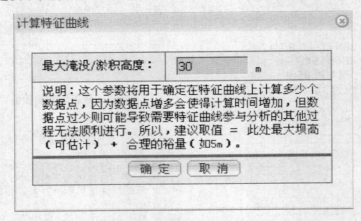

图 8-8 计算特征曲线对话框

图 8-9 计算特征曲线进度

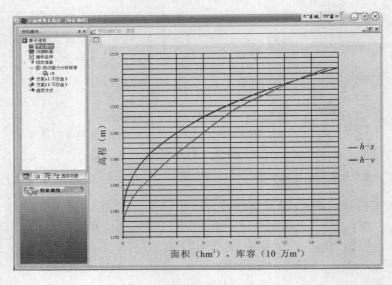

图 8-10 现状坝特征曲线

8.2.1 单个现状坝的防洪能力分析

对于单个现状坝,如果该现状坝是骨干坝,在"选定对象"面板单击"现状信息",在命令面板单击"分析现状坝→计算防洪能力"就可以完成单个骨干坝的防洪能力的分析,分析报告如图8-11所示。单击报告里面的"查看分项报告"弹出分项报告列表框,单击要查看的报告就可以调出分项报告。如果现状坝不是骨干坝,是不能完成防洪能力分析的,就会出现如图8-12所示的提示。

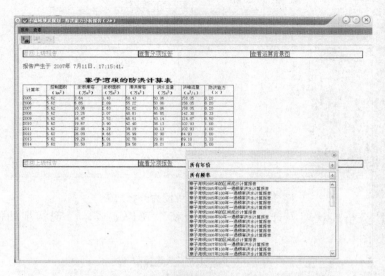

图8-11 单个现状坝防洪能力分析报告

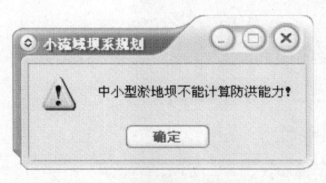

图8-12 中小型淤地坝不能计算防洪能力提示

8.2.2 现状坝系的防洪能力分析

切换到"规划资料"面板,在"资料操作"里面单击"现状坝系",在命令面板单击"分析现状坝系→计算防洪能力"将对整个现状坝系里面的骨干坝进行防洪能力分析,分析报告如图8-13所示。

8.3 现状坝的保收能力分析

8.3.1 单个现状坝的保收能力分析

选中需要进行保守能力分析的现状坝,切换到"选定对象"面板,单击"现状信息",在

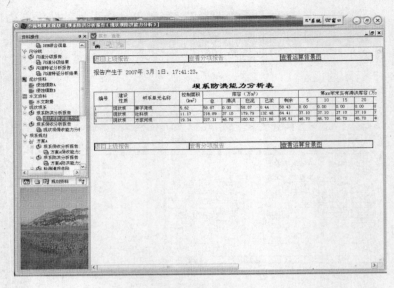

图 8-13　现状坝系防洪能力分析报告

命令面板单击"分析现状坝→计算保收能力分析",可以完成单个现状坝的保收能力分析,分析报告如图 8-14 所示。

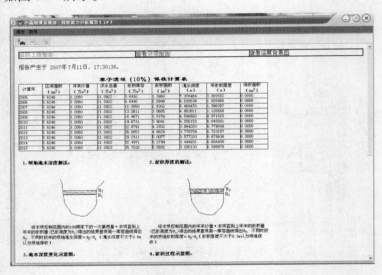

图 8-14　单个现状坝保收能力分析报告

8.3.2　现状坝系的保收能力分析

切换到"规划资料"面板,单击"现状坝系",在命令面板单击"分析现状坝系→计算保收能力",将对现状坝系进行保收能力分析,保收能力分析报告。该报告中包括"10% 频率下的坝系保收动态分析表"、"10% 暴雨洪水下淤积厚度计算表"、"保收能力分析计算结果表"以及"坝系保收结果表"(见图 8-15)。坝系平衡系数为淤地面积之和与坝控面积的比值。

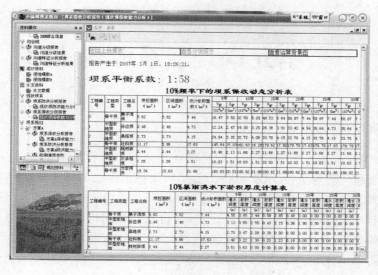

（a）

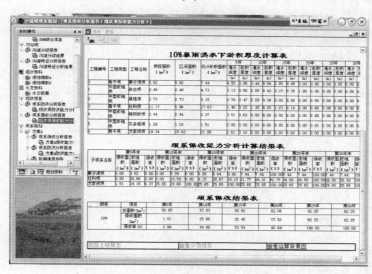

（b）

图 8-15　现状坝系保收能力分析报告

第九章　坝系规划

9.1　电子勘查选择坝址

电子勘查的原理是基于库容/工程量值的比值来确定最佳坝址的,库容/坝体土方量比值越大,坝址越优。为了便于统一比较,依据相关规范确定的骨干坝、中型坝和小型坝的库容范围,人为设置一个库容。通过设置勘测步长以及电子勘查沟道或沟谷线,系统自动从沟头到沟口,依据勘查步长虚拟布设坝址,自动绘制布设坝址的特征曲线和沟道断面,依据指定的库容,反查特征曲线求出坝高,结合用户输入的坝顶宽度以及上下游边坡,依据沟道断面,采用分层法计算坝体土方量,然后计算库容/坝体土方量的比值,输出报表以及绘制曲线分布图。具体操作过程如下所述。

第一步:在数据面板里面单击"规划资料"切换到规划资料子面板,单击"坝系规划",在数据面板中单击"电子勘查→设置勘查参数",在如图 9-1 所示的对话框中设置电子勘查相关参数。库容是依据划分小型坝、中型坝、骨干坝的库容范围来确定,坝顶宽、上下游坡比依据相关规范或当地经验设置。勘查步长依据用户要求的精度来进行设置,步长越小,勘查初选坝址的间隔也就越小,这样不容易把最佳坝址给遗漏掉,但运算所花时间会相应的增长。

设置电子勘查参数

淤地坝类型:	骨干坝	中型坝	小型坝
库容(万m³):	80	30	10
坝顶宽(m):	5	4	3
上游坡比:	2	2	2
下游坡比:	2	2	2
勘查步长(m):	100	200	100

确定　取消

图 9-1　设置电子勘查参数

第二步:设置电子勘查类型。

在命令面板中单击"电子勘查→设置勘查类型",在如图 9-2 所示的"设置电子勘查类型"对话框中,在淤地坝类型中选择要勘查的坝的类型"骨干坝"或"中型坝"或"小型坝"。在勘查类型中选择"沟道中"或"沟谷线上"。如果选择的是"沟

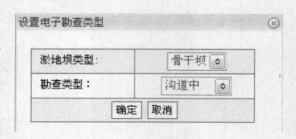

设置电子勘查类型

淤地坝类型:	骨干坝
勘查类型:	沟道中

确定　取消

图 9-2　设置电子勘查类型

道中",电子勘查将会在整条沟道里面进行,如果选择的是"沟谷线上",电子勘查的时候将会在沟谷线上进行,也就是沟道中的一段而不是整条沟道。

第三步:电子勘查。

在命令面板中单击"电子勘查",弹出选择勘查沟道的对话框,如图9-3所示,此时输入沟道中任意一点的坐标或用鼠标选中需要进行电子勘查的沟道(选择的时候,如果鼠标不是箭头状态,右击鼠标就可以切换到箭头状态)。单击"确定"按钮,就会弹出电子勘查进度条。电子勘查完后会自动生成电子勘查报告,如图9-4所示。单击"查看分项报告"可以查看每一座坝的坝体土方量的计算报告(见图9-5)。在坝体土方量报告中单击左上角的"返回上级报告"可

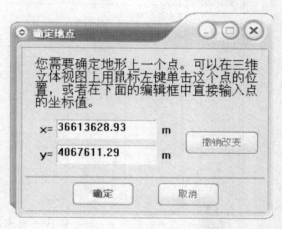

图9-3 确定沟道

以切换到电子勘查报告。单击"查看示意图",可以查看沿沟道的"库容/坝体方量"曲线分布图(见图9-6)。单击电子勘查报告右上角的关闭按钮,会弹出是否需要保存操作报告的对话框,如果想要保存,单击"是"就可以保存电子勘查报告,如果单击"否",将不会保存此次电子勘查生成的报告。

电子勘查

坝址名称	X坐标	Y坐标	坝底高程(m)	坝轴线方向	坝高(m)	坝顶宽(m)	下游坡比	上游坡比	坝体方量(万m³)	库容(万m³)	库容/坝体
第1坝址	36612374.99	4067434.75	1226.53	153.97	31.09	5.00	2.00	2.00	18.293	80.000	4.37
第2坝址	36612449.99	4067479.75	1218.98	147.09	34.53	5.00	2.00	2.00	16.159	80.000	4.95
第3坝址	36612509.99	4067569.75	1214.41	150.26	34.53	5.00	2.00	2.00	21.940	80.000	3.65
第4坝址	36612574.99	4067659.75	1206.91	140.53	31.09	5.00	2.00	2.00	14.807	80.000	5.40
第5坝址	36612639.99	4067734.75	1197.82	129.35	34.84	5.00	2.00	2.00	21.460	80.000	3.73
第6坝址	36612734.99	4067759.75	1191.40	109.00	39.53	5.00	2.00	2.00	23.489	80.000	3.41
第7坝址	36612839.99	4067784.75	1190.00	94.69	32.34	5.00	2.00	2.00	21.217	80.000	3.77
第8坝址	36612944.99	4067794.75	1184.05	106.05	28.28	5.00	2.00	2.00	24.478	80.000	3.27
第9坝址	36612989.99	4067779.75	1182.08	107.27	27.34	5.00	2.00	2.00	21.566	80.000	3.71
第10坝址	36613099.99	4067794.75	1174.48	107.27	29.84	5.00	2.00	2.00	15.872	80.000	5.04
第11坝址	36613169.99	4067794.75	1172.41	95.04	28.59	5.00	2.00	2.00	13.385	80.000	5.98
第12坝址	36613259.99	4067784.75	1169.47	100.95	27.03	5.00	2.00	2.00	17.593	80.000	4.55
第13坝址	36613364.99	4067739.75	1163.74	103.83	27.68	5.00	2.00	2.00	9.253	80.000	8.65
第14坝址	36613439.99	4067709.75	1161.68	90.88	27.68	5.00	2.00	2.00	12.148	80.000	6.59
第15坝址	36613524.99	4067724.75	1159.73	90.87	27.34	5.00	2.00	2.00	11.040	80.000	7.25
第16坝址	36613629.99	4067639.75	1158.40	56.75	25.84	5.00	2.00	2.00	4.868	80.000	16.43
第17坝址	36613674.99	4067579.75	1157.52	56.09	25.16	5.00	2.00	2.00	5.517	80.000	14.50
第18坝址	36613759.99	4067539.75	1156.44	78.26	24.22	5.00	2.00	2.00	5.919	80.000	13.50
第19坝址	36613824.99	4067519.75	1155.66	90.00	23.91	5.00	2.00	2.00	10.349	80.000	7.73
第20坝址	36613939.99	4067469.75	1152.66	92.02	21.41	5.00	2.00	2.00	5.861	80.000	13.65
第21坝址	36613999.99	4067474.75	1151.87	79.29	21.09	5.00	2.00	2.00	6.258	80.000	12.78
第22坝址	36614089.99	4067394.75	1149.73	70.02	20.47	5.00	2.00	2.00	4.927	80.000	16.24
第23坝址	36614189.99	4067369.75	1135.21	83.42	32.97	5.00	2.00	2.00	12.771	80.000	6.26
第24坝址	36614229.99	4067324.75	1134.18	93.53	31.41	5.00	2.00	2.00	8.819	80.000	9.07
	4344.99	4067299.75	1131.54	91.51	30.47	5.00	2.00	2.00	11.945	80.000	6.70
	4539.99	4067279.75	1127.13	77.97	29.84	5.00	2.00	2.00	7.829	80.000	10.22
	4634.99	4067264.75	1124.84	88.91	28.91	5.00	2.00	2.00	9.207	80.000	8.68
第29坝址	36614689.99	4067224.75	1124.28	73.56	27.66	5.00	2.00	2.00	9.039	80.000	8.85

返回上级报告　　　查看分项报告　　　查看示意图

报告产生于:2007年7月30日,09:09:52。

图9-4 电子勘查报告

报告 查看

返回上级报告　　　　　查看分项报告　　　　　查看示意图

报告产生于 2007年 7月30日, 09:09:51。

第1坝址坝体土方计算

分层号	厚度(m)	坝宽(m)	沟宽(m)	面积(m)	体积(m)
0	1.00	129.38	0.04	4.54	0.00
1	1.00	125.38	14.24	1785.36	894.95
2	1.00	121.38	24.99	3033.22	2409.29
3	1.00	117.38	34.54	4054.23	3543.73
4	1.00	113.38	41.75	4733.31	4393.77
5	1.00	109.38	46.28	5061.60	4897.46
6	1.00	105.38	50.36	5309.12	5185.36
7	1.00	101.38	54.19	5493.80	5401.46
8	1.00	97.38	57.50	5599.10	5546.45
9	1.00	93.38	60.79	5676.23	5637.66
10	1.00	89.38	64.08	5727.05	5701.64
11	1.00	85.38	67.37	5751.68	5739.37
12	1.00	81.38	70.69	5752.72	5752.20
13	1.00	77.38	74.07	5731.04	5741.88
14	1.00	73.38	78.03	5725.41	5728.23
15	1.00	69.38	81.99	5668.09	5706.75
16	1.00	65.38	89.00	5818.68	5753.38
17	1.00	61.38	184.43	11319.10	8568.89
18	1.00	57.38	188.07	10790.36	11054.73
19	1.00	53.38	191.72	10233.00	10511.68
20	1.00	49.38	195.47	9651.49	9942.25
21	1.00	45.38	199.74	9063.00	9357.25
22	1.00	41.38	204.02	8441.36	8752.16
23	1.00	37.38	208.53	7793.71	8117.53
24	1.00	33.38	213.26	7117.59	7455.65
25	1.00	29.38	218.74	6425.42	6771.50
26	1.00	25.38	224.43	5694.82	6060.12
27	1.00	21.38	230.07	4917.79	5306.30
28	1.00	17.38	235.98	4100.22	4509.00
29	1.00	13.38	242.63	3245.19	3672.71

图9-5　电子勘查坝体方量计算报告

图片查看器(用鼠标滚轮可缩放图片,按下键盘Ctrl+C可复制图片)

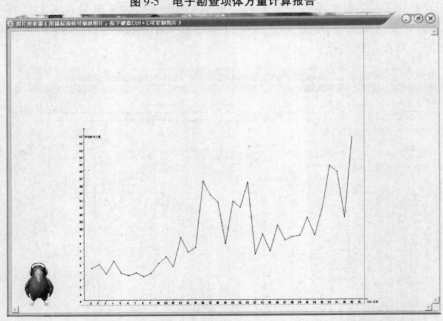

图9-6　沿沟道的"库容/坝体方量"曲线分布图

　　第四步:最佳坝址的确定。

　　根据电子勘查报告中的"库容/坝体方量"比值,可以初步判断理论上的最佳坝址(比值较大者为理论上的较优坝址)。根据电子勘查报告初步确定"第16坝址"为最佳坝址,此时可以通过单击"坝系规划",在命令面板单击"电子勘查→确认考察坝址",用鼠标单击"第16坝址"会弹出"重命名"的对话框,输入坝名,单击"确定"按钮,系统自动把电子勘查的这座坝转换为一座新增坝(见图9-7)。

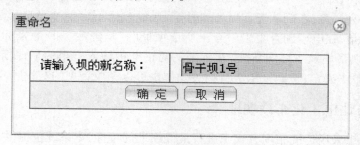

图9-7　确定坝名

如果对于骨干坝还有控制面积方面的要求,可以结合表示布坝沟段功能来把某一控制范围的沟道表示出来(见图9-8),确认坝址的时候可以此作为依据。具体操作是:在规划资料子面板中单击"坝系规划",在命令面板中单击"坝系规划→标示布坝沟段",输入需要表示沟段的汇水面积范围,如"3~8"km²。标示出的布坝沟段如图9-9所示,此沟道上的任意一点的汇水面积都位于用户设定的标示范围内。此时选择坝址的时候,就应该选择位于标示沟道内的坝址中的最佳坝址。

图9-8　标示布坝沟段

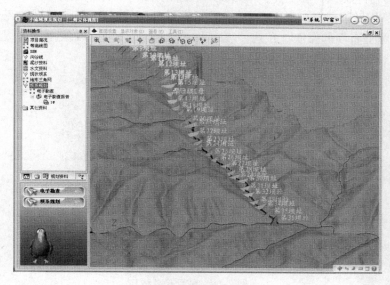

图9-9　布坝沟段示意图

如果用户在设置电子勘查参数的时候,勘查步长设置的比较小,这样在一条沟道里面的勘查的坝就会过多,在确认考查坝址的时候,通过鼠标不容易准确选择最佳坝址,解决该问题的办法是,在电子勘查报告中查出所选坝址的"X 坐标"和"Y 坐标",然后在命令面板中单击"坝系规划→添加新坝"在弹出的对话框中输入查得的最佳坝址的"X 坐标"和"Y 坐标",单击确定,按照提示进行相关操作也可以完成新坝的布设。

9.2 传统方法电子化布设坝址

如果用户想采用传统布坝方式来进行最佳坝址的选择,本系统也提供了相应的模式,在该模式下坝址的选择,更多的要依赖于规划人员的专业知识以及实践经验。具体操作过程如下所述。

第一步:单击顶视图按钮,切换到如图 9-10 所示界面。

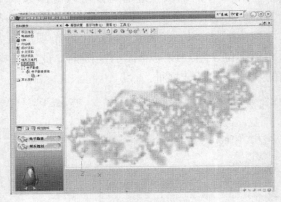

图 9-10　顶视图界面

第二步:进行显示对象设置。单击菜单"显示对象"在弹出的下拉菜单中选择"显示等高线",去掉"显示地形(DEM)",最终显示效果如图 9-11 所示。该界面完全模拟传统布坝在地形图上布坝的操作。在这种模式下,规划人员完全可以依据等高线的走向以及自己的实践经验来进行坝址的选择。

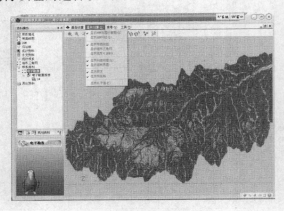

图 9-11　显示等高线

第三步：新坝布设。

在命令面板中单击"坝系规划→添加新坝"，在图上用鼠标单击一点，选择布坝位置（见图9-12）。该过程模拟传统的地形图上布坝。单击"确定"按钮后，弹出如图9-13所示的对话框，如果要重新选择布坝地点，单击"重新选择布坝地点"重新切换到如图9-12所示的"确定地点"对话框。另外，还可以对坝底高程以及坝轴线进行修正。坝底高程是依据DEM自动读取出来的，考虑到地形图与规划时的实际地形之间存在一定的差异，以此允许用户依据实际地形对坝底高程修改。坝轴线方向为垂直于该点的水流方向，该值也允许用户修改。在如图9-14所示界面单击"进行下一步"，系统自动计算出该坝址处的相关参数，如汇水范围、淹没范围及沟道比降。另外，单击"分项考察"还可以分项考察该坝址处的多项参数（见图9-15）。

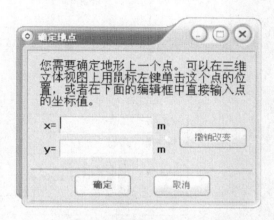

图9-12　确定布坝地点界面

图9-13　修改布坝位置界面

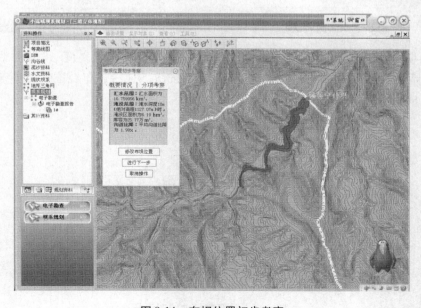

图9-14　布坝位置初步考察

在分项考察界面单击"分析汇水范围"弹出如图9-16所示的"分析汇水区间"对话框,在该对话框可以扣除上游任意一点来分析其汇水区间,如果上游存在坝,还可扣除上游的坝来分析其汇水区间。单击"完成"按钮,切换到"布坝位置初步考察"对话框。

单击"分项考察"后,单击"分析淹没范围",在如图9-17所示的界面输入任意淹没深度后,单击"开始分析"按钮就可查询其淹没面积及淹没区库容。单击"完成"按钮切换到"布坝位置初步考察"对话框。

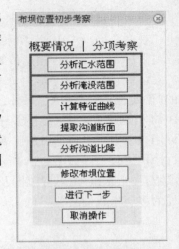

图9-15 布坝位置初步考察选项

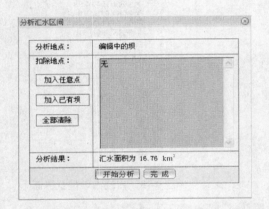

图9-16 分析汇水区间对话框

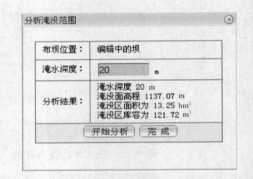

图9-17 分析淹没范围对话框

在分项考察中单击"计算特征曲线",弹出"最大淹没/淤积高度"设置对话框,单击"确定"自动绘制特征曲线(见图9-18),单击关闭按钮,切换到"布坝位置初步考察"对话框。特征曲线效果如图9-19所示。

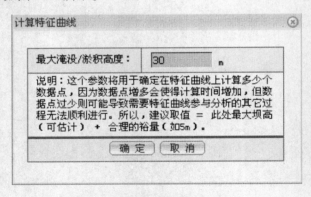

图9-18 计算特征曲线对话框

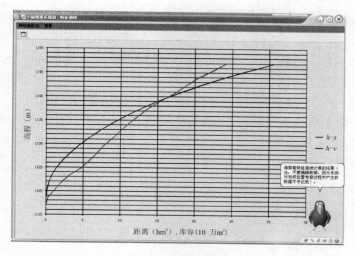

图 9-19　特征曲线

在分项考察中单击"计算沟道断面",弹出"提取沟道断面"对话框(见图 9-20),输入计算高度后单击"确定"按钮,自动生成该坝址处的沟道断面(见图 9-21)。单击右上角的关闭按钮,切换到"布坝位置初步考察"对话框。

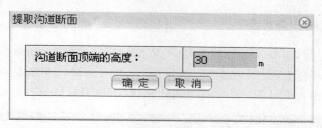

图 9-20　设置沟道断面顶端高度

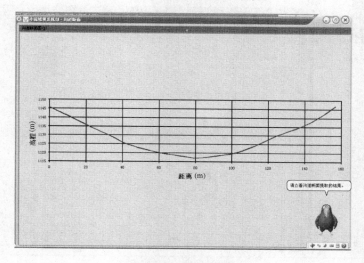

图 9-21　沟道断面图

在分项考察中单击"分析沟道比降",可以设置上游起点,默认的是从沟头开始分析,可以选择上游的任意一点或选择已有坝作为起点,分析两点之间的比降(见图9-22)。单击"开始分析"按钮后在分析结果一栏显示两点之间的平均沟道比降。单击"完成"切换到"布坝位置初步考察"对话框。在分项考察中,如发现所选坝址不合适,完全可以在"布坝位置初步考察"界面中单击"修改布坝位置"重新进行坝址的设定。

如果经过分项考察认为所选坝址合理,可以单击"进行下一步",弹出如图9-23所示的重命名对话框,输入所选坝址的名称(如"骨干坝2号"),这样依据传统方法就可以将拟规划的坝布设到系统中。

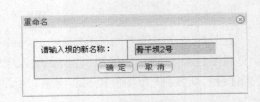

图9-22 分析沟道比降对话框   图9-23 确定坝名对话框

进行布坝的时候,还可以在"3S"工具中,依据扫描的地形图,在地图里面建立一个点图层,把拟选坝址都标上,提取出这些点的坐标后(见图9-24),在坝系规划系统里面添加新坝的时候,直接输入拟订坝址的坐标就可以实现坝址的精确定位。

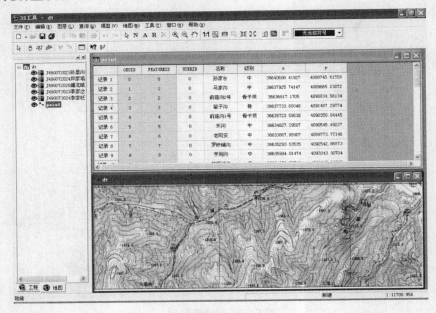

图9-24 建立坝址点图层

9.3　坝系布局方案的拟订

采用上述几种方法对流域拟建坝址选择好后,就需要对坝系布局方案进行拟订。如果习惯在等高线上操作,就不需要进行视图的切换,如果想切换到三维模式,单击"轴侧图"对应的图标,切换到三维视图,并在显示对象里面显示 DEM 不显示等高线。一般在进行坝系布局的时候,需要拟订两套比选方案,因此需要先添加比选方案。具体操作过程如下所述。

在"规划资料"子面板单击"坝系规划",在命令面板单击"坝系规划→添加方案",系统自动添加方案 A(见图 9-25)。

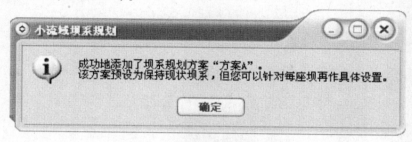

图 9-25　成功添加坝系规划方案 A

再次在命令面板单击"坝系规划→添加方案"时,会弹出如图 9-26 所示的界面。此时如果需要以某一个方案作为"蓝本"来进行复制产生方案,单击按钮"是",在弹出的如图 9-27 所示的对话框中选择作为蓝本的方案后,单击"确定"按钮。在如图 9-28 所示的界面中单击"确定"按钮完成方案 B 的添加,如果还需要添加其他方案,也可以按照相同的操作来进行添加。如果不想以其他方案作为蓝本来创建方案,在图 9-26 所示的界面单击"否"就可以了。一般情况下,用于拟选的两套方案里面其纳入方案的坝有很多都是相同的,因此通常是拟订好方案 A 的布局后,以方案 A 为蓝本创建方案 B,这样只需对方案 B 中与方案 A 不同的地方进行设置就可以完成方案 B 布局的拟订。

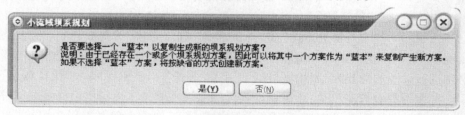

图 9-26　选择是否以一个方案作为"蓝本"进行复制生成新方案

在进行坝系布局方案的拟订时,本系统是通过建坝方式来体现其差别的。可以设立多个建坝方式,如方式一、方式二,这样在方案 A 里面可以采用方式一来建设,而在方案 B 里面可以采用方式二来建设,这样就可以实现不同的坝系布局方案。同样,还可对于方案 A 采用方式一建立,而对于方案 B 中如果不在该处建坝,就可不选择任何建坝方式。对于现状坝如果需要改造,就需要建立建坝方式,如果想在不同的方案中采用不同的改造方式,同样也需要建立多个建坝方式,其操作过程完全同新建坝的操作过程。坝系布局方案的拟订的具体操作过程如下所述。

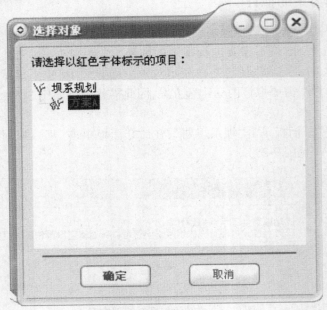

图 9-27　选择方案对话框

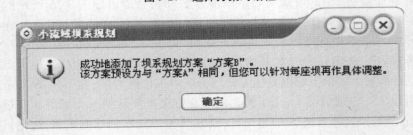

图 9-28　成功添加方案 B

第一步：建坝方式的添加。

在三维视图中选中需要进行操作的坝，切换到"选定对象"子面板，单击"建坝方式"，在命令面板中单击"建坝方式→添加建坝方式"，弹出如图 9-29 所示的对话框。在该对话框中必须进行设置的参数为"淤地坝类型"、"建设年份"、"淤积年限"、"设计频率"、"校核频率"，如果需要设置溢洪道，还需要设置计算溢洪道时是采用溢洪道高还是采用溢洪道宽。如果设计是采用溢洪道高，还需要设置溢洪道高；如果计算的时候采用的是溢洪道宽度，还需要给定溢洪道的宽。另外，对于溢洪道的底坎是与淤泥面齐平还是低于淤泥面，以及低多少，也需要进行设定。其他参数并不参与计算，只是对建坝方式的一个详细的描述。

设置好相关参数后，单击"确定"按钮，就可以完成一种建坝方式的添加了。如果要对添加的建坝方式进行修改，单击"选定对象"子面板下的需要修改的建坝方式（如"方式一"），在命令面板中单击"建坝方式→编辑建坝方式"就可以调出建坝方式参数设置对话框，可以在该对话框对相关参数进行修改，修改后单击"确定"即完成建坝方式的修改。

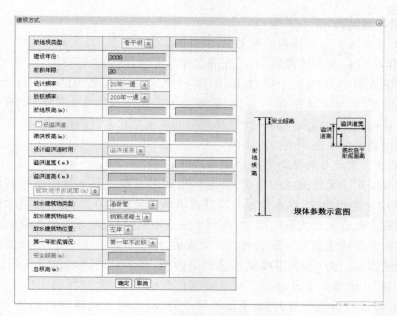

图 9-29　建坝方式编辑对话框

第二步:方案布局的拟订。

在"选定对象"子面板中单击"方案 A",在命令面板中单击"设置→设置建坝方式",在设置建坝方式操作界面选择"选择一种建坝方式",单击"确定",在弹出的对话框中(见图 9-30)选择"方式一"(如果有多种方式,还可以选择其他的方式),单击"确定"按钮,该坝将按照"方式一"在方案 A 里面建设。同理也可以对方案 B 进行设置,如果该坝在方案B 中不建设,在如图 9-31 所示的界面中选择"本方案中不建设"或不对方案 B 进行相关设置。对拟订的每一座坝进行相关设置后,就可以完成多个坝系布局方案的拟订。

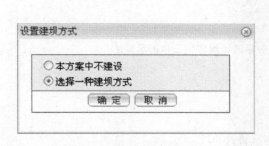

图 9-30　选择一种建坝方式

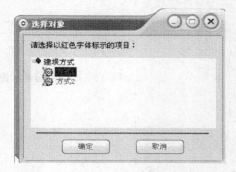

图 9-31　设置建坝方式

9.4　坝高的确定

9.4.1　拦泥坝高的确定

用每一年的坝控面积乘以侵蚀模数得到每一年的拦泥量,逐年拦泥量的累积得到总的拦泥量。依据拦泥量查特征曲线得到相应的拦泥坝高。

9.4.2 滞洪坝高的确定

9.4.2.1 无溢洪道坝滞洪坝高的确定

滞洪库容对应的坝高为滞洪坝高,先确定滞洪库容,然后查特征曲线,得出滞洪坝高。对于不设溢洪道的坝,若为骨干坝,其滞洪库容为控制汇水面积内的一次计算频率(设计频率或校核频率)降水产生的洪水总量,再加上上游坝下泄洪水;若为非骨干坝,其滞洪库容即为本坝控制汇水面积内的一次计算频率的洪水总量。计算出滞洪库容后通过查特征曲线即可得到无溢洪道坝的滞洪坝高。

9.4.2.2 溢洪道底坎与淤泥面齐平时坝高的确定

这种情况实用于无常流水的旱沟,其溢洪道调洪过程线与下泄洪水过程线如图9-32和图9-33所示。来洪水时,洪水流量与溢洪道下泄流量均为0,淤坝内洪水位即为溢洪道的坝底高程。随着洪水流量的增加,坝前水位也增加,相应的溢洪道下泄洪水量也随之增加。此时由于洪峰流量大于溢洪道的下泄流量,坝前水位继续上升,洪峰流量和溢洪道下泄流量继续增加。到 t_1 时,洪峰流量达到最大值,由于此时洪峰流量依旧大于溢洪道下泄流量,坝前水位继续上升。t_1 之后洪峰流量开始减少,此时坝前水位上升的速度减慢。到 t_2 时,坝前水位达到最大值,水位不再上升,溢洪道下泄流量达到最大值(即溢洪道的最大下泄流量)。t_2 以后,坝前水位开始下降。到 t_3 时,洪水总量为0,来水量为0,溢洪道继续下泄。到 t_4 时,坝前水位下降到溢洪道坝顶高程,坝内洪水全部排完。

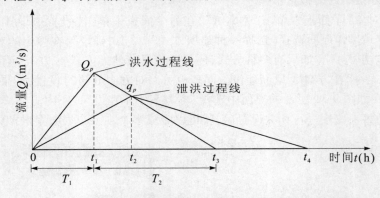

图9-32 淤泥面与溢洪道底坎齐平的调洪概化三角形示意图

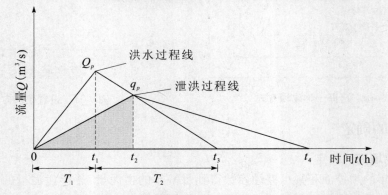

图9-33 淤泥面与溢流堰底坎齐平的下泄洪水概化三角形示意图

上面两图中:q_p 为溢洪道排洪洪峰流量,m^3/s;Q_p 为洪峰流量,m^3/s;T_1 为涨水历时,h;T_2 为退水历时,h。

洪水过程总历时计算式为

$$T = \frac{2W_p}{Q_p} \tag{9-1}$$

式中:T 为洪水总历时,h;W_p 为洪水总量,m^3;Q_p 为洪峰流量,m^3/s。

涨水历时计算式为

$$T_1 = d_{t1} \times T \tag{9-2}$$

式中:T_1 为涨水历时,h;d_{t1} 为涨水历时系数,视洪水产汇流条件而异,其值变化在 $0.1 \sim 0.5$ 之间,可根据当地情况取值;T 为洪水总历时,h。

根据图 9-32 和图 9-33 得出以下几何关系:

$$\frac{t_3 - t_2}{T - T_1} = \frac{q_p}{Q_p} \tag{9-3}$$

调洪演算采用下列公式:

$$q_p = (Q_{上泄} + Q_{区洪}) \times \left(1 - \frac{V_{滞}}{W_{上洪} + W_{区洪}}\right) \tag{9-4}$$

$$q_p = MBH^{1.5} \tag{9-5}$$

式中:$V_{滞}$ 为滞洪库容,m^3;$Q_{区洪}$ 为设计频率下区间面积的洪峰流量,m^3/s;$Q_{上泄}$ 为上游工程设计频率为 p 的最大下泄流量,m^3/s,如果上游坝无下泄洪水(没有溢洪道),则 $Q_{上泄}=0$;$W_{上洪}$ 为本工程泄洪开始至最大下泄流量时段内,上游工程设计频率下的下泄洪水总量,万 m^3,如果上游坝无下泄洪水,则 $W_{上洪}=0$;$W_{区洪}$ 为设计频率为 p 区间面积内要下泄的洪水总量,万 m^3;M 为流量系数;B 为溢洪道宽,m;H 为溢洪道高度,m。

下泄洪水总量用下式计算:

$$W_{泄} = \frac{1}{2} t_2 q_p \tag{9-6}$$

将式(9-3)代入式(9-6)得

$$W_{泄} = \frac{1}{2} q_p \times \left[T - \frac{q_p}{Q_p}(T - T_1)\right] \tag{9-7}$$

调洪演算时,依据建坝方式里面的参数,如果确定的是溢洪道高,则用溢洪道高(滞洪坝高),查得滞洪库容,连同传入的上游坝下泄洪水和区间洪水一起代入式(9-4),得到应该由溢洪道下泄的洪峰流量。然后,再对溢洪道宽度采用试算的方法,从 0 开始,增加步长为 0.01 m,将试算的溢洪道宽代入式(9-5),直到溢洪道能够下泄的洪峰流量近似于应该由溢洪道下泄的洪峰流量为止,即完成溢洪道的设计。如果确定的是溢洪道宽,则对溢洪道高采用试算法,由 0 开始,增加步长设为 0.01 m,根据试算的溢洪道高,查得滞洪库容,连同传入的上游坝下泄洪水和区间洪水一起代入式(9-4)得到应该由溢洪道下泄的洪峰流量,再将试算的溢洪道高代入式(9-5),得到溢洪道下泄流量。比较由式(9-4)和式(9-5)计算出来的值,如果相等即完成溢洪道的设计,如果不相等则溢洪道高度继续增加,直到溢洪道能够下泄的洪峰流量近似于应该由溢洪道下泄的洪峰流量为止,即完成溢洪道的设计。

9.4.2.3　溢洪道底坎低于淤泥面时坝高的确定

这种情况适合有常流水的沟道,以防止坝地的盐碱化,其溢洪道调洪过程线与下泄洪水过程线如图 9-34 和图 9-35 所示。来水初期,洪水经排洪渠全部排走,排走的洪水总量 $Q_{洪}$ 与排洪渠排走流量 $q_{排}$ 相等;当时间到达 t_1 时,排洪渠排流达最大洪水排泄量,此时多余洪水溢出排洪渠到淤地面上,坝库水位上升,溢洪道下泄流量增大;当时间到 t_2 时,溢洪道流量达到最大值,坝库水位达最高,之后水位渐降,直至泄完,洪水进退全过程结束。

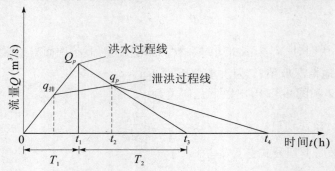

图 9-34　溢洪道底坎低于淤泥面的调洪演算概化三角形示意图

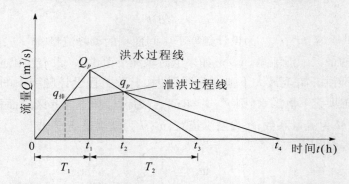

图 9-35　溢洪道底坎低于淤泥面的下泄洪水概化三角形示意图

上两图中:$q_{排}$ 为低于淤泥面的溢洪道排洪洪峰流量,m^3/s;q_p 为溢洪道排洪洪峰流量,m^3/s;Q_p 为洪峰流量, m^3/s;T_1 为涨水历时,h;T_2 为退水历时,h。

洪水过程总历时按下式计算:

$$T = \frac{2W_p}{Q_p} \tag{9-8}$$

式中:T 为洪水总历时,h;W_p 为洪水总量,m^3;Q_p 为洪峰流量, m^3/s。

涨水历时计算公式如下:

$$T_1 = d_{t1} \times T \tag{9-9}$$

式中:T_1 为涨水历时,h;d_{t1} 为涨水历时系数,视洪水产汇流条件而异,其值变化在 $0.1 \sim 0.5$ 之间,可根据当地情况取值;T 为洪水总历时,h。

根据图 9-34 和图 9-35 得出以下几何关系:

$$\frac{t_3 - t_2}{T - T_1} = \frac{q_p}{Q_p} \tag{9-10}$$

$$\frac{t_1}{T_1} = \frac{q_{排}}{Q_p} \tag{9-11}$$

调洪演算采用下列公式:

$$q_{排} + \alpha \times q_p = (Q_{上泄} + Q_{区洪}) \times \left(1 - \frac{V_{滞}}{W_{上洪} + W_{区洪}}\right) \tag{9-12}$$

$$q_{排} = MBH_1^{1.5} \tag{9-13}$$

$$q_p = MB(H_1 + H_2)^{1.5} \tag{9-14}$$

式中:$Q_{区洪}$ 为设计频率下区间面积的洪峰流量,m^3/s;$Q_{上泄}$ 为上游工程设计频率为 p 的最大泄流量,m^3/s,如果本坝上游无下泄洪水则 $Q_{上泄} = 0$;$W_{上洪}$ 为本工程泄洪开始至最大泄流量时段内,上游工程设计频率下的下泄洪水总量,万 m^3,如果本坝上游无下泄洪水总量则 $W_{上洪} = 0$;$W_{区洪}$ 为设计频率为 p 区间面积内要下泄的洪水总量,万 m^3;q_p 为设计频率下,需要由溢洪道下泄的最大流量,m^3/s;α 为系数,$\alpha = 1 - \frac{q_{排}}{Q_{上泄} + Q_{区洪}}$;$V_{滞}$ 为滞洪库容,万 m^3;M 为流量系数;$q_{排}$ 为排洪渠设计流量,m^3/s;Q_p 为设计频率下的最大洪峰流量,m^3/s;H_1 为排洪渠低于淤泥面的深度,m;H_2 为淤泥面以上溢流堰过水断面深即滞洪坝高,m;B 为溢洪道宽,m。

下泄洪水总量计算采用下列公式:

$$W_{上洪} = \frac{1}{2} t_1 \times q_{排} + \frac{1}{2}(q_{排} + q_p) \times (t_2 - t_1) \tag{9-15}$$

同时,根据几何关系可得

$$t_3 = T_1 + T_2 \tag{9-16}$$

及

$$t_3 = T \tag{9-17}$$

代入式(9-9)、式(9-10)、式(9-11)联立得

$$W_{上泄} = \frac{1}{2} T\left(q_{排} + q_p - \frac{q_{排} \times q_p}{Q_p}\right) + \frac{1}{2} \frac{q_p^2}{Q_p}(T_1 - T) \tag{9-18}$$

根据建坝方式里面的设置,如果确定的是溢洪道高,则用溢洪道高(滞洪坝高),查得滞洪库容,连同传入的上游坝的下泄洪水和区间洪水一起,可以计算出式(9-12)等号右边部分的结果,假设一个溢洪道宽度 B,从 0 开始,依据式(9-13)、式(9-14)及式(9-12)可以计算出式(9-12)等号左边部分的结果,如果结果一致,即完成溢洪道的设计。否则,宽度继续增加,增加步长为 0.01 m。如果计算的时候确定的是溢洪道宽,则依据式(9-13)可以计算出排洪渠的流量,假设溢洪道高度,从 0 开始,查的对应的滞洪库容,代入式(9-12)结合传入的上游坝下泄洪水和区间洪水可以计算出式(9-12)等号右边部分,对于假定的溢洪道高,依据式(9-14)可以计算出溢洪道下泄流量,代入式(9-12)可以计算出等式左边部分,如果结果一致,即完成溢洪道的设计。否则,高度继续增加,增加步长为 0.01 m,直到计算出的式(9-12)等号左右两边相等为止。

9.4.3 安全超高的确定

土坝的安全超高见表 9-1。

表 9-1 土坝安全超高		（单位:m）
坝高	10~20	>20
安全超高	1.0~1.5	1.5~2.0

9.4.4 坝系规划系统计算坝高

坝系规划系统计算坝高的具体操作步骤如下所述。

第一步:设置计算参数。

单击"规划资料"切换到规划资料子面板,单击"坝系规划",在命令面板中单击"坝系规划→设置计算参数",弹出如图 9-36 所示的参数设置对话框。在该对话框中对坝高计算起作用的是第一个参数"骨干坝设计时是否按照大频率坝包含小频率坝",该参数的含义是在进行骨干坝设计的时候,会比较上下游骨干坝的设计标准,如果下游坝的设计标准（如 300 年一遇）高于上游坝的设计标准（如 200 年一遇）,则在计算下游坝的坝高的时候,其汇水面积将会包含上游坝的设计频率。在实际工作中,如果下游坝的设计标准高于上游坝,本身就是不科学的设计,在设计时就进行了判断。如果设计科学,该

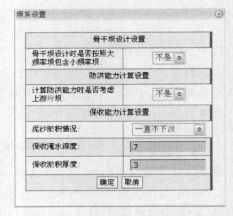

图 9-36 坝系设置对话框

参数设置成"是"或"不是"不影响计算结果,一般情况下,应把该参数设置为"不是"。

第二步:绘制特征曲线。

在计算坝高时一定要确保已经绘制了坝的特征曲线。单击选择要进行坝高设计的坝切换到"选定对象"子面板,单击"特征曲线",在命令面板中单击"特征曲线→计算特征曲线",设置计算高度后单击"确定"按钮,就可以完成特征曲线的自动绘制（见图 9-37）。需要注意的是,设置"最大淹没/淤积高度"的时候,所设定的值一定要大于该处可能的坝高,否则,依据库容查坝高的时候会查不到值,无法完成坝高的设计。另外,还要注意对水文、泥沙资料进行相关设置,否则,计算时将无法完成并会给出相应的提示。

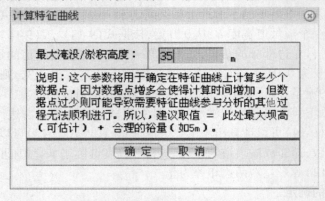

图 9-37 计算特征曲线对话框

第三步:坝高的设计。

在"选定对象"子面板中单击"方案 A",在命令面板中单击"设计→按校核频率设计"会自动完成坝高的设计,并自动生成坝高设计报告(见图9-38)。在该报告中逐年计算拦泥量,并依据拦泥总量查得相应的拦泥坝高,依据滞洪坝高的几种计算方式确定相应的滞洪坝高,安全超高由用户手工输入。在该报告中单击"查看分项报告",可以查看计算时的洪水、泥沙的详细计算报告。单击报告右上角的关闭按钮,会提示是否保存计算报告的提示,单击"是"将保存本次设计报告,单击"否"将不保存本次设计报告。

图9-38　坝高设计报告

计算完坝高后,需要用户手工操作把计算的各参数输入到建坝方式里面,此时可以在"选择对象"里面双击纳入计算方案的建坝方式,弹出建坝方式设置对话框(见图9-39)。一旦计算完后,系统自动把计算结果显示在建坝方式的右边界面里,不过相应的坝高参数需要用户手工输入。在这里考虑由用户手工输入计算结果的目的有以下几点:一是软件计算出来的结果只作为参考,最终是否采用由用户来决定;二是如果采用定型设计,不想通过水文计算来确定坝高,此时给设计人员充分的决定权;三是软件计算出来的结果小数点保留的位数太多,实际中考虑到施工因素,这些参数都会作适当的修正。因此,在这里

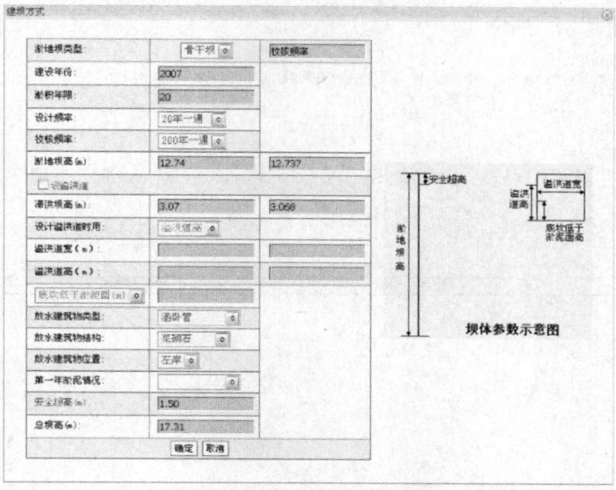

图9-39　建坝方式编辑对话框

把最终决定权留给了用户。以后的防洪、保收分析调用的参数也将是建坝方式里最终由用户决定的参数,而不是软件自动计算出来的坝高参数。

9.5　坝系布局方案的初步评价

对纳入方案中的每一个坝都对其坝高进行了相应的计算,就基本上完成了坝系布局方案。该方案是否合理可行,设计是否科学,需要进行评价,本系统提供了对坝系方案进行初步评价的功能,即"检测淹坝危险"。因为在坝系实际运行过程中,下游坝不能淹没上游坝,所以检测淹坝危险就是依据这一原理。由用户输入相关参数后,检验整个坝系布局方案中下游坝对上游坝的淹没情况,为设计人员进行坝系布局的调整提供科学依据。具体操作步骤如下所述。

单击"规划资料"切换到"规划资料"子面板,单击需要检验的方案,如"方案A",在对应的命令面板中单击"分析方案→检测淹坝危险",在弹出的参数设置界面设置相应参数(见图9-40),单击"确定"按钮后,系统自动分析整个方案的淹坝状况,并生成相应的报告(见图9-41)。单击查看示意图,可以看出每一座坝的淹没范围,以及其和上下游坝之间的淹没关系(见图9-42)。依据检测淹坝危险报告及淹没范围示意图,可以确定哪

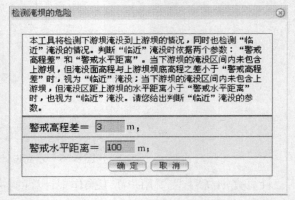

图9-40　检测淹坝危险设置

些坝要进行调整。对这些调整后的坝重新计算其特征曲线,计算其坝高,再进行检测淹坝危险,直到符合条件为止。

图9-41　检测淹坝危险报告

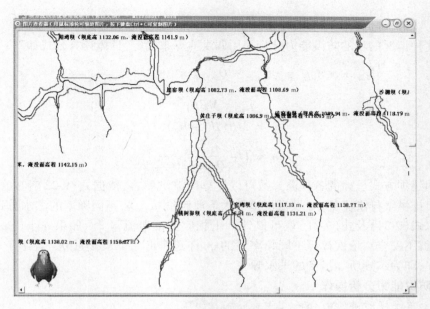

图9-42　淹没范围示意图

9.6　坝系布局方案的防洪能力分析

9.6.1　防洪能力分析原理

9.6.1.1　无溢洪道坝的防洪能力分析

无溢洪道坝的防洪能力分析比较简单,分析时不考虑涵洞泄流量,将控制汇水区内不同频率的洪水总量与现有剩余库容比较,取最接近且小于剩余库容的洪水量值所对应的洪水标准,作为本坝最大防洪安全标准,即可抵御的最大洪水标准。当上游有坝且配置了溢洪道的时候,在分析本坝的防洪能力时,应在本坝不同频率的洪水总量基础上加上上游坝下泄的洪水总量后,再与现有剩余库容作比较。

9.6.1.2　溢洪道底坎低于淤积面的坝的防洪能力分析

假设淤积面已经达到溢洪道底坎高程,对不同频率下的洪水总量进行调洪演算,求出最大下泄流量 q_1,依据溢洪道宽度和高度可以确定一个下泄流量 q_2。比较这两个下泄流量,如果 $q_1 < q_2$,则认为其防洪安全,否则,就认为不安全。取最接近于 q_2 且小于 q_2 的 q_1 所对应的频率为坝体所能抵御的洪水频率。具体计算公式如下:

$$q_p = (Q_{上泄} + Q_{区洪}) \times \left(1 - \frac{V_滞}{W_{上洪} + W_{区洪}}\right) \tag{9-19}$$

$$q_p = MBH^{1.5} \tag{9-20}$$

调用建坝方式里面的溢洪道宽度、溢洪道高度等参数,依据建坝方式里面的各坝高参数可以得到滞洪库容。将不同频率的洪水总量及洪峰流量代入式(9-19),可以计算出一个流量 q,依据式(9-20)可以计算出溢洪道的最大下泄流量 q_{max},如果 $q < q_{max}$,则安全,否则不安全。依次计算不同频率下的 q,直到找出一个最接近 q_{max} 且小于 q_{max} 所对应的频率,即为本坝所能抵御的洪水频率。

9.6.1.3 溢洪道底坎与淤积面齐平的坝的防洪能力分析

对这种情况的坝的防洪能力分析采用调洪演算来确定,具体计算公式如下:

$$q_{排} + \alpha \times q_p = (Q_{上泄} + Q_{区洪}) \times \left(1 - \frac{V_{滞}}{W_{上洪} + W_{区洪}}\right) \tag{9-21}$$

$$q_{排} = MBH_1^{1.5} \tag{9-22}$$

$$q_p = MB(H_1 + H_2)^{1.5} \tag{9-23}$$

$$\alpha = 1 - \frac{q_{排}}{Q_{上泄} + Q_{区洪}} \tag{9-24}$$

调用建坝方式里面的各坝高参数可以计算出滞洪库容,依据式(9-22)和式(9-23)可以计算出排洪渠排洪流量 $q_{排}$ 及溢洪道最大下泄流量 q_{max},将不同频率的洪水总量及洪峰流量代入式(9-24)及式(9-21)就可以计算出相应的下泄流量 q。如果 q 小于 q_{max},则安全,否则就不安全。依次计算不同频率下的 q,直到找出一个最接近 q_{max} 且小于 q_{max} 所对应的频率,即为本坝所能抵御的洪水频率。

9.6.2 防洪能力分析操作

9.6.2.1 单个坝防洪能力分析

单个骨干坝防洪能力的分析,具体操作过程如下所述。

第一步:计算参数设置。

需要进行设置的参数是计算防洪能力时是否需要考虑上游垮坝的情况,如果选择"不是",则在对骨干坝进行防洪能力分析时将不考虑上游坝是否垮坝,其汇水区间只计算其本坝控制范围内的;如果选择"是",则在对本坝进行防洪能力分析的时候还要考虑上游在计算频率下,上游是否垮坝,如果上游垮坝,其控制范围的洪水全部由本坝来进行承担,因此对本坝进行防洪能力分析的时候不仅要考虑本坝控制区域的洪水,还要考虑上游坝控制区域的洪水。如果上、下游骨干坝的设计标准一致,或者上游坝的设计标准高于下游坝,该参数设置成"是"或"不是"对计算结果没有影响,只有当上游坝的设计标准低于下游坝时,选择"是"或"不是"就会对下游坝的计算结果产生影响。坝系设置对话框如图9-43所示。

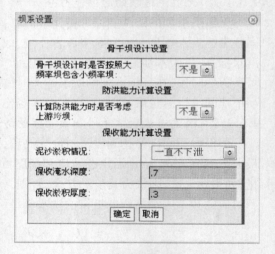

图9-43 坝系设置对话框

第二步:防洪能力分析。

选择要进行防洪能力分析的骨干坝,在"选定对象"子面板单击"方案 A",在相应的命令面板单击"分析→计算防洪能力",就可以完成单个坝的防洪能力的分析,自动生成防洪能力分析报告(见图9-44)。单击"查看分项报告",可以调出每一年不同频率下的洪水计算报告(见图9-45)。再次单击"查看分项报告",可以查看不同年份不同频率下的洪水安全性分析报告(见图9-46)。

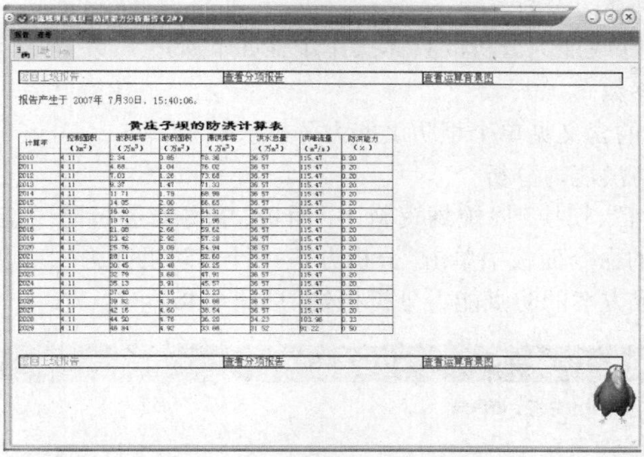

图 9-44　单个坝防洪能力分析报告

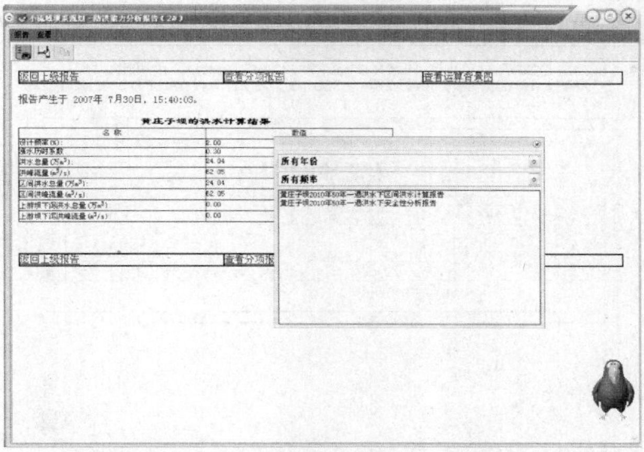

图 9-45　不同年份不同频率下的洪水计算报告

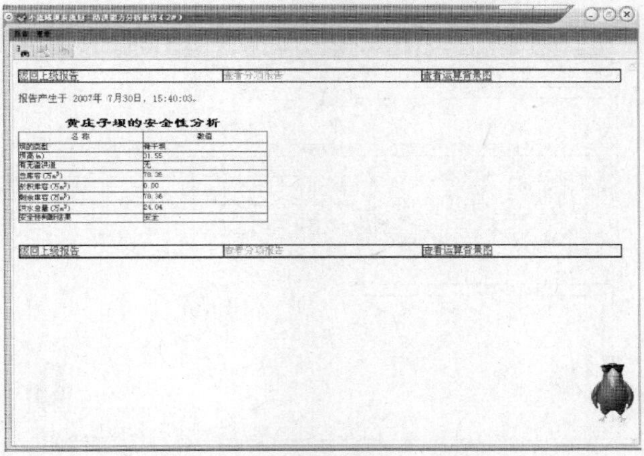

图 9-46　不同年份不同频率下的洪水安全性分析报告

9.6.2.2 坝系防洪能力分析

坝系规划系统保收能力分析的具体操作步骤如下所述。

第一步:设置参数。

具体参数设置的含义见单个坝防洪能力分析。

第二步:坝系防洪能力分析。

单击"规划资料",切换到"规划资料"子面板,单击要进行防洪能力分析的方案,如"方案 A",在相应的命令面板中单击"分析方案→计算防洪能力",弹出如图 9-47 所示的计算进度条,并生成方案的防洪能力分析报告(见图 9-48)。

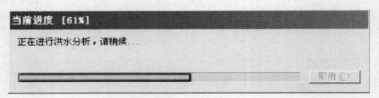

图 9-47 洪水分析进度

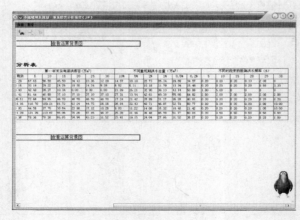

(a)

(b)

图 9-48 坝系防洪分析报告

9.7　坝系布局方案的保收能力分析

9.7.1　保收能力分析原理

依据用户设置的保收能力分析参数,计算在 10% 频率洪水淹没下,坝地淹水深度小于一定高度(本系统可以自己进行设置,该值一般为 0.7 m 或 0.8 m),年泥沙淤积厚度小于一定厚度(本系统可以自己进行该参数设置,年淤积泥沙允许厚度一般为 0.3 m),认为该坝保收,否则不保收。在本系统中进行坝系保收能力分析时,如果现状坝淤满后其淹水深度和淤积厚度全为 0,其淤积面积全部保收。对于新建坝,其达到淤积年限后不再淤积,其淤积面积全部保收。

本系统计算淹水深度采用的方法是:将本坝控制范围内的 10% 频率下的一次暴雨量加上本坝直到上年末的淤积量(已淤高度为 H_1)得出的结果查坝高~库容曲线得出 H_2,不同时段末的坝地淹水深度等于 $H_2 - H_1$。

本系统计算淤积厚度采用的方法是:将本坝控制范围内的年来沙量加上本坝直到上年末的淤积量(已淤高度为 H_1)得出的结果查坝高~库容曲线得出 H_2,不同时段末的坝地淤积厚度等于 $H_2 - H_1$。

坝系相对稳定系数计算:软件计算的坝系相对稳定系数为坝系第 30 年末的相对稳定系数。计算方法是:相对稳定系数等于流域中坝的淤地面积除以流域坝控面积。该系数综合反映了流域产沙与坝系滞洪拦沙之间的平衡关系。在淤地坝建设的重点区域——黄土丘陵沟壑区,可采用坝系相对稳定系数对坝系的水沙综合利用能力进行评价。一般来说,当坝系相对稳定系数小于 1/25 时,坝地难以保收;当坝系相对稳定系数达到 1/25 ~ 1/20 时,坝地可基本实现保收;当坝系相对稳定系数达到 1/20 以上时,坝地实现相对稳定,在 100 年一遇设计洪水条件下,坝系的保坝和保收能力达到统一。

9.7.2　保收能力分析操作

9.7.2.1　单个坝的保收能力分析

单个坝的保收能力分析的具体操作如下所述。

第一步:设置计算参数。

单击"规划资料"切换到"规划资料"子面板,单击"坝系规划",在命令面板中单击"坝系规划→设置计算参数"。泥沙淤积情况有 3 种选择"一直不下泄"、"到淤积库容下泄"、"到防洪库容下泄"(见图 9-49)。该参数主要是对与本坝上游有溢洪道坝的泥沙处理进行设置的,如果选择"一直不下泄",即使上游坝淤满了,其泥沙也不记入到下游坝;如果选择"到淤积库容下泄",则上游坝淤积到设计的淤积库容后其泥沙全部下泄到下游坝;如果选择"到防洪库容下泄",则上游坝泥沙淤积到设计防洪库容后,泥沙开始下泄到下游坝中。需要注意的是,该参数只对设置了溢洪道的上游坝起作用,对于其他坝不管参数如何设置,其一直按泥沙不下泄处理。实际工作中均按第一种情况即"一直不下泄"来处理。保收淹水深度一般为 0.7 m 或 0.8 m,用户可以依据实际情况进行参数设定。保收淤积厚度一般为 0.3 m,用户也可以依据实际情况进行设定。

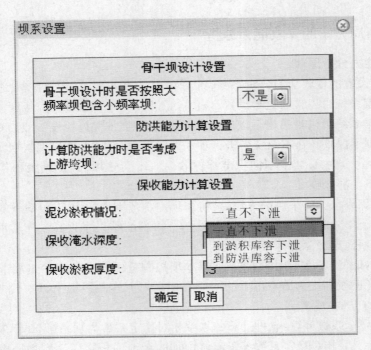

图 9-49　坝系设置对话框

第二步：单坝保收能力分析。

单击选中要进行保收能力分析的坝，切换到"选定对象"子面板，单击某一方案如"方案 A"，在命令面板中单击"分析→计算保收能力"，系统自动生成保收能力分析报告（见图 9-50）。

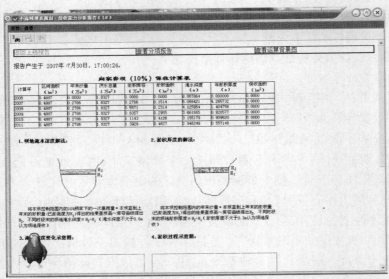

图 9-50　单坝保收能力分析报告

9.7.2.2 坝系保收能力分析

在进行坝系保收能力分析时如需对保收计算参数进行设置,其设置方法同 9.7.2.1。设置好相关参数后,单击"规划资料"切换到"规划资料"子面板,单击要分析的某一方案如"方案 A",在命令面板中单击"分析方案→计算保收能力",系统自动生成方案 A 的坝系保收能力分析报告(见图 9-51)。

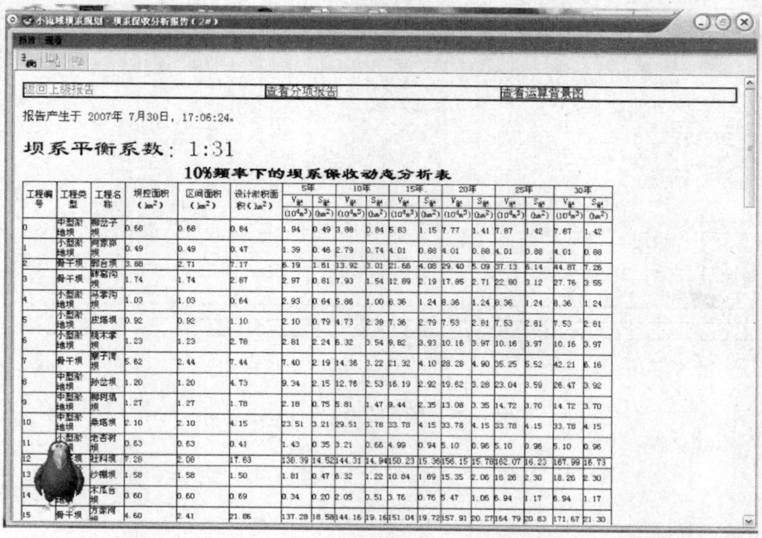

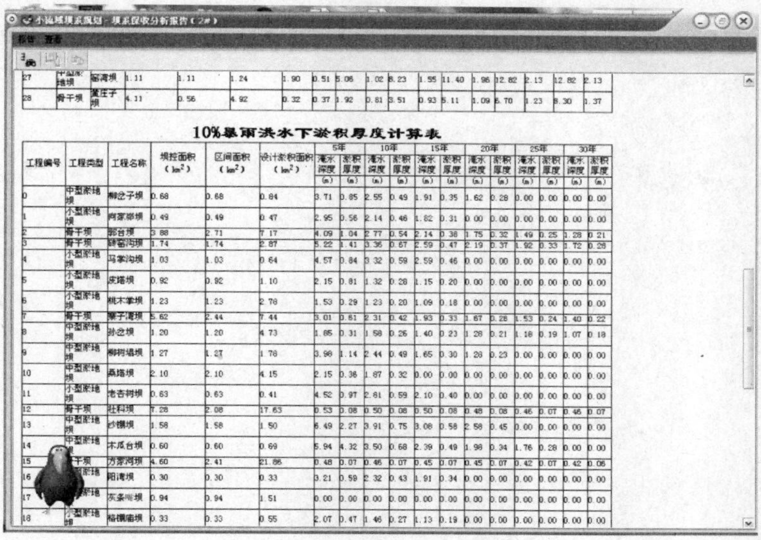

(a)

(b)

图 9-51 坝系保收能力分析报告

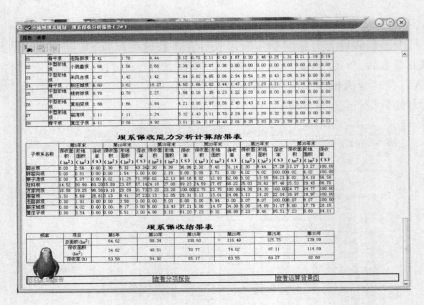

（c）

续图 9-51

第十章　坝体工程量估算及单坝设计

进行投资概（估）算前需要知道坝体的工程量,本系统提供两种方法来计算工程量。

10.1　分层法计算坝体工程量

为便于进行投资概（估）算,需要计算出坝体及各组成部件的工程量。在实际工作中按照相关规范要求,计算坝体土方量的时候要采用沟道实测断面,本系统中提供了依据实测沟道断面计算坝体土方量的功能。具体操作步骤如下所述。

第一步:沟道实测断面数据的换算。

考虑到沟道实测断面数据所测高程大多采用的是相对高程,因此需要将其换算成坝系软件里面的绝对高程（如果坝系软件采用的也是相对高程,则不需要换算）。实测沟道断面数据见表 10-1。

表 10-1　实测沟道断面数据　　　　　　　　　　　　（单位:m）

距离	高程（相对高程 100 m）	换算成坝系高程	备注
0	126.048	1 304.481	坝底高程 1 265.27 m
52.582	109.879	1 288.312	
67.516	107.073	1 285.511	
72.719	99.696	1 278.129	
78.5	99.793	1 278.226	
104.115	94.031	1 272.464	
115.814	86.837	1 265.27	最低高程换算成坝底高程
129.251	86.891	1 265.324	
157.526	98.537	1 276.97	
171.818	109.197	1 287.63	
261.818	109.197	1 287.63	
272.747	117.601	1 296	

第二步:沟道实测断面输入到坝系规划系统。

选定要进行坝体土方量计算的坝,切换到"选定对象"子面板,单击"沟道断面",在命令面板中单击"沟道断面→绘制沟道断面",在如图 10-1 所示的界面输入沟道断面顶端高度后,单击"确定"按钮,在沟道断面图显示窗口单击菜单"沟道断面图→显示数据",出现如图 10-2 所示的界面,选中要修改的数据,单击"增加→修改数据",在"高程"一栏输入换算成坝系高程的实测高程（如 1 304.481）,在"水平距离"一栏输入该高程对应的水平距离(如0)。依次输入实测点后,选中不需要的数据,单击"删除选定的数据行"把不需要的数据进行删除,所得沟道断面即为实测沟道断面(见图10-3)。

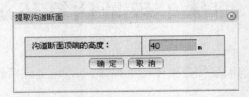

图 10-1　设置沟道断面顶端高度

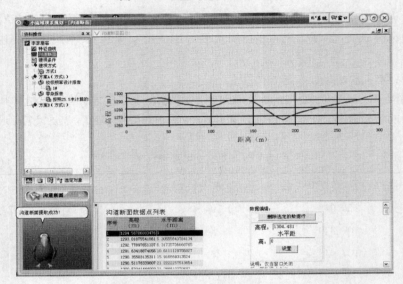

图 10-2　沟道断面图与断面数据

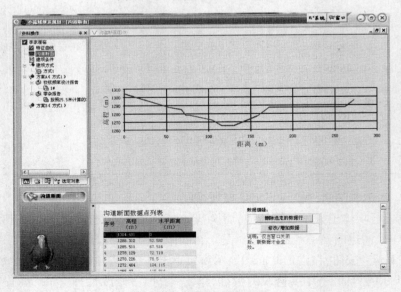

图 10-3　实测沟道断面图

第三步：计算坝体土方量。

在“选定对象”子面板，单击需要计算的方案如“方案 A”，在命令面板中单击“查询→查询坝体土方量”，弹出如图 10-4 所示的参数设置对话框。在该对话框中输入“坝顶宽”、“上游坡比”、“下游坡比”后，单击“确定”按钮，自动生成坝体土方量报告（见图 10-5）。坝体的土方量是按照简易长乘宽方法计算的，分层厚度为 1 m。

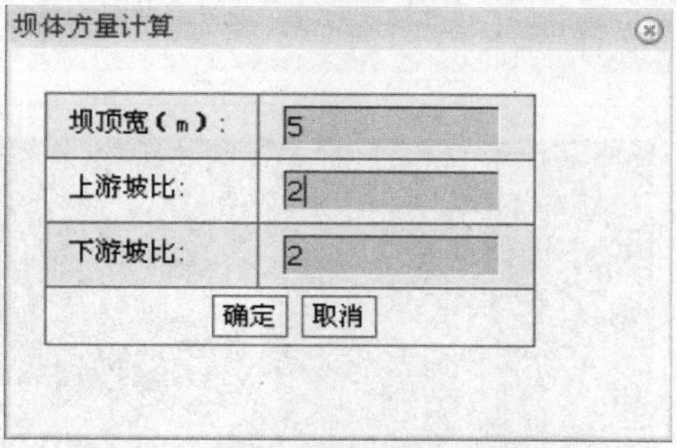

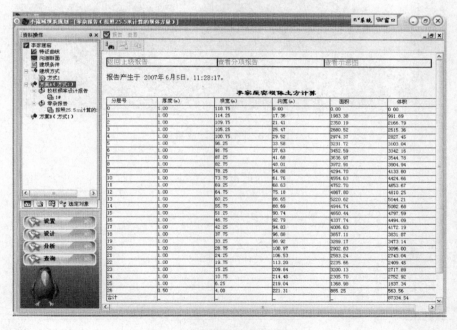

图 10-4 “坝体方量计算”参数设置对话框

报告产生于 2007年6月5日，11:28:17。

李家崖窑坝体土方计算

分层号	厚度(m)	坝宽(m)	沟宽(m)	面积	体积
0	1.00	118.75	0.00	0.00	0.00
1	1.00	114.25	17.36	1983.38	991.69
2	1.00	109.75	21.41	2350.19	2166.79
3	1.00	105.25	25.47	2680.52	2515.36
4	1.00	100.75	29.52	2974.37	2827.45
5	1.00	96.25	33.58	3231.72	3103.04
6	1.00	91.75	37.63	3452.59	3342.16
7	1.00	87.25	41.68	3636.97	3544.78
8	1.00	82.75	48.01	3972.91	3804.94
9	1.00	78.25	54.88	4294.70	4133.80
10	1.00	73.75	61.76	4554.63	4424.66
11	1.00	69.25	68.63	4752.70	4653.67
12	1.00	64.75	75.18	4867.80	4810.25
13	1.00	60.25	86.65	5220.62	5044.21
14	1.00	55.75	88.69	4944.74	5082.68
15	1.00	51.25	90.74	4650.44	4797.59
16	1.00	46.75	92.79	4337.74	4494.09
17	1.00	42.25	94.83	4006.63	4172.19
18	1.00	37.75	96.88	3657.11	3831.87
19	1.00	33.25	98.92	3289.17	3473.14
20	1.00	28.75	100.97	2902.83	3096.00
21	1.00	24.25	106.53	2583.24	2743.04
22	1.00	19.75	113.20	2235.66	2409.45
23	1.00	15.25	209.84	3200.13	2717.89
24	1.00	10.75	214.48	2305.70	2752.92
25	1.00	6.25	219.04	1368.98	1837.34
26	0.50	4.00	221.31	885.25	563.56
合计	_	_	_	_	87334.54

图 10-5 坝体土方量计算报告

10.2 单坝设计

10.2.1 单坝设计简介

坝系规划系统里面提供了坝体土方量计算的功能，但对于清基、卧管、溢洪道等其他组成部分的土方量的计算，需要在单坝设计模块里面进行设计。单坝设计是根据已有的

DEM 进行淤地坝的设计的,坝址 DEM 和坝轴线可以从坝系规划的小流域 DEM 复制获取。系统的主要功能包括:自动生成特征曲线、沟道断面图和清基削坡线;在三维虚拟的环境下进行坝体、溢洪道和放水建筑物的结构设计,生成设计断面图;设计过程中系统提供向导式操作指南,自动检验设计参数的合理性,并提供每一步设计参考图及参数说明,操作简单,设计结果保存在工程设计表中,生成工程量表,便于投资概(估)算模块直接调用。单坝设计成果图如图 10-6 所示。单坝设计功能框架图如图 10-7 所示。

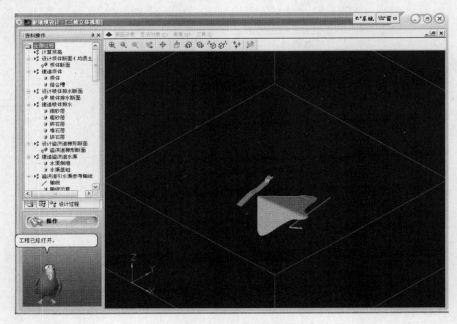

图 10-6　单坝设计成果图

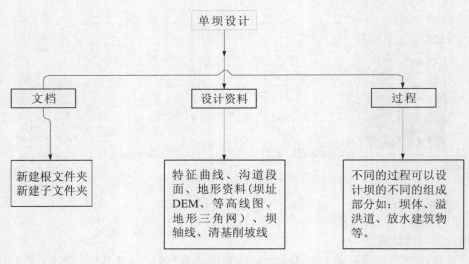

图 10-7　单坝设计功能框架图

单坝设计的窗口由"标题栏"、"系统菜单"、"菜单栏"、"工具栏"、"数据面板"、"命令面板"和"视窗"组成，其中"数据面板"由"文档"、"设计资料"、"设计过程"3 个子面板组成。系统界面如图 10-8 所示。

图 10-8　单坝设计中的数据面板

"文档"面板：专用于显示、操作项目文档（实际上对应操作系统的文件夹和文件），可以像 Windows 资源管理器一样使用。

"设计资料"面板：显示"规划资料"中的数据资料对象。在单击鼠标右键弹出的菜单上，提供常规操作命令，如插入资料夹、插入笔记、插入复合文档、插入文件快捷方式等、重命名、删除、上移、下移、复制、粘贴等命令。

"设计过程"面板：显示淤地坝设计的全部过程，可以查看或设置设计好过程的参数，可以添加、运行、修改设计过程。

10.2.2　单坝设计数据准备

单坝设计模块可以依据坝系规划主模块里面的 1∶10 000 的 DEM，也可以导入实测的等高线，从而生成 DEM。具体操作如下所述。

第一步：进入单坝设计模块。

在坝系规划主模块三维视图中单击选择要进行单坝设计的坝，切换到"选定对象"子面板，单击某一方案如"方案 A"，在命令面板中单击"设计→单坝设计"进入单坝设计模块，此时会弹出对话框提示"DEM 数据未设定或无效，无法打开三维立体视图"，单击"确定"按钮。

第二步：单坝设计 DEM 的生成。

单坝设计模块里面 DEM 的来源有 3 种方式：第一种是直接从坝系规划主模块里面复制；第二种是依据实测的坝址等高线，由等高线转换；第三种是依据实测的等高线生成地形三角网，由三角网生成 DEM。目前，坝系规划可行性研究阶段地形图采用 1∶10 000 就可以了，但对于单坝设计一般要求 1∶500 的地形图。因此，采用第一种方法得到的 DEM 一般不能满足实际工作的要求，通常采用的是第二种和第三种方法。

（1）从小流域 DEM 复制。

单击"设计资料"切换到"设计资料"子面板，单击"坝址 DEM"，在命令面板中单击"生成 DEM 数据/从小流域复制"，系统会提示"从小流域 DEM 复制得到的 DEM，可能无法满足设计需要的精度。您需要继续吗？"如果继续，单击"确定"按钮就可以将小流域里面坝址处的 DEM 复制过来了。单击"窗口→三维立体图"可以显示三维地形。在 DEM 显示界面单击菜单"画面设置→地形渲染设定"，在弹出的对话框中选择"使用单一颜色（增强轮廓表现）"后，单击"确定"按钮，DEM 显示效果（见图 10-9）。

（2）从等高线生成 DEM。

首先必须引入等高线。单坝设计模块里目前只能引入 DXF 格式的等高线。在"规划

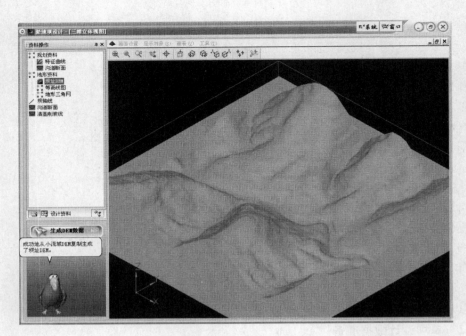

图 10-9　DEM 显示效果图

资料"子面板单击"等高线图",在对应的数据面板里单击"数据准备→从 DXF 文件读入"可以将 DXF 格式的文件引入到单坝设计模块,双击"等高线图"可以调出等高线操作窗口(其具体操作同坝系规划系统等高线操作)。单击"坝址 DEM",在对应的命令面板单击"生成 DEM 数据→从等高线图转化"可以依据等高线生成 DEM。

(3)依据地形三角网生成 DEM。

首先必须依据等高线生成地形三角网。单击"地形三角网",在对应的命令面板单击"数据准备→从等高线图转化"可以生成地形三角网。单击"坝址 DEM",在对应的命令面板单击"生成 DEM 数据→从地形三角网转换"从而生成 DEM。

第三步:坝轴线的确定。

在坝系规划主模块里面坝轴线垂直于该点的水流方向,在单坝设计模块里面提供了确定坝轴线的两种方式,一种是直接从坝系主模块复制,一种是通过两点来确定坝轴线。具体操作如下:

(1)从坝系规划主模块复制坝轴线。在"设计资料"子面板单击"坝轴线",在对应的命令面板中单击"设置坝轴线→从规划数据自动设置"。

(2)两点确定坝轴线。在"设计资料"子面板单击"坝轴线",在对应的命令面板中单击"设置坝轴线→按两点连线设置",在弹出的对话框中输入第一点的坐标或在图上用鼠标直接选取一点,单击"确定"后在弹出的对话框中输入第二点的坐标就可以实现通过两点来设置坝轴线了。

第四步:沟道断面的绘制。

在"设计资料"子面板单击"沟道断面",在对应的命令面板单击"沟道断面→绘制沟道断面",可以实现沟道断面的绘制。该沟道断面的绘制是依据单坝设计模块的 DEM 以及指定的坝轴线绘制的沟道断面。

第五步:清基削坡线。

在"设计资料"子面板中单击"清基削坡线",在相应的命令面板单击"清基削坡线→重设",弹出如图 10-10 所示的对话框,输入清基深度后单击"确定"按钮后可以完成清基线的绘制。双击"清基削坡线",可以查看清基线,如图 10-11 所示。

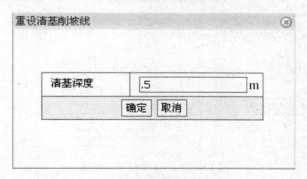

图 10-10　设定清基深度

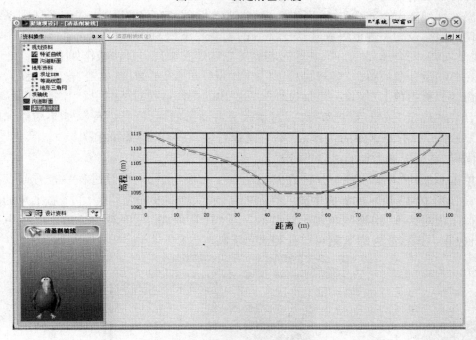

图 10-11　清基削坡线断面图

上述各步基本完成了坝系规划系统单坝设计模块的数据准备,下一步的工作就是进行坝的各组成部件的设计,如坝体、放水建筑物、溢洪道等的设计。

10.2.3　坝体的设计

淤地坝各部件的设计是由一系列的设计过程来实现的。坝体的设计包括坝高的确定、坝体断面的设计及三维坝体的生成。坝体设计操作步骤见图 10-12。

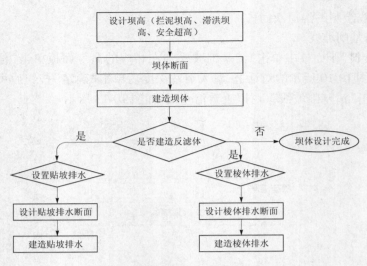

图 10-12　坝体设计操作框图

10.2.3.1　坝高的确定

淤地坝坝高由 3 部分组成,即拦泥坝高、滞洪坝高、安全超高。依据坝系规划系统里面的调洪演算及相关规范可确定这 3 部分的坝高。添加"计算坝高"过程,输入"拦泥坝高、滞洪坝高、安全超高"后,"运行"过程就可以确定总坝高。具体操作如下:

在单坝设计模块单击"设计过程"切换到"设计过程"子面板,单击"全部过程",在对应的命令面板中单击"操作→添加过程",在弹出的选择过程对话框中单击"计算坝高"过程后,单击"确定"按钮后"计算坝高"过程就会自动添加到"设计过程",如果对添加的过程想要删除,单击要删除的过程,后单击鼠标右键,在弹出的菜单中选择"删除"就可以了。同样,还可以对添加的过程进行改名,便于统一管理。

单击添加的"计算坝高"过程,在对应的命令面板中单击"设计过程→查看或设计参数",在如图 10-13 所示的界面中输入拦泥坝高、滞洪坝高及安全超高,单击右上角的关闭按钮关闭该对话框,切换到单坝设计模块。在"计算坝高"过程对应的命令面板中单击"设计过程→运行此过程",就可以计算出总坝高。

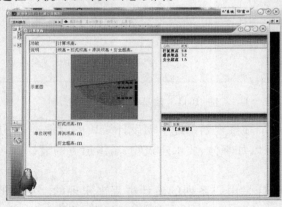

图 10-13　设置坝高参数

10.2.3.2 坝体断面的确定

在单坝设计模块,单击"设计过程"切换到"设计过程"子面板,单击"全部过程",在对应的命令面板中单击"操作→添加过程",选择"设计坝体断面(均质土坝)",单击"确定"添加该过程。在单坝设计模块中单击添加的"设计坝体断面(均质土坝)"过程,在对应的命令面板单击"设计过程→查看或设置参数"。在图 10-14 所示的界面双击"坝高",选择"链接到其他过程的输出",选择"计算坝高"过程,就可以把计算坝高过程的结果作为坝体断面过程的输入。对于"坝顶宽"等参数双击后选择"直接提供参数值"输入相关参数即可。设置完所有参数后,单击关闭按钮推出参数设置界面,在命令面板单击"设计过程→运行此过程",在弹出的对话框中设置马道的相关参数(见图 10-15)及结合槽的相关参数后(见图 10-16),单击"确定",可以完成坝体断面的设计过程。

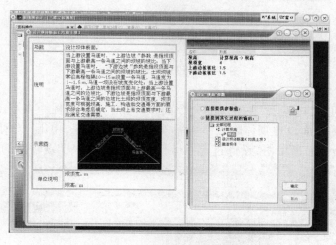

图 10-14　设计坝体断面面板

图 10-15　设置马道参数

设置结合槽

顺序	深度（m）	底宽（m）	位置（m）
1			
2			
3			

说明：
（1）结合槽断面是边坡为1:1的梯形断面。
（2）如果不设结合槽，保持表格空白即可。如果设结合槽，请在每行中对应填写数据（当只设1号结合槽时，只填写第1行，第2行应为空白）；依此类推）。
（3）表格中"位置"是指结合槽轴线与坝轴线的距离。当结合槽轴线位于坝轴线上游时，这个距离以正数表示；当结合槽轴线位于坝轴线下游时，这个距离应以负数表示。

确定　　　　取消

图 10-16　设置结合槽参数

10.2.3.3　建造坝体

添加"建造坝体"过程后，在对应的命令面板单击"设计过程→查看或设置参数"，在如图 10-17 所示的界面设置坝体断面参数后单击"确定"按钮，单击"关闭"按钮退出参数设置对话框，在命令面板单击"设计过程→运行此过程"，可以实现坝体的三维实体设计。

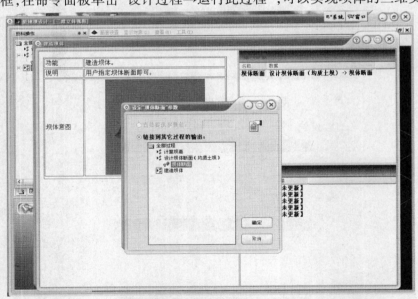

图 10-17　设定坝体断面参数

10.2.3.4　设置排水体

如要设置排水体，需要添加排水体过程，进行相关参数的设置就可以完成排水体的设计，下面以棱体排水体的设计过程为例说明排水体的设计。

第一步：添加"设计棱体排水断面"过程，在对应的命令面板中单击"设计过程→查看或设置参数",在如图 10-18 所示的界面输入相关参数后单击右上角的关闭按钮。在命令面板中单击"设计过程→运行此过程",完成"设计棱体排水断面"的设计过程。

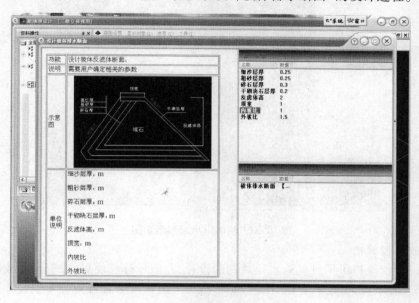

图 10-18　设计棱体排水断面

第二步:建造棱体排水实体。添加"建造棱体排水"过程,在对应的命令面板单击"设计过程→查看或设置参数",在如图 10-19 所示的界面设置相关参数。单击"确定"按钮后单击右上角的"关闭"按钮,推出参数设置界面,单击"设计过程→运行此过程",可以完成棱体排水体的设计(见图 10-20)。

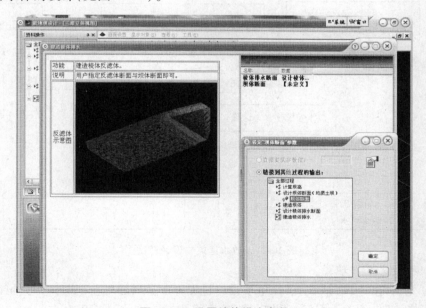

图 10-19　设置棱体排水参数

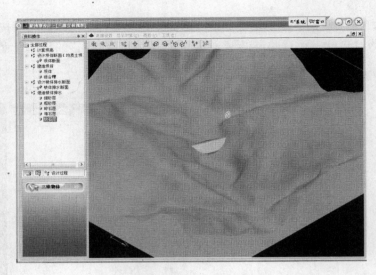

图 10-20 棱体排水成果示意图

10.2.4 放水建筑物

单坝设计模块提供了卧管放水建筑物的设计,在该设计模块里,卧管由轴线和卧管实体两大部分组成。卧管的相关设计参数是依据加大放水流量查各地骨干坝设计手册确定的。本模块提供这些参数的输入接口,由用户输入相关参数来实现卧管的设计。放水建筑物设计框图见图 10-21。

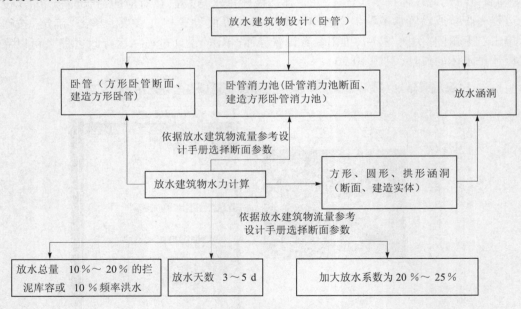

图 10-21 放水建筑物设计框图

第一步:定义部件轴线。

添加"定义部件参考轴线"后在单坝设计过程里面会增加"定义部件参考轴线"过程,为了不和其他部件的轴线混淆,添加各轴线后需要对该轴线进行重命名。在单坝"设计过程"界面单击"定义部件参考轴线"过程,右击在弹出的快捷方式中选择"重命名"(见图10-22),输入轴线的名称后单击"确定"按钮,就可以对轴线进行重新命名。

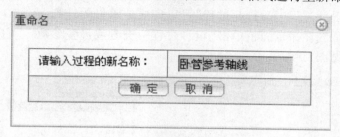

图10-22　重命名坝轴线

单击"卧管参考轴线"过程,在对应的命令面板单击"设计过程→运行此过程"弹出"确定参考轴线的类型"对话框(见图10-23),依据实际情况选择"直线段"或"圆弧"后单击"确定"按钮。在如图10-24所示的对话框中输入轴线的起点或在图上用鼠标选取一点作为轴线的起点,单击"确定"按钮,再输入轴线的另一点,就可以通过两点确定一条轴线,在如图10-25所示的对话框中可以对定义的部件轴线进行编辑。

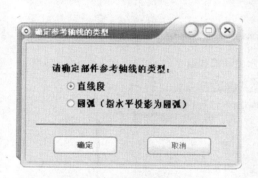

图10-23　确定参考轴线类型

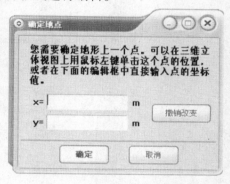

图10-24　确定轴线起点

当需要对上游点进行修改时,必须将要修改的端点选择为"上游",对独立参数的修改,只需输入修改的数据后单击"修改",就可以实现对独立参数的修改。如须改变轴线的上游点,可以单击"拾取水平面上的点",在弹出的对话框中重新输入上游点的坐标或用鼠标在图上选取一点作为上游点的新坐标。"关联特征参数修改"和"独立修改"的操作基本一样,其区别是修改关联特征参数后,其他与其相关的参数数据会作相应的改变;对上游点的修改将不会影响下游点的相关信息,如需对下游点进行修改,进行相同的操作就可以实现了。

第二步:加大放水流量的确定。

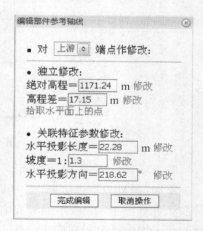

图10-25　编辑部件参考轴线

添加"放水量的计算"过程,在对应的命令面板单击"设计过程→查看或设置参数",在如图 10-26 所示的界面中输入相关参数,单击右上角的关闭按钮退出参数设置界面,在命令面板单击"设计过程→运行此过程"可以完成放水量的计算,在设计过程中双击"放水量的计算"过程或在命令面板单击"设计过程→查看或设置参数",可以查看计算出的加大放水流量(见图 10-27)。

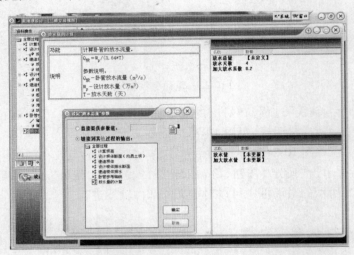

图 10-26　设置放水量计算参数

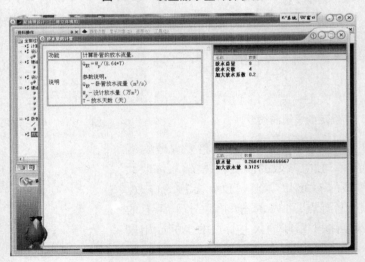

图 10-27　查看加大放水流量

第三步:设计方形卧管断面。

添加"设计方形卧管断面"过程,在对应的命令面板中单击"设计过程→查看或设置参数",在如图 10-28 所示的界面输入相关参数即可。该参数可以依据加大放水流量查当地的骨干坝设计手册来确定。输入相关参数后,推出参数设置界面,在对应的命令面板单击"设计过程→运行此过程",即可完成方形卧管断面的设计。

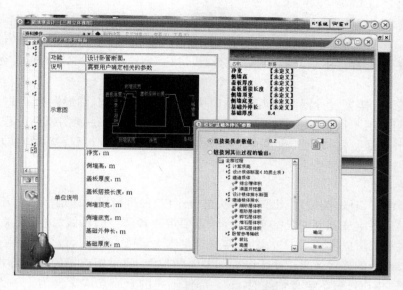

图 10-28　设计方形卧管断面

第四步：建造方形卧管。

添加"建造方形卧管"过程，在命令面板中单击"设计过程→查看或设置参数"在如图 10-29 所示的界面中输入相关参数后，运行该过程就可以完成方形卧管的建造。

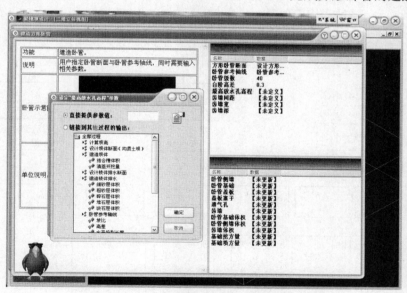

图 10-29　设置方形卧管参数

第五步：卧管消力池的建造。

添加"方形卧管消力池断面"，进行相关参数的设置后运行该过程。添加"建造方形卧管消力池"过程，设置相关参数后运行该过程，即可实现对卧管消力池的建造。

第六步：输水涵洞的设计。

进行输水涵洞的设计需要定义输水涵洞的轴线。定义轴线的过程与卧管轴线的定义相同。需要注意的是,输水涵洞与卧管消力池的连接效果取决于输水涵洞轴线与卧管轴线的连接效果,需要仔细地对输水涵洞的轴线进行调整,使两个部件的轴线做到无缝连接。

依据实际中需要设计涵洞的类型,本模块提供了方形涵洞、圆形涵洞及拱形涵洞的设计。各类涵洞的设计都是由涵洞断面及涵洞实体组成的。添加涵洞断面过程,输入相关参数,运行该过程。添加建造涵洞过程,设置相关参数,运行此过程,就可以实现输水涵洞的设计。

10.2.5 溢洪道

溢洪道由进口段、陡坡段、出口段三大部分组成,而进口段又包括引水渠、渐变段和溢流堰。溢洪道各组成部分的三维实体设计,需要定义各部件的轴线,进行相关参数设置,然后运行过程就可以实现。通过添加"定义部件参考轴线"过程,可以定义参考轴线。溢洪道各组成部分的连接效果取决于断面和轴线的位置,所以相连接的两个部件的相接部分应选择同一断面,而在定义轴线时,下一部件轴线的上游点应定义为上一部件的下游点。在实际操作中,可以记录上一部件轴线下游点的坐标位置,在进行下一部件轴线的定义时,上游点选用该位置,再通过修改绝对高程值,以确保两个点的同一性,从而使两个部件达到无缝连接。建造三维实体还需要设计各部件的进、出口断面。

10.2.5.1 进口段设计

进口段设计框图如图 10-30。

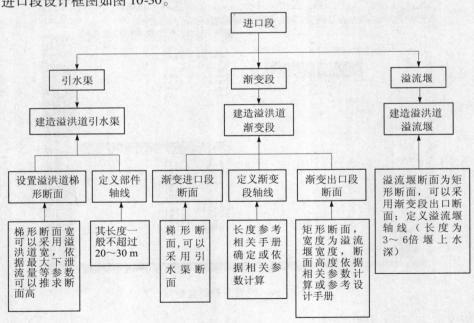

图 10-30　进口段设计框图

1)引水渠

引水渠断面采用梯形断面,断面尺寸由用户输入。需要依据宽顶堰的水深和设计流量校核引水渠的流速是否在 1 ~ 2 m/s 内。

添加"建造溢洪道引水渠"过程,设置水渠断面和水渠参考轴线(见图 10-31),运行过程就可以完成溢洪道进口段引水渠三维实体的建造(见图 10-32)。

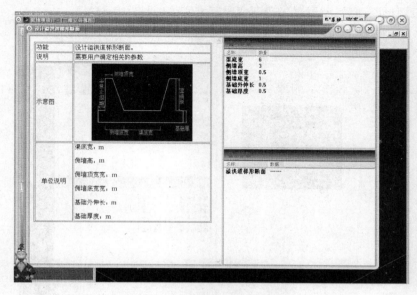

图 10-31 设计引水渠梯形断面

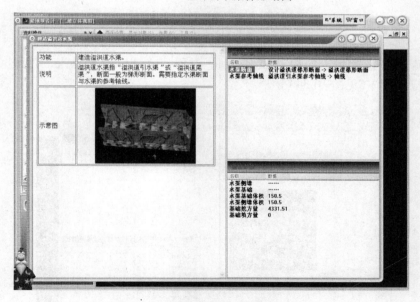

图 10-32 建造溢洪道进口段引水渠

2)渐变段

渐变段是由引水渠到溢流堰的过渡段,其作用是将洪水平顺地流到溢流堰中去,两侧多修成扭曲面,也可修成"八"字形,底部水平,其长度不得小于堰上水头的 2 ~ 3 倍。它的断面应该是梯形断面过渡到矩形断面。

渐变段轴线的定义同引水渠轴线的定义一样。渐变段进口段断面为梯形（可采用引水渠断面），渐变段出口断面为矩形，底宽可采用溢洪道宽度，高度可采用溢洪道高。设计好渐变段矩形断面后，就可以建造渐变段三维实体（见图10-33）。

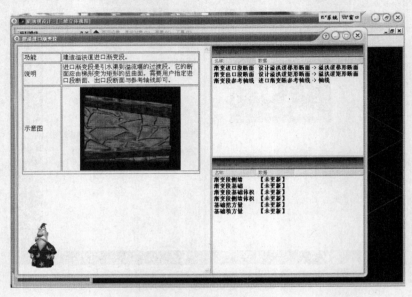

图 10-33   建造溢洪道进口渐变段

3）溢流堰

定义溢流堰参考轴线，添加"建造溢流堰"过程，进行相关参数输入，运行过程就能生成溢流堰三维实体（见图10-34）。

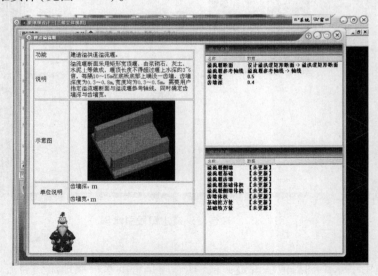

图 10-34   建造溢洪道溢流堰

10.2.5.2 陡坡段设计

溢流坝下游衔接一段坡度较大(大于临界坡度)的急流渠道称为陡坡段。在布置的时候应尽量使陡坡段顺直,保证槽内水流平稳。陡坡段设计框图见图10-35。

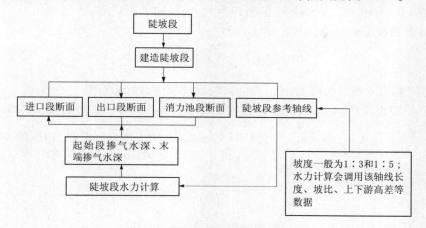

图 10-35 陡坡段设计框图

1)陡坡坡度的确定

从溢流坝下泄的水流为急流,陡坡的坡度应大于临界坡度。通常采用的坡度为$1:5 \sim 1:3$,在岩基上可达$1:1$。因此,定义陡坡段轴线时,坡度应该为$1:5 \sim 1:3$。

2)陡坡横断面尺寸的确定

陡坡中流速大,断面一般应做在挖方中,以保证运用的安全。在岩基上的断面为矩形;在土基上的断面为梯形,边坡为$1:2 \sim 1:1$。在黄土地区,由于黄土具有直立性,也应做成矩形断面。淤地坝溢洪道的陡坡宽度一般都做成和溢流坝的宽度相同。

陡坡两边的边墙高度应根据水面曲线来确定。水流在陡坡内产生降水曲线,随陡坡底部高程的下降槽内水深逐渐减少。如果陡坡有足够的长度,其水深减至槽内正常水深时就不再减少了。因此,陡坡内水深的变化是属于明渠非均匀流。另外,当槽内水流流速大于 10 m/s 时,水流中会产生掺气作用,槽内水深因而要增加,这样边墙的高度应以该处的水深和掺气高度再加$0.5 \sim 0.7$ m 的安全超高。

陡坡水面曲线(水深)计算,在已知陡坡的坡度、宽度和边坡后,可参考水力学中明渠非均匀流的计算方法,计算陡坡中各个控制断面处的流速和水深(即降落曲线),以便确定边墙的高度。

在淤地坝工程和小型水库工程中,也可采用粗略的估算,即算出陡坡起始断面和末端断面的水深,然后用直线连接起来,则得到全陡坡内的水深,其估算步骤如下所述。

(1)陡坡临界水深(即起始断面水深)h_k的计算。起始断面的水深可以认为是临界水深h_k,对于矩形断面,可用下式计算:

$$h_k = \sqrt[3]{\frac{\alpha q^2}{g}} \tag{10-1}$$

式中:q 为单宽流量,$q = q_m / B$;α 为流速系数,一般采用 $1.0 \sim 1.1$;g 为重力加速度,$g = 9.81$ m/s^2。

(2)判断是否符合陡坡条件,必须保证陡坡坡度 i 大于或等于临界坡度 i_k。

陡坡的临界坡度由下式计算：

$$i_k = \frac{g}{\alpha \cdot C_k^2} \cdot \frac{X_k}{B_k} \quad\quad (10\text{-}2)$$

式中：C_k、X_k、B_k 为相应临界水深 h_k 的流速系数、湿周和水面宽度。

（3）陡坡长度 L 的计算。其计算公式为

$$L = \sqrt{P^2 + \left(\frac{P}{i}\right)^2} \quad\quad (10\text{-}3)$$

式中：P 为陡坡始末断面的高差，m；i 为陡坡的设计坡度，以小数计。

（4）陡坡段正常水深 h_0 的计算。陡坡正常水深 h_0 可用明渠均匀流公式试算求得。首先按 $k = \dfrac{q_m}{\sqrt{i}}$ 算出 k 值，然后假设 h_0，计算 $k_0 = \omega_0 C_0 \sqrt{R_0}$，当 $k_0 = k$ 时，相应的 h_0 即为正常水深。也可用下式近似计算，即

$$h_0 = \left(\frac{nq}{\sqrt{i}}\right)^{\frac{3}{5}} \quad\quad (10\text{-}4)$$

式中：q 为单宽流量，$\text{m}^3/(\text{s} \cdot \text{m})$；$n$ 为陡坡的糙率系数。

（5）陡坡段水面曲线计算。陡坡段的水深是沿着流程变化的，自上而下，水流速度变大，水深变浅，当陡坡相当长时，下段成为均匀急流状态，保持正常水深 h_0。这种明渠非均匀流可以能量方程为基础，从已知断面的水深 h_0 推算其他断面的水深，绘出水面曲线。具体方法如下：

在陡坡段首末两端之间取若干断面，相邻两断面之间的距离为 L，可用明渠非均匀流公式计算。即降落曲线 l 由下式近似估算：

$$l = \frac{E_0 - E_k}{i - J_c} \quad\quad (10\text{-}5)$$

式中：E_0、E_k 分别为水深 h_0、h_k 时的比能；$E_0 = h_0 + \dfrac{\alpha \cdot q_m^2}{2gw_0^2}$，$E_k = h_k + \dfrac{\alpha \cdot q_m^2}{2gw_k^2}$；$J_c$ 为平均水力坡度，$J_c = \dfrac{v_c^2}{C_c^2 \cdot R_c}$；$v_c = \dfrac{v_k + v_0}{2}$，$R_c = \dfrac{R_k + R_0}{2}$，$C_c = \dfrac{C_k + C_0}{2}$；其中，$w_0$、$v_0$、$R_0$、$C_0$ 为对应于正常水深 h_0 时的过水断面面积、流速、水力半径和流速系数；w_k、v_k、R_k、C_k 为对应于临界水深 h_k 时的过水断面面积、流速、水力半径和流速系数。

当估算的降落曲线长度 l 小于陡坡长度 L 时，则在此曲线段以下的陡坡段上，将产生水深为正常水深 h_0 的均匀流状态。此时，陡坡段起始断面的水深等于其临界水深 h_k，末端水深等于正常水深 h_0，陡坡上的降水曲线即可近似地以始末两断面的水深连线求得。

当估算的 $l > L$ 时，则需用明渠变速流公式计算 l 及末端水深 h_a（或 h_0）。

（6）陡坡末端断面平均流速 v_a 的计算。其计算公式为

$$v_a = \frac{q_m}{w_a} \quad\quad (10\text{-}6)$$

式中：w_a 为对应于陡坡末端水深 h_a（或 h_0）的过水断面面积，m^2。

（7）掺气水深 h_3 的计算。当流速大于 10 m/s 时，水流中掺入空气，水深因而要增加，边墙的高度应以掺气以后的水深来考虑。掺气水深一般采用下式计算：

$$h_3 = \left(1 + \frac{v}{100}\right)h \qquad (10\text{-}7)$$

式中:h 为未掺气的陡坡断面水深,m;v 为计算断面的平均流速。

(8)边墙高度的确定。

起始断面的边墙高:$H_1 = h_k + 0.5$,m;

末端断面的边墙高:$H_2 = h_a + 0.5$,m;

当 $v > 10$ m/s 时:$H_1(H_2) = h_3 + 0.5$,m。

用直线连接 H_1、H_2,即得全陡坡边墙高。

定义陡坡段参考轴线后,通过添加"陡坡段水力计算"过程,设置相关参数后运行该过程(见图 10-36),即可计算出相关参数,为陡坡段进出口断面和消力池计算提供依据。图 10-37 为建造溢洪道陡坡段界面。

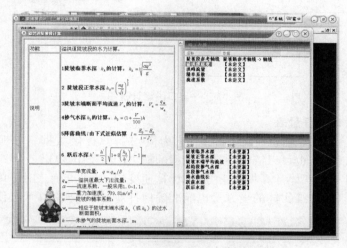

图 10-36　溢洪道陡坡段水力计算过程

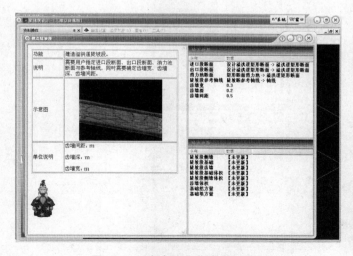

图 10-37　建造溢洪道陡坡段界面

10.2.5.3　出口段设计

出口段一般由消力池、出口渐变段和下游尾渠组成。设计的相关操作与前面各部件的设计基本相同,在此不再介绍,仅给出出口段设计框图(见图10-38)。

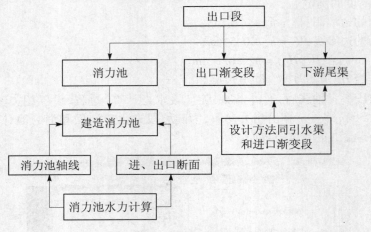

图 10-38　出口段设计框图

10.2.6　单坝设计工程量表

完成单坝设计后,就可以统计其工程量,为概(估)算提供数据。单坝工程量表里面的数据可以直接输出,也可以链接到其他过程的输出(见图10-39)。

本软件通过三维实体计算坝体土方量,计算速度快,结果准确。对于单坝其他部件如溢洪道、放水建筑物三维实体的土方量也能准确地计算,极大地提高了工作效率。

图 10-39　单坝设计工程量表

单坝设计工程量表的具体设计操作如下所述。

第一步:进入工程量表。

在单坝设计模块单击菜单"窗口→工程量表"进入工程量表(见图 10-40 和图 10-41)。

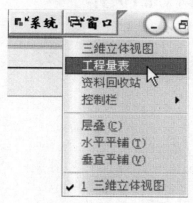

图 10-40　打开工程量表

图 10-41　工程量表操作界面

第二步:添加分类。

添加工程量的分类是通过工具栏上的一系列工具来实现的。工具栏如图 10-42 所示。

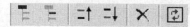

图 10-42　工具量表视图中的工具栏

添加大分类:单击 ⧨ 按钮,"工程量项目"下面添加一个新的工程量分类项目,双击即可更改其名称。

添加单项工程量:单击 ⧨ 按钮,在分类项目下添加一个新的工程量项目,双击即可更改其名称。

上移:单击 ⧨ 按钮,所选中的项目上移一行。

下移:单击 ⧨ 按钮,所选中的项目下移一行。

删除对象:单击 ✕ 按钮,删除所选中的对象。

刷新数据显示:单击 ⧨ 按钮,刷新工程量表的数据。

第三步:工程量数据的获取。

添加好一个单项工程量项目后,单击"数量"行,弹出给定工程量数值对话框。工程量数值可以直接由用户输入或者链接到其他过程的输出(见图 10-43)。

注意:在直接提供数值时,输入的数值必须是在英文状态下方可有效。

图 10-43　工程量数值的获取

第十一章 投资概(估)算

11.1 投资概(估)算操作流程图

投资概(估)算操作流程如图 11-1。

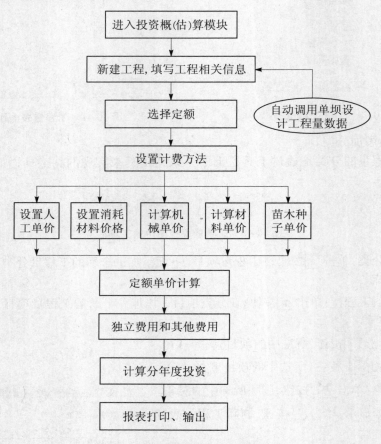

图 11-1 投资概(估)算操作流程图

11.2 投资概(估)算操作

11.2.1 启动投资概(估)算模块

在坝系"规划资料"子面板中,选择一种方案,在命令面板中单击"分析方案→投资概算",弹出如图 11-2 所示对话框,单击"进入投资概(估)算模块"进入投资概(估)算模块,如图 11-3 所示。系统会自动新建一个投资概(估)算工程文件,并自动调用单坝设计"工程量表"里面的工程数据。

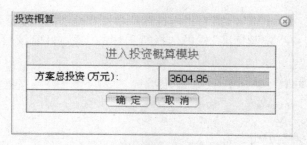

图 11-2　投资概算对话框

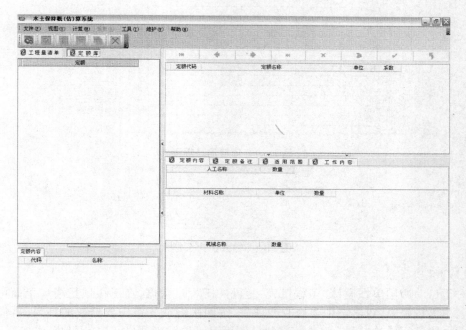

图 11-3　水土保持概(估)算系统界面

11.2.2　三级项目建立及工程量清单的编辑

如果对方案中的坝进行过单坝设计,并在单坝设计"工程量表"里面有工程量数据,那么投资概(估)算模块将自动调用"工程量表"里面的数据。单击工具栏 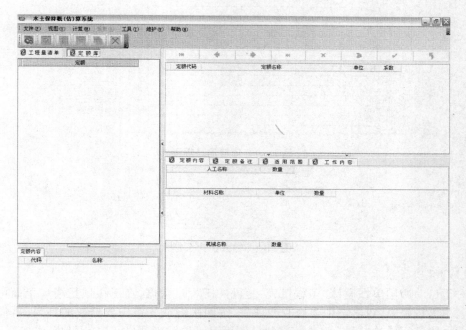 图标,进入项目信息界面(见图 11-4),系统自动调用"工程量表"中的数据。

1)项目信息编辑

系统对各项目信息都有一个默认值,实际操作时要依据实际情况对默认值进行修改。

设置项目名称:在"项目名称"栏输入项目名称。

设置编制类型:在"编制类型"栏内选择"概算"或"估算",坝系规划可行性研究阶段采用"估算",当选择"估算"后单击"确定",会弹出输入扩大系数的对话框(见图 11-5),系统默认的值采用的是国家规定的 1.05(对于生态建设项目而言)。

设置项目类型:在"项目类型"里面选择"水土保持生态建设工程"或"开发建设项目水土保持工程",对于坝系规划则选择"水土保持生态建设工程"。

设置海拔高度:在"海拔"一栏选择项目所在地区的"海拔高度"。

设置工资区域:在"工资区域"一栏内选择项目所在地所属工资区域。

设置定额标准:在"定额标准"栏内选择所采用的定额,目前该模块采用的是水利部标准定额。

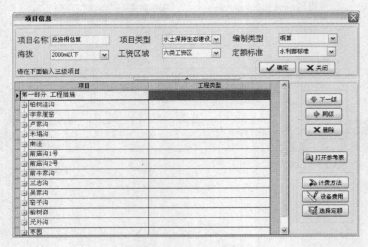

图 11-4　项目信息界面

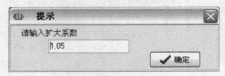

图 11-5　输入扩大系数

2)三级项目显示与编辑

对于自动调用单坝设计"工程量表"里面的工程量数据,在三级项目清单里面可以对项目名称进行修改,单击选中要修改的项目,按回车键或先单击要修改的项目,再慢慢单击一下也能进行修改(见图 11-6)。同时,还可以添加三级项目清单,主要操作如下:

图 11-6　修改三级项目

(1)添加项目清单。根据设计概算的编制规定,本系统中将水土保持生态建设工程划分为工程措施、林草措施及封育治理措施三大类。用户在系统中需要添加三级项目清单。

（2）添加工程类型。选中"第一部分：工程措施"，单击"同级"按钮，添加措施类型，此处可点击项目栏右侧的下拉框，选择工程类型（见图11-7）。

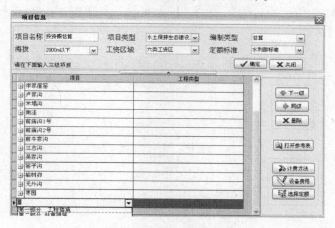

图 11-7　项目信息界面

（3）添加项目。在措施条目下，选中某一条措施，单击"下一级"按钮，添加此项目的下一级项目。单击"同级"按钮，添加此项目的同级项目。

（4）删除项目。选择相应的条目，单击"删除"按钮，删除此条目。

11.2.3　选择定额

在"项目信息"操作界面单击"选择定额"，弹出如图11-8所示的操作界面。如果三级项目清单全部采用的是单坝设计"工程量表"里面的数据，则直接选择定额就可以了，如果三级项目清单后来又增加了一些工程量，就需要在"工程量清单"里输入"投资年度"、"工程量"、"单位"。

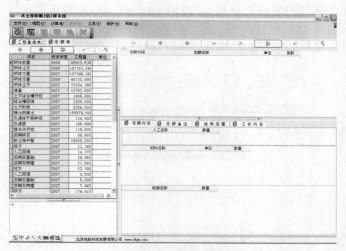

图 11-8　工程量清单界面

如果要对某一工程量选择定额，先将该工程量选中，然后单击"定额库"，找到对应的定额，双击要选择的定额，选中定额的时候，系统会自动判断定额单位与工程量清单里面的单位是否一致,如不一致,会弹出提示对话框(见图11-9)。单击"确定"按钮后,自动用定额单位替换工程量清单中的单位,并提示要进行工程量的修改,此时如需修改,在"工程量清单"修改"工程量"就可以了,选中要修改工程量的项目,鼠标右击选择"调整工程量",弹出如图11-10所示的对话框,输入"扩大系数"后,单击"确定"按钮,将自动将原工程量乘以扩大系数。

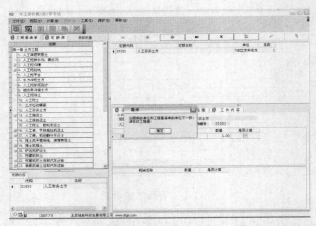

图 11-9　定额库的单位与工程量清单的单位不一致

图 11-10　批量修改工程量

对于有些需要选相同定额的项目,可以采用统选定额,先将选择相同定额的项目全部选中,如"坝体方量",然后鼠标右键选择"统选定额",就会弹出如图11-11所示的操作界面,输入定额编号或选择定额编号,单击"确定"就可以对多个工程量进行批量统选了。

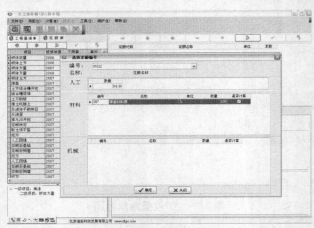

图 11-11　统选定额界面

11.2.4 设置计费方法

通过菜单"计算→计费方法"或单击"项目信息"界面(见图 11-7)的"计费方法"按钮就可以调出计费方法设置对话框(见图 11-12)。选中要进行修改的费率,单击后回车或单击后再慢慢单击一次就可以对费率进行修改了。

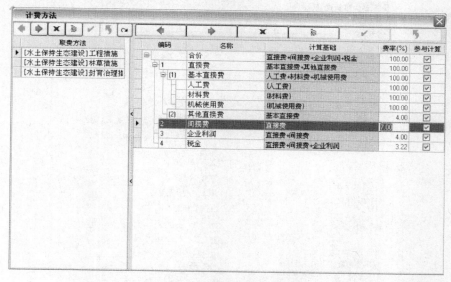

图 11-12　设置计费方法界面

11.2.5 单价设置

通过单击菜单"计算/单价"或工具栏上的 [图标] 图标,可以调出单价设置对话框(见图 11-13)。

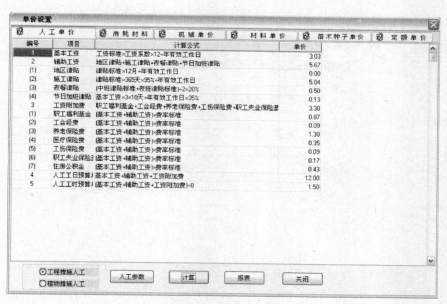

图 11-13　人工单价设置

在"单价设置"界面,单击"人工单价"切换到人工单价设置界面,单击"人工参数",在弹出的"人工单价参数设置"界面(见图11-14)输入"工程措施"、"植物措施"的单价后,单击"确定",将返回到"人工单价"界面,单击"计算",系统会自动将人工单价传递给所选定额。

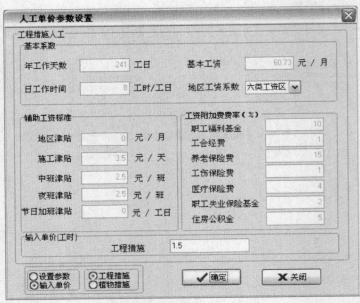

图11-14　人工单价参数设置

在"单价设置"界面单击"消耗材料",切换到"消耗材料参数设置"界面(见图11-15),系统自动搜索选定额中用到的消耗材料,直接输入各项费用后,单击"计算"按钮。

图11-15　消耗材料参数设置

在"单价设置"界面单击"机械单价",切换到"机械单价计算"界面(见图11-16),系统自动搜索所选定额中用到的机械,单击"计算"按钮就可以完成"机械单价"的设置。

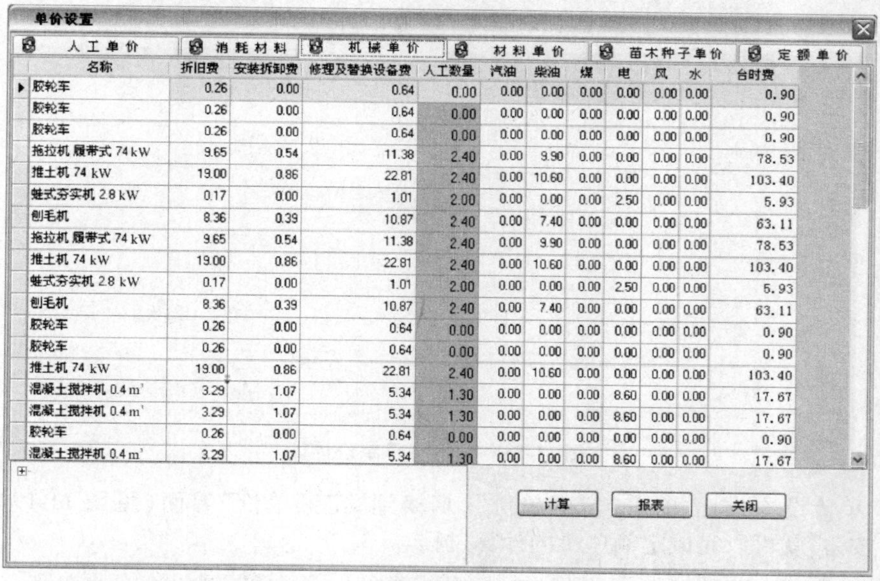

图 11-16　机械单价计算

在"单价设置"界面单击"材料单价",切换到"材料单价"对话框(见图11-17),系统自动搜索所选定额中用到的材料,输入相关数据,单击"计算"按钮就可以完成材料单价的设置。

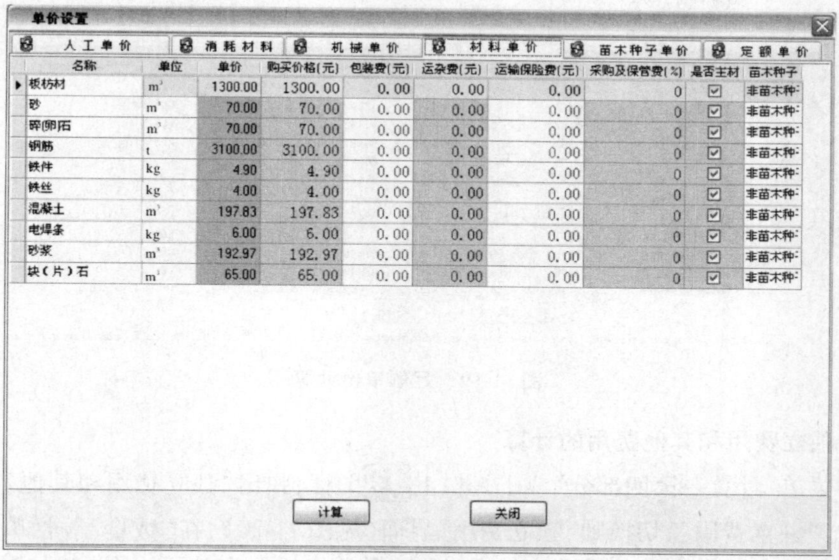

图 11-17　材料单价计算

在"单价设置"界面单击"苗木种子单价",切换到"苗木种子单价"界面(见图11-18)。

系统自动搜索需要的苗木种子信息,在该对话框中输入相关参数后,单击"计算"按钮就可以完成苗木种子单价的计算。

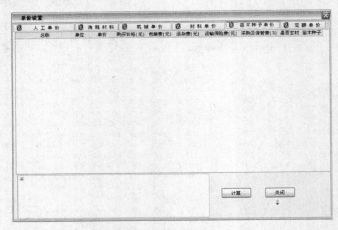

图 11-18   苗木种子单价计算

在"单价设置"界面单击"定额单价",切换到"定额单价"界面(见图 11-19)。单击"计算"按钮,就可以完成定额单价的计算过程。

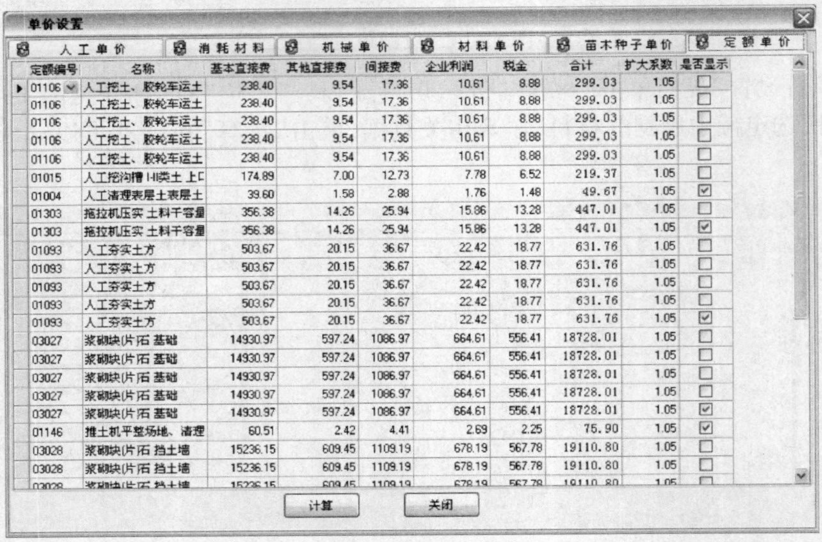

图 11-19   定额单价计算

11.2.6 独立费用和其他费用的计算

单击菜单"计算→第四部分"或工具栏上 ![图标] 图标,弹出"独立费用和其他费用"操作界面,单击"独立费用",切换到"独立费用"界面(见图 11-20),在"数量"一栏单击后回车就可以对数量进行修改了。同样,在"单位"一栏单击后回车就可以在"%"或"项"之间进行选择切换。如果选择的是"%",将按照百分比进行计算,如果选择的是"项",表示该项费用直接按照数量来计算,单位为万元(如勘测费 1.61,单位为"项",则表示勘测费为

1.61 万元)。输入各参数后,单击“计算”,“合计(万元)”一栏的数据就更新了。

编号	费用名称	数量	单位	公式	合计(万元)
	第四部分 独立费用				10.39
一	建设管理费	2.40	%	(第一部分+第二部分+第三部分)×数量	2.91
二	工程建设监理费	2.50	%		3.03
三	科研勘测设计费				3.60
1	科研试验费	0.00	项	(第一部分+第二部分+第三部分)×数量	0.00
2	勘测费	1.61	项		1.61
3	设计费	1.99	项		1.99
四	水土保持监测费	0.60	%	(第一部分+第二部分+第三部分)×数量	0.73
五	工程质量监督费	0.10	%	(第一部分+第二部分+第三部分)×数量	0.12
六	征地及淹没补偿费	0.00	项		0.00

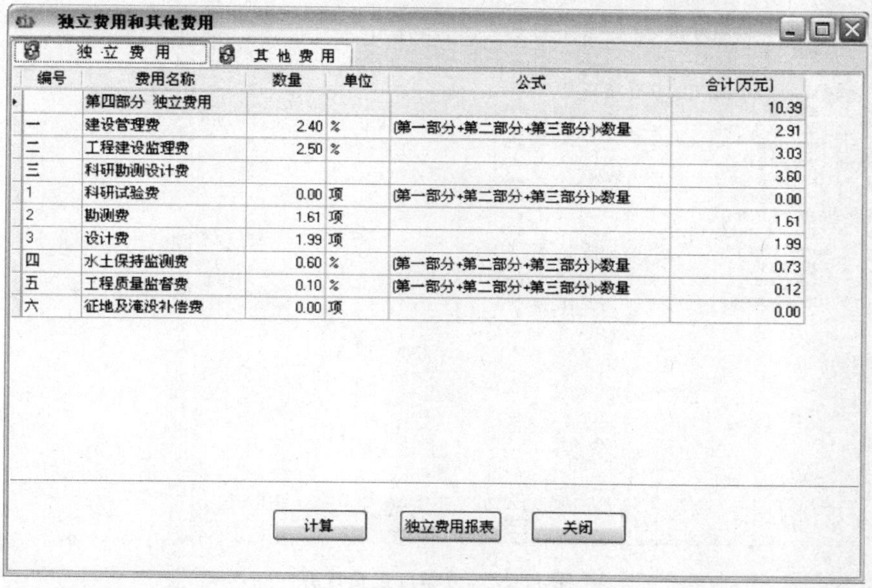

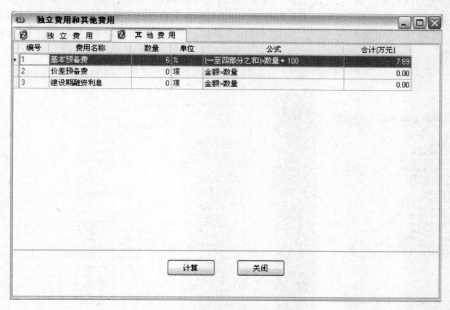

图 11-20　独立费用计算

单击“其他费用”切换到如图 11-21 所示的界面,进行相关参数设置后,单击“计算”按钮,就可以完成“其他费用”的计算。

编号	费用名称	数量	单位	公式	合计(万元)
1	基本预备费	6	%	(一至四部分之和)×数量 ÷ 100	7.89
2	价差预备费	0	项	金额×数量	0.00
3	建设期融资利息	0	项	金额×数量	0.00

图 11-21　其他费用计算

11.2.7　分年度投资计算

单击菜单“计算→分年度投资”或单击工具栏上的 图标,就可以调出分年度投资计算界面(见图11-22)。单击"计算"按钮就可以完成分年度投资计算。

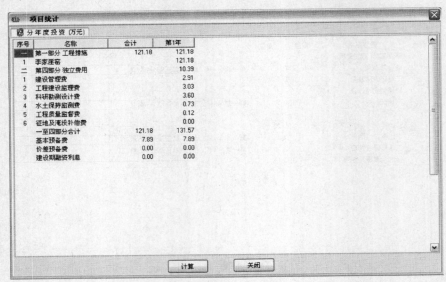

图11-22　分年度投资计算

11.2.8　报表输出

单击工具栏上的 图标,就可弹出如图11-23所示的报表树状目录,双击所要显示的报表(见图11-24),单击报表工具栏上的保存图标,弹出"另存为"对话框(见图11-25),在保存类型里面选择保存为 Excel 等格式。另外,双击打开的报表,还可以实现报表的编辑修改,直接在打开的报表界面,单击工具栏上面的打印按钮,还可以实现报表的输出打印等功能。

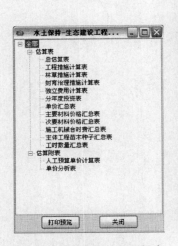

图11-23　生态建设工程报表

图11-24　工程措施单价表

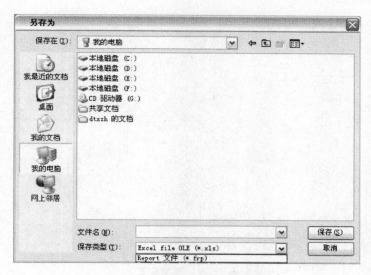

图 11-25　选择另存文件格式

11.3　特殊情况的处理

特殊情况主要包括自制定额问题、定额套定额问题、对于措施费用不依据定额计算问题、封育治理措施人工单价问题。前两个问题在坝系规划投资概(估)算中见得比较多，后两个问题在小流域初步设计里面见得比较多。

11.3.1　自制定额的处理

在实际工作中，有可能要自己制定一些定额，本系统提供了自制定额的接口，方便用户自己制定定额。单击菜单"维护→定额库维护"调出"定额库维护"界面(见图 11-26)。单击工具栏上增加章节按钮 ![] 图标，在定额库树形目录里面增加一章，自定义该章的名称，如"第十二章 自制定额"(见图 11-27)。

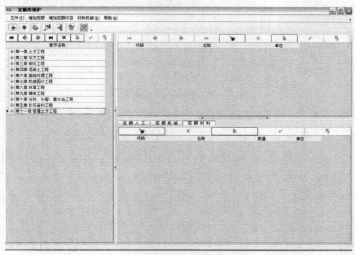

图 11-26　定额库维护界面

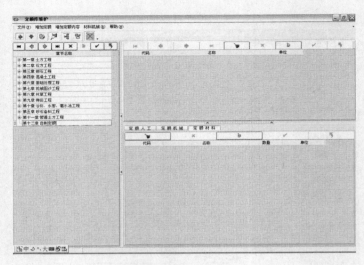

图 11-27 增加章节

单击增加下一级图标 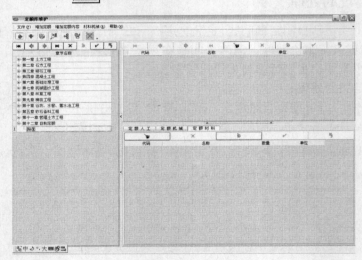，可以在选定章节增加下一级（见图 11-28）。

图 11-28 增加下一级章节

单击增加定额图标 或着单击"增加定额→增加定额"，将会在选定的章节上自动增加一条定额，代码可以自定义，比如 12001，定额名称一级单位要自定义（见图 11-29）。

单击定额人工图标 或着单击菜单"增加定额内容→人工"，将会给所自定的定额增加一个"人工"，输入所需人工数就可以了（见图 11-30）。

单击定额机械图标 ，系统会在定额机械里面增加一种"机械"，选择机械后，输入数量（见图 11-31）。

单击工具栏上的定额材料图标 ，会在自制的定额的"定额材料"里面增加一个空白项，通过"代码"或"名称"选择材料，输入数量就可以增加定额材料了（见图 11-32）。

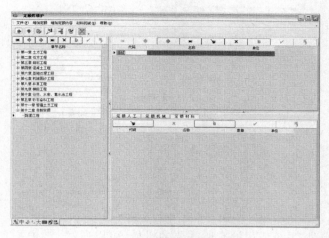

图 11-29　增加定额界面

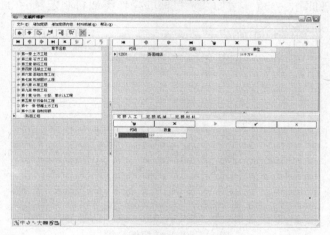

图 11-30　增加定额人工

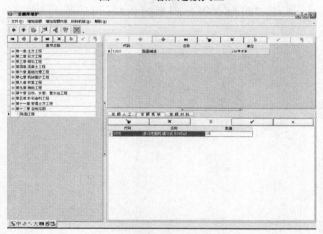

图 11-31　增加定额机械

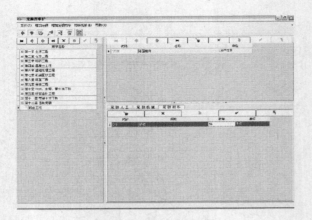

图 11-32　增加定额材料

如果自制定额时,系统库里没有所需要的机械,可以通过"维护→系统机械"调出系统机械维护界面(见图 11-33)。增加系统机械的操作类似自制定额,在此不再赘述。

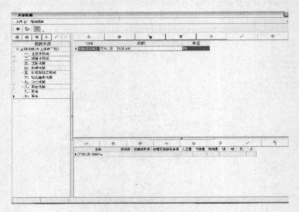

图 11-33　系统机械维护

如果自制定额时,系统库里没有所要用到的材料,可以通过"维护→系统材料"调出系统材料维护界面(见图 11-34)。

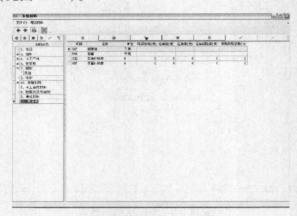

图 11-34　系统材料维护

11.3.2　定额套定额问题的处理

如表 11-1 所示定额中混凝土拌制与混凝土运输是由另外两个定额来进行概(估)算的,对于这类定额软件目前采用的处理方法是,一旦选择这类特殊的定额(如 04024),系统就会弹出提示界面(见图 11-35),此时需要额外选择"混凝土拌制"和"混凝土运输"定额,并给出工程量的换算系数。

表 11-1　预制混凝土构件单价分析

定额编号:04024		板		定额单位:100 m³	
工作内容:木模板制作、安装、浇筑、养护、预制件吊移等					
序号	项目	单位	数量	单价(元)	合价(元)
一	直接费				29 845.32
(一)	基本直接费				28 697.42
1	人工	工时	1 661.4	1.50	2 492.10
2	板枋材	m³	2.76	1 300.00	3 588.00
	铁件	kg	60	4.90	294.00
	混凝土	m³	103	197.83	20 376.49
	其他材料费	%	2.00	24 258.04	485.16
3	振捣器 1.1 kW	台时	69.55	2.10	146.06
	载重汽车 5 t	台时	1.61	59.46	95.73
	其他机械费	%	1.00	241.79	2.42
4	混凝土拌制	m³	103.00	9.76	1 005.28
	混凝土运输	m³	103.00	2.06	212.18
(二)	其他直接费	%	4.00	28 697.42	1 147.90
二	间接费	%	7.00	29 845.32	2 089.17
三	企业利润	%	4.00	31 934.49	1 277.38
四	税金	%	3.22	33 211.87	1 069.42
	合计				34 281.29

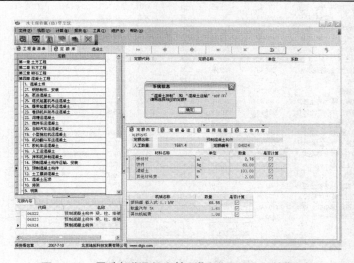

图 11-35　需选择"混凝土拌制"和"混凝土运输"定额

此时需要在所选工程量的同级目录下增加"混凝土拌制"和"混凝土运输"项目清单（见图11-36），然后根据系统提示的工程量换算系数，计算出工程量，选择相应的定额即可。

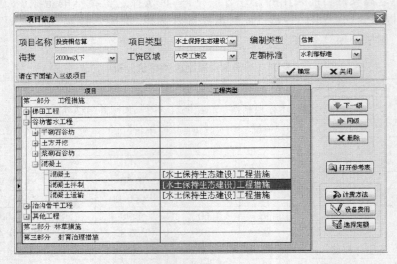

图11-36　增加"混凝土拌制"和"混凝土运输"项目清单

11.3.3　工程项目投资概(估)算不按照定额计算而是直接给出定额单价问题的处理

对于这种情况，软件目前采用的办法是：建立一个空的定额或者任意选择一个定额，在计算"定额单价"时，在"合计"里面修改定额单价。如水窖定额5 000元/个，这时就可在合计里面把"水窖"的这个定额单价修改为5 000（见图11-37）。

定额编号	名称	基本直接费	其他直接费	间接费	企业利润	税金	合计	扩大系数	是否显示
01090	人工挖土 土类级别 IV	556.40	22.26	5.95	6.01	18.22	656.81	1.05	□
03013	干砌块(片石)护坡 平面	2007.91	80.32	21.48	21.70	65.75	2370.27	1.05	☑
03024	浆砌块(片石)护坡 平面	3131.33	125.25	33.51	33.84	102.54	3896.42	1.05	☑
01090	人工挖土 土类级别 IV	556.40	22.26	5.95	6.01	18.22	656.81	1.05	□
03028	浆砌块(片石) 挡土墙	3029.26	121.17	32.41	32.74	99.19	3575.93	1.05	☑
01090	人工挖土 土类级别 IV	556.40	22.26	5.95	6.01	18.22	656.81	1.05	□
12001	水泥路面	8257.11	330.28	88.35	89.23	270.38	9747.23	1.05	☑
	公路基础	1557.11	62.28	16.66	16.83	50.99	1838.11	1.05	☑
01090	人工挖土 土类级别 IV	556.40	22.26	5.95	6.01	18.22	656.81	1.05	□
	干砌透水路面	1325.72	53.03	14.19	14.33	43.41	1564.97	1.05	☑
03001	碎石垫层	1680.16	67.21	17.98	18.16	55.02	1983.37	1.05	☑
08115	栽植带土球乔木 土球直	5269.60	210.78	328.82	174.28	192.67	6484.96	1.05	☑
08115	栽植带土球乔木 土球直	6289.60	251.58	392.47	208.01	229.96	7740.21	1.05	☑
	封禁治理	0.00	0.00	0.00	0.00	0.00	0.00	1.05	☑
10006	干砌石谷坊 谷坊高度✓	1466.33	58.65	15.69	15.85	48.02	1730.95	1.05	☑
01090	人工挖土 土类级别 IV	556.40	22.26	5.95	6.01	18.22	656.81	1.05	☑
10009	浆砌石谷坊 谷坊高度✓	1962.11	78.48	20.99	21.20	64.25	2316.20	1.05	☑
04017	混凝土压顶	3170.32	126.81	33.92	34.26	103.81	3742.45	1.05	☑
	花篮墙	0.00	0.00	0.00	0.00	0.00	0.00	1.05	☑
04028	搅拌机拌制混凝土 搅拌	1304.68	52.19	13.96	14.10	42.72	1540.13	1.05	□
04029	人工运混凝土运距50m	1372.05	54.88	14.68	14.83	44.93	1619.66	1.05	□
04028	搅拌机拌制混凝土 搅拌	1304.68	52.19	13.96	14.10	42.72	1540.13	1.05	□
04029	人工运混凝土运距50m	1372.05	54.88	14.68	14.83	44.93	1619.66	1.05	☑

图11-37　手动修改定额单价

第十二章 效益分析

淤地坝坝系工程的效益是指淤地坝投入运行后所产生的保水保土效益、社会效益、经济效益和生态效益。本模块对坝系工程效益进行分析计算与评价依据《水土保持综合治理计算方法》(GB/T 15744—1995)进行。主要对项目实施后所产生的保水保土效益和经济效益进行重点分析,并将其折算成货币形式;对生态效益和社会效益本模块只提供分析的基础数据。

12.1 效益分析概述

本模块仅介绍经济效益分析。

12.1.1 直接经济效益

12.1.1.1 坝地种植效益

坝地种植效益的计算公式如下:

$$B_1 = F_1 \times \eta \times q \times p + F_2 \times \eta \times q_1 \times p_1 \tag{12-1}$$

式中:B_1 为计算年种植效益,元;F_1 为粮食作物面积,hm^2;F_2 为经济作物面积,hm^2;η 为利用率,%;q 为粮食作物单产,kg/hm^2;q_1 为经济作物单产,kg/hm^2;p 为粮食作物单价,元/kg;p_1 为经济作物单价,元/kg。

12.1.1.2 养殖效益

淤地坝工程建成后前期按水库考虑,若可蓄水养鱼,应计入养鱼效益。经典型调查养鱼效益面积可按设计面积的 50% 计算。计算公式为

$$B_2 = F \times 50\% \times q_2 \times p_2 \tag{12-2}$$

式中:B_2 为养殖效益,元;F 为养殖面积,hm^2;p_2 为养殖产品单价,元/kg;q_2 为养殖单产,kg/hm^2。

12.1.1.3 灌溉效益

骨干坝前期以水库形式运行,在建成第二年就可以蓄水。一般按有灌溉产量与无灌溉产量对比计算。计算公式为

$$B_3 = f \times \Delta q \times p_3 \tag{12-3}$$

式中:B_3 为灌溉效益,元;Δq 为增产产量,kg/hm^2;f 为灌溉面积,hm^2;p_3 为单价,元/kg。

12.1.1.4 防洪保护效益

骨干坝对下游耕地、坝地可以起到防洪和保护作用。所以,防洪保护效益可以在工程的淤积年限内,按工程可保护耕地面积计算。计算公式为

$$B_4 = F_e \times \eta \times q_4 \times p_4 \tag{12-4}$$

式中:B_4 为防洪保护效益,元;F_e 为保护耕地面积,hm^2;p_4 为增产产量,kg/hm^2;q_4 为单价,元/kg;η 为灾害率,%。

12.1.2 间接经济效益

淤地坝减少泥沙的间接效益,根据上游减少的下泄泥沙量和替代下游节省的清淤及加堤费用的方法进行计算。计算公式为

$$B_5 = \Delta W_s \times q_5 \qquad (12\text{-}5)$$

式中:B_5 为拦泥效应,万元;ΔW_s 为淤地坝总拦泥量,万 t;q_5 为单价,元/t。

12.2 效益分析操作流程

效益分析操作流程如图 12-1。

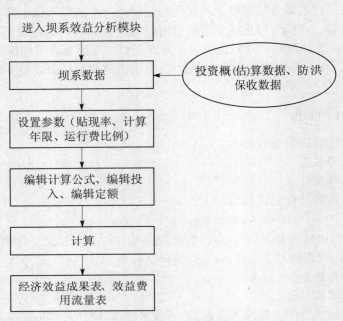

图 12-1　效益分析模块操作流程

12.3 效益分析软件操作

效益分析直接调用坝节点下及坝系规划主模块数据,编辑相关公式、定额进行简单设置自动计算所需报表。

第一步:启动进入效益分析模块。通过方案下面的"分析方案→效益分析"进入效益分析模块入口(见图 12-2)。单击"进入效益分析模块",系统自动从坝系规划主模块调用坝系效益分析相关数据,通过"文件→坝系数据"可以查看坝系效益分析的相关数据(见图 12-3)。

图 12-2　进入效益分析模块对话框

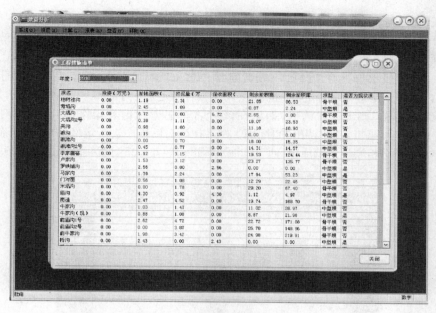

图 12-3　坝系效益分析数据

第二步:系统参数设置。在效益分析模块单击"设置→设置参数…",弹出"设置系统参数"对话框(见图 12-4)。需要设置的参数有贴现率(具体含义见经济评价模块)、计算年限(一般为 30 年)、运行费的计算方式,如果按"固定费用"计算,就需要分别设置骨干坝、中型坝、小型坝的运行费,输入时以元为单位。如果运行费的计算按比例来进行计算,就在"计算方式"一栏选择"投资比例"。如果要计算现状坝的运行费,需要将"现状坝计算运行费"前的复选框选中。

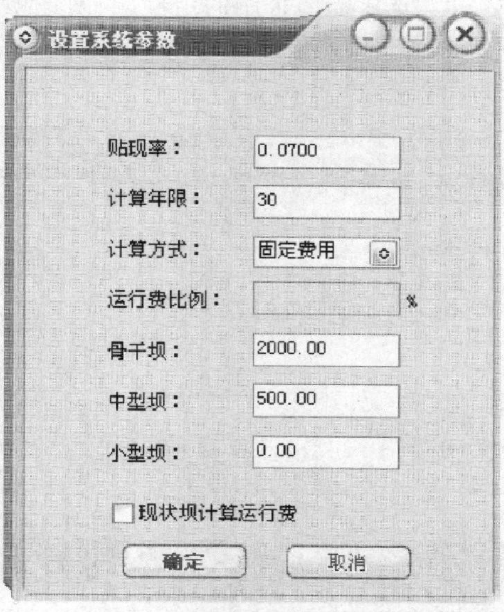

图 12-4　设置系统参数

第三步:编辑定额。

计算坝系效益的时候,需要首先设置计算项目即定额,本模块已将坝系常见效益的计算公式预先编辑好了,如果实际计算中采用的公式本软件中没有,用户还可以自己添加相关公式。方法是:选择菜单"设置→编辑定额"进入"编辑定额"操作界面(见图 12-5)。另外,通过菜单"系统→编辑定额"也可以调出"编辑定额"对话框。二者的区别是:通过"设置→编辑定额"调出的对话框,如果在该对话框中进行相关操作,其改变只对本项目有效;通过"系统→编辑定额"调出的对话框,如果在该对话框中进行定额的编辑,所有修改将自动保存在效益分析模块定额库里,便于其他工程进行效益分析时直接调用这些定额。

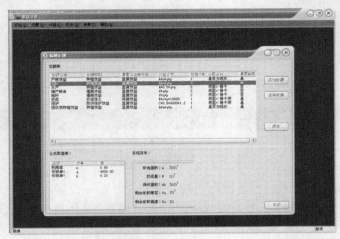

图 12-5   编辑定额

编辑定额具体操作方法如下:

(1)采用系统自带的定额。选中需要采用的定额,当前选项高亮显示,同时在公式取值表里面就会显示该定额所采用的公式里面的代号,如果要对代号取值进行修改,直接双击数字就可以了。显示界面如图 12-6 所示。

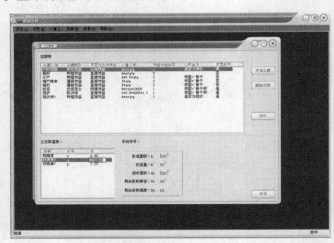

图 12-6   系统自带定额

（2）添加定额。单击"添加定额"按钮，自动在定额表中增加一个定额（见图12-7）。

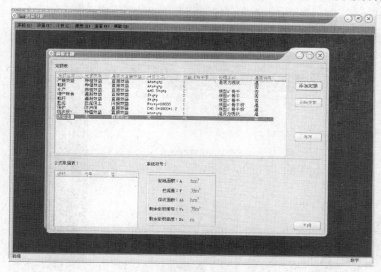

图 12-7　添加定额

（3）输入定额名称。在定额名称一栏输入需要计算的定额的名称。

（4）选择定额类型。在坝系效益分析模块里可供选择的定额类型有种植效益、养殖效益、灌溉效益、拦泥保土效益、防洪保护效益。

（5）选择计算效益的公式。在"计算公式"一栏单击"无"或空白处，单击下拉选项就可以找到系统自带的公式，如果系统自带的公式不能满足要求，还可以添加公式。通过"设置→编辑公式..."可以调出"公式编辑"操作界面（见图12-8），如果系统公式能满足要求，则可跳过下面的公式编辑操作。

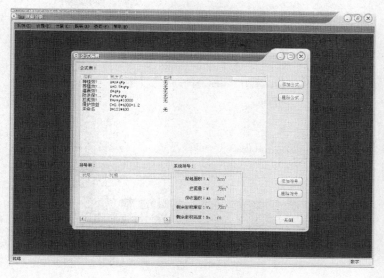

图 12-8　公式编辑

公式编辑操作具体步骤是：

①在"公式编辑"对话框单击"添加公式"按钮，将会在"公式表"里面增加一条公式的记录（见图12-9）。单击"未命名"给添加的公式取一个名字。

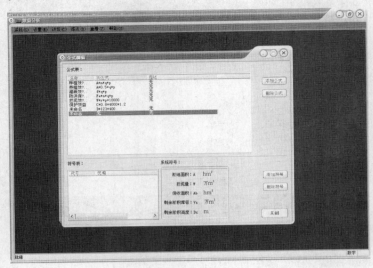

图 12-9　添加公式

②输入表达式。在"表达式"一栏双击"无"，输入正确的计算公式。

③添加符号。对于添加的公式的表达式中涉及的计算因子，需要在符号表里面添加相应的符号，这样在编辑定额时才能对该计算因子进行参数设置。单击"添加符号"按钮，就会在"符号表:"里面增加一个符号（见图12-10），输入相应的代号及其说明即可。

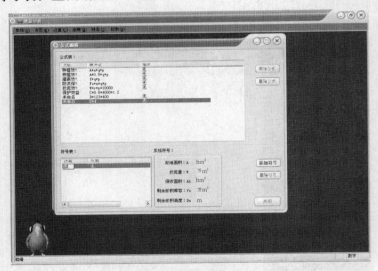

图 12-10　添加符号

④删除公式与删除符号。单击选择要删除的符号以及公式，单击"删除符号"按钮、"删除公式"按钮，就可以对选择的符号或公式进行删除。

（6）填写效益开始计算的年限及应用条件与是否使用选项。对于系统自带的定额如果对本项目不使用，可以删除或在"是否使用"里面将其改为"否"。

（7）删除定额。选中某一不需要的定额，该定额就会高亮显示，单击"删除定额"按钮，就可以删除该定额。

（8）保存定额。单击保存按钮，系统会保存编辑好的定额，以备以后的工作中调用。

第四步：计算。单击计算菜单即可完成坝系效益分析的计算。

第五步：报表查看。单击"报表→经济效益成果表"可以查看"坝系经济效益成果表"（见图12-11），"效益费用流量表"也可以以相同的方式打开。鼠标右键，单击该表的任意一个单元格，在弹出的快捷菜单里面选择"全选"、"复制"就可以把这些数据复制到剪切板里，新建一个 Excel 表或 Word 文档，通过"粘贴"功能可把该表粘贴到新建文档里。

坝系经济效益成果表

计算年限	年度	静态（I=0）（万元）						动态（I=7.00%）（万元）			
		总投资	运行费	直接受济...	间接受济...	净效益	累计净效益	总投资	运行费	直接受济...	间接受济...
1	2006	0.00	0.00	0.00	0.00	0.00	0.00	0.00	0.00	0.00	0.00
2	2007	1213.05	0.00	19.08	58.34	-1135.63	-1135.63	1089.52	0.00	16.67	50.96
3	2008	1231.50	1.15	23.47	104.81	-1104.37	-2240.00	1005.27	0.94	19.16	85.55
4	2009	1160.31	2.30	30.96	157.89	-974.16	-3214.15	885.19	1.75	23.32	120.45
5	2010	0.00	3.50	38.94	214.20	249.64	-2964.51	0.00	2.50	27.76	152.73
6	2011	0.00	3.50	44.89	214.20	255.60	-2708.91	0.00	2.33	29.91	142.73
7	2012	0.00	3.50	48.82	214.20	259.53	-2449.38	0.00	2.18	30.41	133.40
8	2013	0.00	3.50	52.01	214.20	262.71	-2186.67	0.00	2.04	30.27	124.87
9	2014	0.00	3.50	55.12	203.80	255.42	-1931.25	0.00	1.90	29.98	116.85
10	2015	0.00	3.50	58.17	203.80	258.46	-1672.79	0.00	1.78	29.57	103.60
11	2016	0.00	3.50	61.07	203.80	261.37	-1411.43	0.00	1.66	29.01	96.82
12	2017	0.00	3.50	63.63	203.80	263.93	-1147.50	0.00	1.55	28.25	90.49
13	2018	0.00	3.50	66.22	203.80	266.51	-880.99	0.00	1.45	27.48	84.57
14	2019	0.00	3.50	68.68	203.80	268.97	-612.02	0.00	1.36	26.63	79.04
15	2020	0.00	3.50	71.07	203.80	271.37	-340.65	0.00	1.27	25.76	73.86
16	2021	0.00	3.50	73.38	203.80	273.67	-66.98	0.00	1.19	24.86	69.03
17	2022	0.00	3.50	75.68	203.80	275.98	209.00	0.00	1.11	23.96	64.52
18	2023	0.00	3.50	77.85	203.80	278.15	487.15	0.00	1.04	23.03	60.30
19	2024	0.00	3.50	79.92	203.80	280.21	767.36	0.00	0.97	22.10	56.35
20	2025	0.00	3.50	81.86	203.80	282.15	1049.51	0.00	0.90	21.15	52.66
21	2026	0.00	3.50	83.73	203.80	284.03	1333.54	0.00	0.85	20.22	49.22
22	2027	0.00	3.50	85.51	203.80	285.81	1619.35	0.00	0.79	19.30	46.00
23	2028	0.00	3.50	87.23	203.80	287.53	1906.88	0.00	0.74	18.40	42.99
24	2029	0.00	3.50	88.92	203.80	289.22	2196.10	0.00	0.69	17.53	40.18
25	2030	0.00	3.50	90.67	203.80	290.96	2487.06	0.00	0.64	16.71	37.55
26	2031	0.00	3.50	92.25	203.80	292.55	2779.61	0.00	0.60	15.89	35.09
27	2032	0.00	3.50	93.89	203.80	293.99	3073.60	0.00	0.56	15.08	32.80
28	2033	0.00	3.50	94.99	203.80	295.29	3368.89	0.00	0.53	14.29	30.65
29	2034	0.00	3.50	96.29	203.80	296.58	3665.47	0.00	0.49	13.53	28.65
30	2035	0.00	3.50	97.50	203.80	297.80	3963.27	0.00	0.46	12.81	26.77
--	--	3604.86	94.45	2001.22	5661.36	3963.27		2949.99	34.27	653.04	2122.47

图 12-11　坝系经济效益成果表显示

第六步：退出坝系效益分析模块。直接关闭效益分析模块或通过"文件→退出"，可退出效益分析模块。退出该模块后，重新返回到坝系效益分析模块入口界面，并自动将静态净效益和动态净效益填入该对话框。

第十三章 经济评价

水土保持生态建设项目具有十分明显的社会公益性,其社会经济效益远远超过项目的财务收入。因此,坝系规划工程经济评价着重进行国民经济方面的分析,分析计算项目全部费用和效益,考察项目对国民经济所做的贡献,以评价项目的经济合理性。

经济评价依据《水利建设项目经济评价规范》(SL 72—94)、《水土保持综合治理效益计算方法》(GB/T 15774—1995)、《建设项目经济评价方法与参数》等规范中的要求和方法,分别采用静态分析和动态分析方法进行计算。

13.1 经济评价概述

13.1.1 经济分析的主要指标及计算方法

13.1.1.1 贴现率

根据《水利建设项目经济评价规范》,水土保持项目是以减少泥沙、恢复生态环境为主要目的的,属社会公益性建设项目,在进行经济评价时,选用7%的贴现率。本系统提供贴现率设置对话框。

13.1.1.2 净现值 NPV(Net Present Value)

净现值是指项目在投资方案有效期内或研究期内所有现金流入量的现值总和与所有现金流出量的现值总和之差。净现值越大,经济上越有利。计算式为

$$NPV = \sum_{i=1}^{n} \frac{B_t - C_t}{(1 + i)^t} \tag{13-1}$$

式中:B_t、C_t 分别为第 t 年的现金流入量和年运行费;i 为基准收益率;n 为投资和施工涉及的年限(即项目的寿命或使用年限)。

1)净现值在方案评价中的作用

当 $NPV < 0$ 时,说明投资方案不可行;

当 $NPV = 0$ 时,说明投资方案达到目标收益率,应视具体情况,考虑其他因素,再确定方案是否可行;

当 $NPV > 0$ 时,说明投资方案可行,不亏损,但它并不说明单位投资最佳。这时可以进行多方案的比较,净现值最大的为最优。所以,要选择净现值最大的方案进行投资。

2)净现值在方案选择中的应用

用净现值对投资项目进行多方案比较选优时,有效期或研究期必须相同,方案中所有货币资金都要采用相同的基准贴现率 i 折算到同一基准年,对应于最大净现值的方案为最优。当各方案的有效期不一致时,计算分析期尽可能与经济寿命较长的方案一致。一般情况下,在互斥方案中,最好采用净现值进行评价。

13.1.1.3 静态回收期

静态回收期不考虑资金的时间价值,等于年净产值之和大于等于零的年限(从实施年开始各年净产值之和大于零的那一年)。亦即当 t 满足公式 $\sum_{i=1}^{n}(B_t - C_t) = 0$ 时所对应的 t 值。

13.1.1.4 动态回收期

动态回收期是考虑资金的时间价值的投资回收期。按贴现法将投资方案历年所支出的费用 C 和所得到的收益 B 均折算成现值后,即可确定动态投资回收期。因此,该方法是以投资回收期作为衡量投资方案经济效果的指标,也是能揭示投资方案偿还能力的一种方法。即当 t 满足公式 $NPV = \sum_{i=1}^{n} \dfrac{B_t - C_t}{(1 + i)^t} = 0$ 时所对应的 t 值。

13.1.1.5 内部收益率 IRR(Internal Rate of Return)

内部收益率是投资方案在有效期或研究周期内,当所有现金流入的现值之和等于现金流出之和时的收益率,即累计净现值等于零时的收益率或贴现率。内部收益率大于或等于社会折现率且其数值越高时,工程经济可行性越好。

内部收益率的计算可以理解为满足下面等式的折现率 i,即 $NPV = \sum_{i=1}^{n} \dfrac{B_t - C_t}{(1 + i)^t} = 0$ 时对应的 i 值。

1)内部收益率对方案评价的作用

以符号 IRR 表示内部收益率,若 i 是基准收益率(或贴现率),则:

当 $IRR > i$ 时,接受投资方案;

当 $IRR < i$ 时,拒绝投资方案;

当 $IRR = i$ 时,投资是两可的。在大多数(不是全部)情况下,IRR 和 NPV 会产生相同的投资建议。也就是说,在大多数场合下,若根据 IRR 判定投资方案有吸引力,则它有正的 NPV,反之亦然。

2)内部收益率在方案比选中的应用

内部收益率法的优点是可以预知工程方案未来可以带来多大的回收率(报酬率),从而可以确定科学的筹资来源和贷款利率。如果是几个独立方案之间的比较,则可以认为回收率最高的方案其经济效益最好。

13.1.1.6 效益费用比 BCR(Benefit–Cost Ratio)

效益费用比是指项目在整个寿命周期内,收益的现值和成本的现值之比,亦即现金流入现值与现金流出现值之比。计算该指标的时候,考虑资金的时间价值,把效益 B 和费用 C 都折算到基准年的值后再计算其比值。其计算公式如下:

$$BCR = \frac{\sum_{i=1}^{n} \dfrac{B_1}{(1 + i)^t}}{\sum_{i=1}^{m} \dfrac{C_1}{(1 + i)^t}} \tag{13-2}$$

式中:BCR 为费用效益比;i 为基准收益率或贴现率。

13.1.2 敏感性分析

按照《水利经济计算规范》中的要求,对项目进行不确定因素影响分析。由于项目自身的特点,建设过程中可能出现的各种自然灾害、人为因素、原材料和劳动力价格波动、工期延长等因素,都会对项目建设产生较大影响,因此分 4 种情况对项目进行敏感性分析,即:①效益减少 20%;②投资增加 10%;③效益推迟 2 年;④投资增加 10% 且效益推迟 2 年。

13.2　经济评价操作流程

经济评价操作流程见图 13-1。

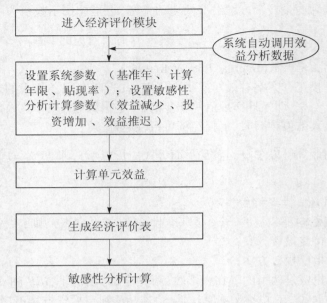

图 13-1　经济评价操作流程

13.3　经济评价软件操作

第一步:通过某一方案下的"分析方案→经济评价"(见图 13-2)调出坝系经济评价界面(见图 13-3),单击"进入经济评价模块"按钮进入经济评价模块(见图 13-4)。该模块自动调用效益分析模块数据(见图 13-5)。

图 13-2　分析方案菜单

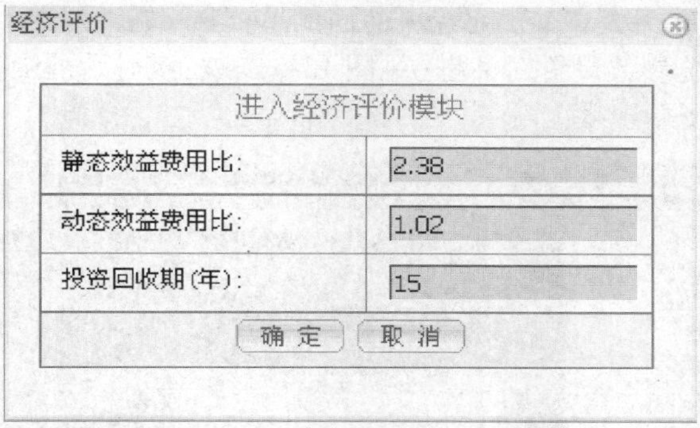

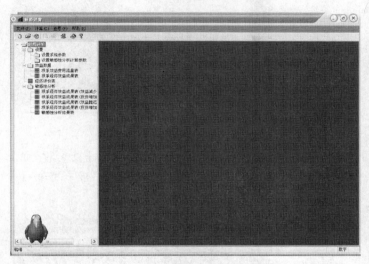

图 13-3　进入经济评价模块界面

图 13-4　经济评价模块

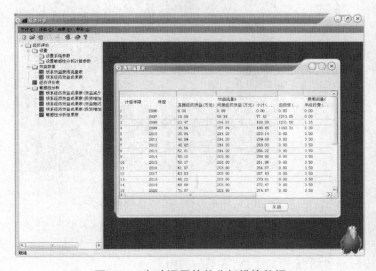

图 13-5　自动调用效益分析模块数据

第二步：设置系统参数。单击"设置"前面的"＋"号，展开"设置"的子目录，单击"设置系统参数"弹出系统参数设置对话框（见图 13-6）。在该对话框中设置进行经济评价的基准年、计算年限以及贴现率。

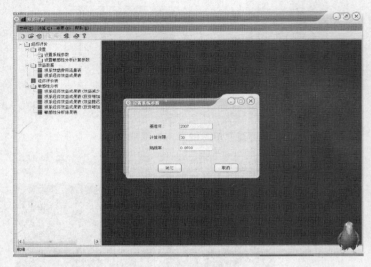

图 13-6　设置系统参数

　　第三步：设置敏感性分析参数。单击"设置敏感性分析计算参数"弹出敏感性分析设置对话框（见图 13-7）。在该对话框中设置效益减少百分比、投资增加百分比及效益推迟年限。

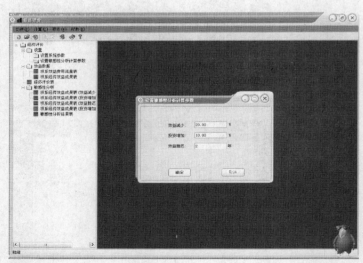

图 13-7　设置敏感性分析计算参数

　　第四步：计算。单击"计算"菜单下面的"计算单元效益"（见图 13-8），"生成经济评价表"按钮处于可选状态，单击该按钮后生成"经济评价表"（见图 13-9）。单击"敏感性分析计算"生成敏感性分析相关表格（见图 13-10）。

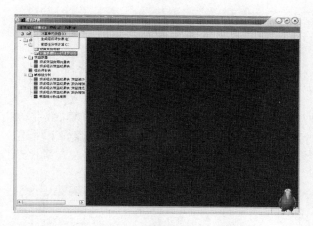

图 13-8　"计算"菜单

图 13-9　经济评价表

图 13-10　敏感性分析结果表

第五步:软件的退出。直接关闭软件,或者通过"文件→退出",退出经济评价模块后将返回如图 13-3 所示的界面,经济评价模块自动将"静态效益费用比"、"动态效益费用比"、"投资回收期"参数写入该对话框。

第十四章 方案比选

对拟订的两套方案或多套方案分别进行投资概（估）算、效益分析、经济评价等操作后，就可对方案进行比选，以便选出最佳方案。其操作步骤如下所述。

第一步：通过"坝系规划→方案比选"（见图14-1）进入方案比选设置界面，如图14-2所示。

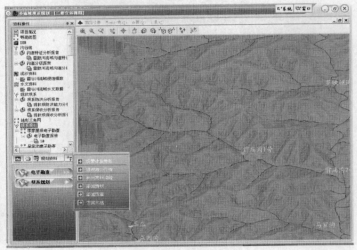

图 14-1 "坝系规划"菜单

第二步：在如图 14-2 所示的方案比选对话框中单击"选择"按钮，在弹出的"选择对象"对话框中选定要比选的方案后单击"确定"，该方案就自动添加到方案比选里面了。

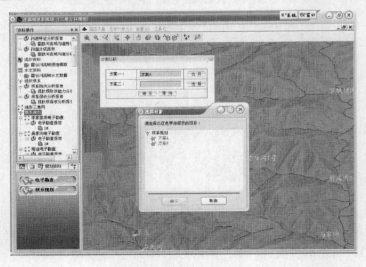

图 14-2 方案比选对话框

第三步:选定两个比选方案后,单击"确定",生成方案比选报告(见图 14-3)。

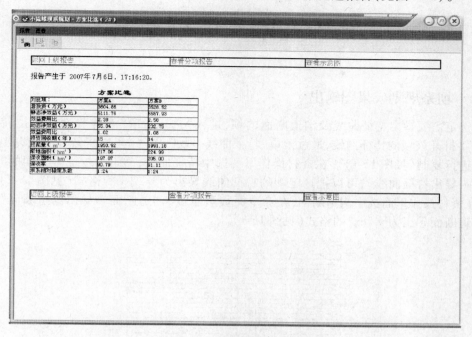

图 14-3　方案比选报告显示

第十五章　成果输出

15.1　坝系规划成果图输出

　　选定需要导出特征曲线及沟道断面的坝,进入"选定对象"操作界面,双击"特征曲线",将打开该坝的特征曲线,通过菜单"特征曲线→复制图片"可以将特征曲线以图片的形式进行复制(见图15-1)。在资料操作里面选中特征曲线,通过命令面板里面的"特征曲线→导出特征曲线",可以把选定坝的特征曲线导出为 *.dxf 的格式(见图15-2)。同样,在资料操作里面选中沟道断面,在命令面板里通过"沟道断面→导出沟道断面"可以把沟道断面导出为 *.dxf 的格式(见图15-3)。

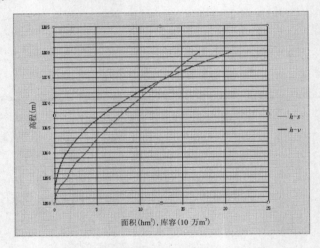

图 15-1　特征曲线直接复制到 Word 文档

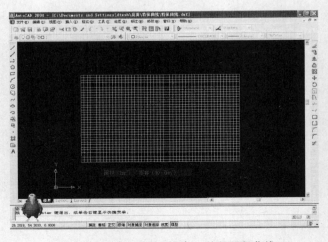

图 15-2　坝高~库容、坝高~淤积面积曲线

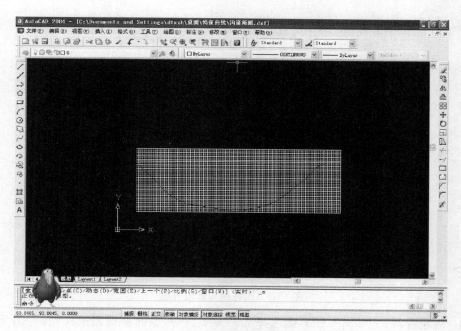

图 15-3　沟道断面图

通过"系统→导出到 AutoCAD dxf 文件",可以导出坝系布局图(见图 15-4)。

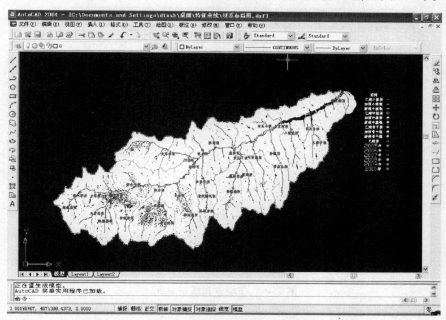

图 15-4　坝系布局图

通过在"规划资料"的资料操作界面单击"沟谷线",然后在命令面板里面选择"保存为图层→保存沟谷线"、"保存为图层→保存流域界",就可以将沟谷线和流域界保存为"3S"模块的线图层(见图 15-5)。

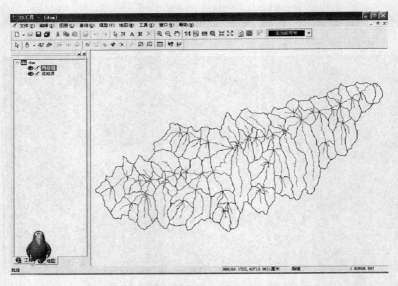

图 15-5 沟谷线与流域界图

在"规划资料"的资料操作界面选择某一方案,在命令面板里面选择"保存方案→保存布坝位置"和"保存方案/保存坝系单元",可以将某一方案的布坝点及坝系单元保存为"3S"工具的点图层及线图层(见图 15-6)。

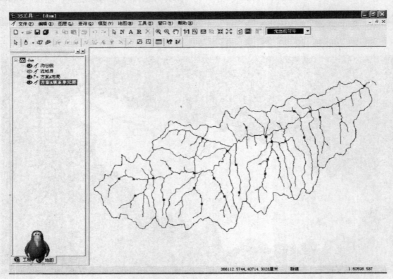

图 15-6 布坝点和坝系单元

15.2 坝系规划成果报告输出

坝系规划的成果报告包括:DEM 查询报告,沟道分级报告,防洪保收报告,投资概(估)算报告,效益分析表格,经济评价表格,方案比选报告。这些报告均可为项目可行性研究报告的编写提供相关数据。

（1）DEM 查询报告提供了整个流域地形的统计资料，其数据可以直接复制到坝系规划报告中。通过在"规划资料"面板单击"DEM"，在命令面板里通过"查询信息→查询综合信息"可以生成 DEM 查询报告（见图 15-7）。

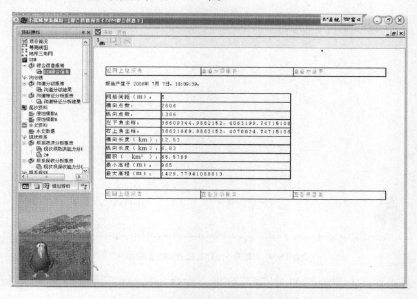

图 15-7　DEM 查询报告输出显示

（2）沟道分级报告是坝系规划报告中必不可少的部分，本系统自动生成的沟道分级报告（见图 15-8）及其分级成果图（见图 15-9）可以直接复制到报告中。通过在"规划资料"面板，单击"沟谷线"，在命令面板里面单击"计算与分析→沟道分级"可以生成沟道分级报告及沟道分级成果图。

图 15-8　沟道分级报告输出显示

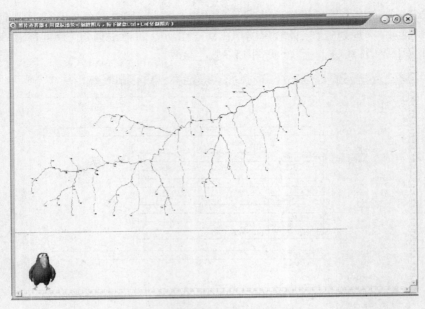

图 15-9　沟道分级成果图输出显示

(3)通过沟谷线命令面板的"计算与分析→沟道特征分析"可以得到沟道特征分析报告。沟道特征分析报告(见图 15-10)为用户全面了解流域特征提供详细的统计数据,也可为洪峰、洪量模数的推求提供辅助数据。

图 15-10　沟道特征分析报告输出显示

(4)现状坝系防洪能力分析报告和现状坝系保收能力分析报告能为坝系规划报告中淤地坝现状与分析一章提供详细的数据。报告显示界面见图 15-11 和图 15-12。

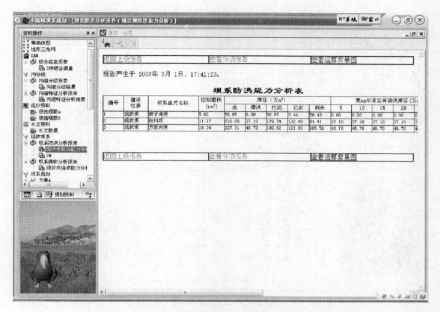

图 15-11　现状坝系防洪能力分析报告输出显示

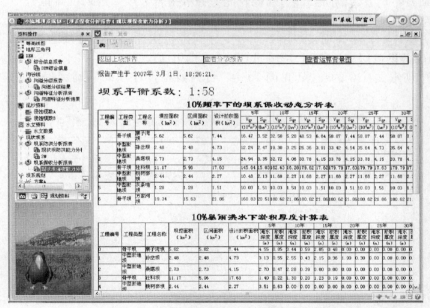

图 15-12　现状坝系保收能力分析报告输出显示

（5）通过在"规划资料"下面单击某一方案,在命令面板"分析方案→统计工程规模"可以生成坝系布局方案建设规模统计报告(见图 15-13)。该报告为坝系规划报告的编写提供相关数据,也便于进行方案比选。

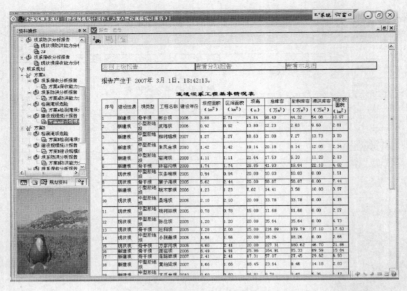

图 15-13　流域坝系工程基本情况输出显示

（6）坝系布局方案的防洪能力和保收能力分析报告为坝系规划可研报告中附表中的内容，也为坝系规划报告中对不同方案进行比选时提供防洪、保收方面的数据。

（7）方案比选报告为坝系规划不同方案之间进行比选时提供直接的数据支撑，生成的报告中的数据可以直接复制、粘贴到 Office 文档里面。

（8）单坝水文计算的数据（见图 15-14）可为典型设计坝高的确定提供详细的计算数据。

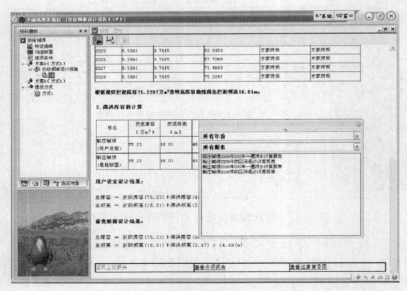

图 15-14　单坝水文计算报告输出显示

第十六章　汇报评审

16.1　汇报模式与设计模式的区别

在打开已经做好的坝系规划工程文件时，选择"以汇报展示模式打开项目"（见图 16-1），就会进入汇报模式。该模式便于项目评审的汇报（见图 16-2）。该模式下，命令面板里面的命令都不显示了，只可以打开设计模式下生成的报告和相关数据。对于单个坝的汇水区间及沟道比降等操作将不再产生报告。该模式和设计模式相比，提供了"坝系布局和淹没范围"、"坝系布局和淤积发展情况"及单个坝的"淤积过程模拟"的展示。

图 16-1　进入汇报展示模式

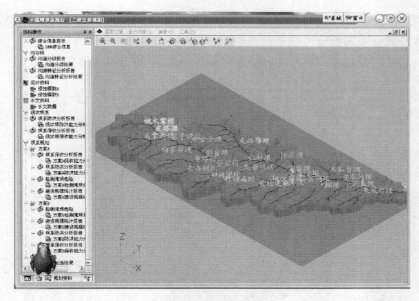

图 16-2　汇报展示模式

16.2 坝系布局展示

通过菜单"画面设置→坝系展示",在"展示形式:"里面选择"坝系布局情况",就可以展示指定方案全部或某一年的坝系布局状况(见图 16-3)。

图 16-3 坝系布局展示

16.3 坝系布局与淹没范围展示

通过菜单"画面设置→坝系展示",在"展示形式:"中选择"坝系布局与淹没情况"(见图 16-4),就可以对指定方案进行淹没情况的展示(见图 16-5)。

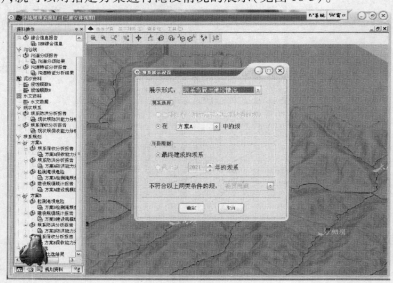

图 16-4 选择展示形式

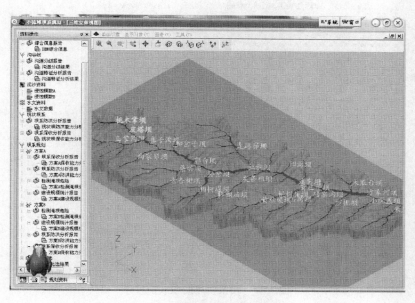

图 16-5　坝系布局淹没情况展示

16.4　坝系布局与淤积动态展示

通过菜单"画面设置→坝系展示",在"展示形式:"中选择"坝系布局和淤积发展",选择方案及指定年限(见图 16-6),就可以对指定方案进行淤积情况的展示(见图 16-7)。

图 16-6　选择展示形式

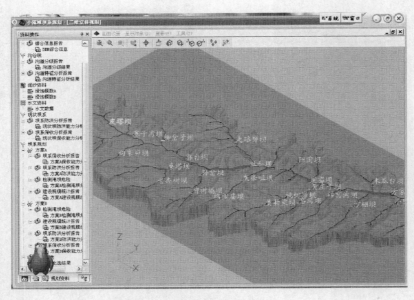

图 16-7　坝系布局淤积状况展示

16.5　单坝淤积过程动态模拟

选定要进行单坝淤积过程动态模拟的坝,在"选定对象"某一方案下,双击"淤积过程模拟"(见图 16-8),经过一系列运算就可以实现单个坝 30 年的淤积过程的动态模拟情况(见图 16-9)。

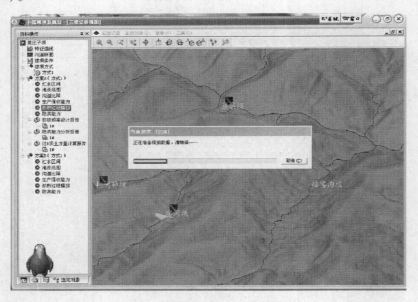

图 16-8　单坝淤积过程模拟进度

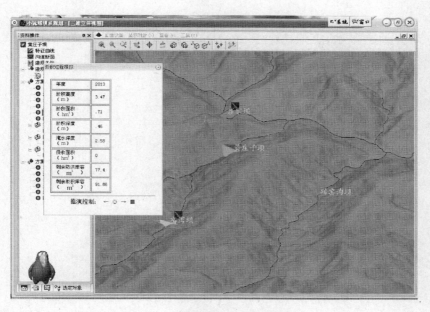

图16-9　单坝淤积过程动态模拟